国家社会科学基金项目"实践有效性视角下的工程伦理研究"（11BZX032）成果

大连理工大学科技伦理与科技管理研究中心

科技伦理与科技管理文库

# 工程伦理的实践有效性研究

王　前　朱　勤／著

科学出版社

北京

**图书在版编目(CIP)数据**

工程伦理的实践有效性研究/王前，朱勤著．—北京：科学出版社，2015
（科技伦理与科技管理文库）
ISBN 978-7-03-045109-5

Ⅰ．①工⋯ Ⅱ．①王⋯ ②朱⋯ Ⅲ．①工程技术-伦理学-研究
Ⅳ．①B82-057

中国版本图书馆 CIP 数据核字（2015）第 132956 号

丛书策划：侯俊琳 牛 玲
责任编辑：樊 飞 王茜艳／责任校对：胡小洁
责任印制：徐晓晨／封面设计：黄华斌
编辑部电话：010-64035853
E-mail：houjunlin@mail.sciencep.com

*科 学 出 版 社* 出版
北京东黄城根北街 16 号
邮政编码：100717
http://www.sciencep.com
**北京厚诚则铭印刷科技有限公司** 印刷
科学出版社发行 各地新华书店经销
＊

2015 年 7 月第 一 版 开本：720×1000 1/16
2021 年 1 月第五次印刷 印张：12 3/4
字数：300 000

定价：89.00 元
（如有印装质量问题，我社负责调换）

# 丛书编委会

顾　问　刘则渊

主　编　西　宝

副主编　王　前　丁　堃　王国豫

编　委　（以姓氏笔画为序）

　　　　丁　堃　王　前　王子彦　王国豫

　　　　文成伟　西　宝　杨连生　陈超美〔美〕

　　　　郑保章　姜照华　洪晓楠　戴艳军

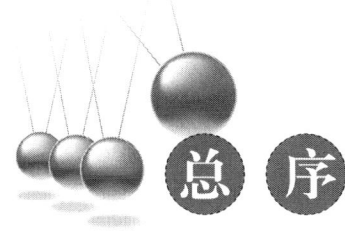

# 总 序

　　进入 21 世纪以来，伴随着经济全球化的加速和知识经济时代的到来，科学研究与社会经济的联系比其他任何时候都更加紧密，日益呈现出职业化、社会化的发展趋势，科学研究的意义已显得不再像以前那样纯粹。在市场经济环境下，不少科学技术专家受到各种各样的利益诱惑，科学研究追求创造的理念大打折扣。人们在思考当科学技术为人类创造巨大的物质财富和精神财富的同时，科学研究的新成果与新理念对人类社会长期形成的社会伦理与道德底线提出了严峻挑战。科学道德诚信问题成为科学家和社会越来越关注的问题。面对这样的形势，科学共同体应当清醒地认识和分析在经济社会发展对科学技术的依存度如此之大的背景下，科学技术何去，社会经济何从，以及经济社会对科学道德诸多方面的深刻影响①。其核心问题是，科学技术进步应服务于全人类，服务于世界和平、发展与进步的崇高事业，而不能危害人类自身。因此，应该加强科学道德建设，强化学术界学术伦理观念，重建学术规范，重申科学伦理底线；大力宣传古今中外科学家的高尚品德和为科学真理而不惜牺牲的精神；在高校开设科学伦理课，通过课程教学真正做到科学伦理从学生抓起，使他们明白遵守科学道德比掌握科学知识更重要。为此，开展科技伦理与科技管理的问题研究与案例分析，对于指导科学伦理道德建设、推动科学技术快速发展具有重要的学术价值和社会价值。

　　现代科技的发展对现有伦理的挑战，也就是所谓的科技伦理是现代科学技术所引发的伦理问题，它包括网络伦理、核伦理、医学伦理、生命伦理、环境伦理（生态伦理）。哲学是一种反思的活动，伦理同样也是一种反思的活动。它们是对已发生的事情进行反思，也是对未来进行前瞻性的探讨。从科技伦理产生的时代背景，我们清楚地意识到，在科技伦理中包含着人类对科技的反思、对自然的反思、对人类自身的反思等。一味地依赖于科学技术（甚至包括经济、法律或其他）而不考虑伦理和哲学层面的话，新问题仍会层出不穷。伦

---

① 韩启德. 科学共同体的科学道德责任. 科技日报，2009-09-08.

理不是阻碍科技的发展，而是越来越融入到科技发展中，成为其中的一个部分。在科技发展中我们要反思自己的生活，反省我们自己该做什么，怎么做，该成为什么样的人。苏格拉底说："未经反省的人生不值得活。"同样，未经反思的科技是不能用来推广、应用和普及的。那么，究竟科技伦理或者说科技伦理学是什么呢？总的来说，也就是围绕人在科学与技术活动过程中科学技术与人、人与人、人对社会、人对自然的行为过程和后果所产生的伦理和道德的学问。总体而言，"科技伦理学主要有四个维度：第一，科技工作者和科技团体内部的道德关系和伦理规范。第二，科技工作者与一般社会、公民、政府等之间的道德关系和伦理规范。第三，科技工作者与非人类的自然环境、生命物种之间的道德关系和伦理规范。第四，科技工作者与作为研究对象的人类个体或群体之间的道德关系和伦理规范"①。正如我国科学技术哲学家刘大椿教授对科技伦理定义所做的概括：科技——"在求真与向善之间"。

科技管理是指通过对管理科学的运用，科技管理主体对科技活动中人力、物力、财力等资源进行分配、决策、组织、控制以取得更大的经济效益的过程。

科技伦理与科技管理不仅相互区别而且相互依存、相互渗透、相互补充、相互制约，两者之间存在着双向互动、辩证统一的关系。科技伦理对科技管理有导向和内化作用，科技管理对科技伦理有强化作用②。基于此，我们从科技伦理与科技管理的内在统一上来开展研究。具体来说，科技伦理基础理论研究主要探求科学伦理、技术伦理、工程伦理、科技伦理教育领域的基本理论问题。科技伦理应用研究主要针对高科技的伦理问题、引发的环境问题和管理问题开展反思和论证，并致力于寻求切实可行的伦理框架，以促进和保障新兴科技的健康和可持续发展。科学技术前沿的伦理治理研究主要围绕辨识和发现的科学技术前沿的伦理问题，从政府、企业、大学、科研机构等组织，以及科学团体、科学家、科技伦理学家、公众等各相关利益主体的不同角度，探索前沿科学技术伦理治理的组织模式与机制、制度模式及实施路径等相关问题。

大连理工大学哲学社会科学创新基地"科技伦理与科技管理研究中心"（以下简称"中心"）自"985工程"二期作为教育部人文社科研究基地建立伊始，尽管主攻方向和各研究方向依托科技哲学与伦理、科学学与科技管理两个学科博士点，探索科学技术前沿问题，带有学科导向的特点，但在申请、承担和完成国家级和省部级科研项目的过程中，逐渐朝适应国家和人民的重大战略

---

① 张国清. 当代科技革命与马克思主义. 杭州：浙江大学出版社，2006：129.
② 戴艳军. 科技管理伦理导论. 北京：人民出版社，2005：78-80.

需求调整转向。突出表现在以下几方面：一是基于技术科学的强国战略与政策研究，先后承担完成这方面直接相关的校级重大项目、中国科学院学部咨询项目和国家自然科学基金项目。二是关于高科技与工程领域的伦理与治理问题研究，先后在中德科学中心资助下举办了中德双边高科技伦理研讨会，获得国家社科基金面上项目"实践有效性视角下的工程伦理研究"、国家社科基金重大项目"高科技伦理问题研究"。三是基于知识图谱的科学发现-技术创新管理与政策研究，先后主持和承担有关这一领域的国家自然科学基金与国家社科基金项目多项课题。这就为本中心以国家重大需求的问题导向调整主攻方向、设计重建研究方向奠定了扎实的基础。

中心自成立以来，围绕"科技伦理与科技管理"相关领域，加强了学术队伍建设，组建了跨学科、高水平的科研团队；加强了人才培养，造就了我国第一批科学学与科技管理学科的硕士、博士人才，特别是培养出我国第一批科学计量学博士，并在哲学与伦理学形成本科生-硕士生-博士生人才培养系列；加强了学科建设，集成现有博士点和硕士点力量，成功申办了哲学一级学科博士点，科技哲学成为辽宁省重点学科；加强了哲学社会科学基础设施建设，建立了有助于原创性研究的相关数据库、案例库和科学计量实验室；借鉴国外先进学术成果与研究方法，加强了国际学术合作与交流；紧密结合我国科学技术与经济社会发展的需要和振兴东北老工业基地的实际，承担了国家及地区科技伦理与科技管理相关领域重大项目，产出了一批高水平的学术成果。举办了重要的国际学术研讨会。

本着沟通交流、成果共享、共同提高的原则，大连理工大学人文与社会科学学部、"985 工程"教育部哲学社会科学创新基地、大连理工大学科技伦理与科技管理研究中心特推出"科技伦理与科技管理文库"。这套文库是一套跨越科学伦理与科技管理两个研究领域的综合性丛书，具有前沿性、交叉性、哲理性、现实性、综合性的特点，内容主要涵盖科技伦理及其治理问题的综合研究的诸多方面。这套文库是大连理工大学"建设世界一流大学"项目的重要组成部分。我们希望通过这套文库的持续不断的出版和若干年的努力，将中心（研究基地）建设成为在科技伦理和科技管理领域接近或达到国内一流学科水平和国际先进水平的国家级哲学社会科学重点研究基地，使之成为国内外科技伦理和科技管理研究领域的研究中心、信息资源中心和国际学术交流中心。

洪晓楠

2014 年 5 月 18 日

# 目 录

# 第1章 问题的由来

## 1.1 工程伦理学研究的现实问题

工程伦理学是应用伦理学的一个分支，专门研究工程实践活动中的伦理道德问题，涉及工程实践活动的伦理原则、道德规范，以及工程技术人员社会责任感的培养和评价等方面。① 近年来，重大工程事故时常发生，引起学术界与社会各界的普遍关注。其中，比较典型的如 1986 年美国的"挑战者号"航天飞机事故、2011 年日本的福岛核电站事故、2008 年我国的杭州地铁事故、2011 年我国的温州动车组事故等。探究这些重大工程事故发生的原因，往往涉及工程技术人员的伦理意识和社会责任感方面存在的问题。很多时候，并不是有关的工程技术人员没有接受过工程伦理教育，或工程技术人员的职业要求中没有考虑伦理因素，而是工程伦理没能在工程实践活动中充分发挥实际效用，或者说体现不出"实践有效性"。所谓"工程伦理的实践有效性"，指的是对工程伦理观念能否在工程实践中有效发挥其实际作用的判断。这种"实践有效性"不仅取决于工程伦理观念本身的正确性，也取决于工程伦理观念发挥实际作用的路径的适宜性，即能够有效地对工程实践产生积极而显著的影响，使工程实践过程和结果真正符合伦理要求。工程伦理的实际价值最终要通过工程伦理的实践有效性来体现。

人们使工程伦理观念发挥实际作用的具体过程就是"工程伦理实践"，因而"工程伦理的实践有效性"本身也可以理解为"工程伦理实践"的有效性。之所以要提出后一种理解，是因为要提高工程伦理的实践有效性，必须关注工程伦理观念发挥实际效用的路径、机制和方法，这就意味着要突破以往有关

---

① 本书主要针对工程实践中的伦理问题，但不可避免会涉及技术伦理学的相关问题。"工程"和"技术"密不可分，但技术活动不完全是工程活动。我国学者李伯聪教授主张将"技术"与"工程"相区别，强调工程活动的整体性、系统性和不可重复性，以区别于在工厂里连续批量生产的技术活动。近年来，工程哲学研究的广泛开展使这种观点有了很大影响，但也有学者对"工程"和"技术"并不严格加以区分。不少欧美学者甚至认为工程伦理学与技术伦理学没有本质区别或严格界限。本书研究的工程伦理学侧重一般意义上工程实践的伦理问题，但在具体讨论工程活动涉及的技术问题时，将"工程技术"作为一个整体来看待，将"工程技术人员"作为一个整体来看待，并不刻意划分工程伦理学与技术伦理学的界限。这种处理方式有助于对工程伦理学问题的进一步深入研究。

"用理论指导应用"模式的简单理解，不要认为有了理论和原则就能够自然而然地付诸应用，而是必须深入到"工程伦理实践"中去，解决好实践过程中比较复杂的方法论问题。这是对工程伦理的实践有效性进行研究的突破口。

工程伦理的实践有效性是工程伦理学的研究内容。工程伦理学作为一个学科领域，本身无所谓实践有效性问题。然而，开展工程伦理的实践有效性研究，必须立足于工程伦理学的思想资源，了解工程伦理学的历史演变和发展趋势，运用工程伦理学的研究范式来发现问题和解决问题。工程伦理学是紧密联系工程实际的，有着突出的"问题意识"。从实践有效性角度开展工程伦理学研究，既是一个重要的理论问题，更是一个紧迫的现实问题。

从现实角度看，在经济全球化的背景下，当代工程技术的迅猛发展带来了许多具有伦理性质的新问题，世界上不少国家都出现过一些重大工程事故，工程风险居高不下，工程决策面临新的伦理挑战。随着我国经济和社会的快速发展，我国逐渐成为具有世界影响力的"工程大国"，然而工程建设进程中存在的一系列严峻的现实问题也日益严重，一些人对重大工程事故的出现反应麻木，甚至见怪不怪。在处理工程事故的后果时，人们比较关注的是追究职业责任或岗位责任，完善规章制度和管理措施，很少考虑到造成重大工程事故的工程伦理方面的原因。实际上，这是一种治"标"不治"本"的治理路径，没有从思想观念深处解决问题，所以类似的重大工程事故仍然会源源不断地出现。与工程建设方面取得的巨大成就相比，我国对于工程伦理问题的关注程度还很不够，对工程伦理的实践有效性更缺乏应有的重视。

从理论角度看，近年来国内外学术界已经开始重视开展工程伦理学的研究与教学工作，并已取得一定进展。很多大学开设了工程伦理学的相关课程，有关的研究成果也不断涌现。然而，目前有关工程伦理学的研究在理论层面的居多，在"实践有效性"研究方面还相对薄弱。工程伦理学研究必须回答工程技术领域提出的亟待解决的现实问题，比如，在当代工程技术背景下，原有的工程伦理原则和道德规范是否继续有效？能否继续对相关工程伦理问题做出开放、合理而有效的解释？原有的伦理观念体系能否继续保持对工程实践的有效影响？寻找这些问题的答案，必然会使工程伦理学走向对实践有效性的追求，而这种追求对工程伦理学发挥其社会影响有着极为重要的意义。

## 1.2　理论研究与实际成效之间的张力

当代工程伦理的实践有效性问题之所以出现，与工程伦理学自身的发展状况也有一定关系。20 世纪 70 年代之前，工程伦理学在欧美学界曾被广泛认为是一门以工程师为主体的"职业伦理学"。这种职业伦理学关注的是工程师个体对于职业守则中伦理要求的理解和承诺，往往运用案例教学或情景教学来"训练"学生，使其能够按既定伦理原则与道德规范解决工程实践中的具体问题。这种研究进路倾向于将已有的工程伦理观念标准化，它在促进工程职业化、增强工程师职业责任感，以及唤起工程师职业自治意识等方面发挥了很大作用。埃迪·康伦（Eddie Conlon）与亨克·赞德福特（Henk Zandvoort）将这一职业伦理学模式称为"个体主义进路（individualistic approach）"，因为它围绕工程师个体的职业活动而展开，只是假定工程师个体面临着某种伦理问题且需要做出决策。[①]

然而，从 20 世纪 70 年代开始，伴随工程技术自身的发展与社会形态的变革，这种个体主义进路受到了技术哲学家与 STS（科学、技术与社会研究）学者的广泛质疑，此后工程伦理学研究逐渐超出传统的职业伦理学范围，成为相对独立的学科领域。[②] 一些学者指出，仅依赖基于职业共同体的工程师个体伦理决策，常常很难有效地解决工程伦理问题，很难使工程师在实践中运用所学的伦理原则找到双赢方案。比如，在孙和喆（Wha-Chul Son）看来，一方面，职业伦理学的个体主义进路"通常是建立在对技术不加批判的接受基础之上的，缺乏对技术本身的质疑，而技术社会中的很多问题是与个人的伦理决策无关的"；另一方面，职业伦理学进路不重视"特定技术与技术整体所提供的更为广泛的语境和社会责任"。[③] 20 世纪 90 年代初期，美国著名技术哲学家卡尔·米切姆也曾指出："在有关工程伦理学的讨论中，很少有人考虑工程设计这一工程本质，也很少有研究将工程伦理学置于广阔的历史和社会语境下加以讨论。"[④]

总的看来，由于职业伦理学的个体主义进路过于注重伦理观念和道德规范对工程师职业行为的影响，往往忽视工程实践的社会文化背景，对工程实践的

---

① Conlon E，Zandvoort H. Broadening ethics teaching in engineering：beyond the individualistic approach [J/OL] //Science and Engineering Ethics（2010-05-14）. http：//www. springerlink. com/content/3632826773064307/fulltext. pdf [2011-01-03].

② Didier C. Engineering ethics [A] //Olsen J，Pedersen S，Hendricks V. A Companion to the Philosophy of Technology [C]. Malden：Wiley-Blackwell，2009：426-432.

③ Son W. Philosophy of technology and macro-ethics in engineering [J]. Science and Engineering Ethics，2008，14：405-415.

④ Mitcham C. Engineering ethics in historical perspective and as an imperative in design [A] // Mitcham C. Thinking Ethics in Technology：Hennebach Lectures and Papers（1995-1996）[C]. Golden：Colorado School of Mines Press，1997：123.

具体操作过程也关注不够。因此，这种研究进路在解释工程伦理现实问题、处理职业实践中的伦理冲突，以及影响工程实践具体过程等方面，都未取得预期效果，甚至在其理论体系内部产生了工程师的"负责任障碍"，即在确定不同岗位的伦理责任方面令人无所适从。其后果是工程事故（灾害）并没有得到有效抑制，在某些方面甚至日趋严重。类似煤矿瓦斯爆炸、桥梁坍塌、房屋倾斜裂缝、海上钻井平台原油泄漏等事故往往反复出现，难以控制。这种情况的出现，表明工程伦理学的理论研究和实际成效之间存在严重张力，必须及时调整。

在这种情况下，出于工程的技术本质（工程设计）与工程设计的语境（社会历史背景）这两方面因素的考虑，学术界出现了当前有关工程伦理学实践效果的两种争论，即"内在主义与外在主义之争"及"宏观视角与微观视角之争"。

2006 年，由依波·范·德·普尔（Ibo van de Poel）与彼得-保罗·费尔贝克（Peter-Paul Verbeek）编辑的《科学、技术与人类价值》特刊——《伦理学与工程设计》，是这方面较为新近的成果，它正式开启了有关工程伦理学的内在主义与外在主义之争。普尔与费尔贝克认为："工程伦理学主要关注灾难性案例，并且认为通过工程师的负责任行为或'揭发（whistle blowing）'能够有效地避免灾难的发生。这就导致了有关技术的'外在主义进路'，即关注技术发展过程的后果而不是其内在动力。"[①] 工程伦理学的外在主义倾向于将工程技术发展看成是天然合法的，将其看成是职业实践之外的因素。而普尔与费尔贝克则认为，工程伦理学应当关注工程设计的内在过程，走向更具经验性的内在主义进路。内在主义进路不仅需要打开设计过程这一"黑箱"，同时也需要将伦理道德分析置于设计活动的背景之下。内在主义的工程伦理学是内在主义的工程哲学的自然延伸，两者的研究视角和方法具有一致性。内在主义与外在主义之争最终导致两方面的结果：一方面，职业伦理学研究进路的工程伦理学家开始逐渐意识到关注工程设计及其他技术要素的重要性；另一方面，传统的以经验研究和描述性研究为主的 STS 研究逐渐开始关注规范性问题。

到了 20 世纪末，部分学者已经开始注意到工程伦理学中存在的微观视角与宏观视角。微观视角主要关注工程师个体及工程职业中的内部关系，而宏观视角主要关注工程职业集体的社会责任及与技术相关的社会决策。[②] 在微观视角与宏观视角的争论中，约瑟夫·赫科特（Joseph Herkert）作出了重要贡献，

① van de Poel I, Verbeek P. Ethics and engineering design [J]. Science, Technology, & Human Values, 2006, 31 (3): 223-236.

② Herkert J. Future directions in engineering ethics research: microethics, macroethics and the role of professional societies [J]. Science and Engineering Ethics, 2001, 7: 403-414.

他系统地梳理了有关微观视角与宏观视角的争论史。在他看来，微观视角与宏观视角的争论对于工程伦理学而言，既蕴含着挑战又蕴含着机遇。赫科特试图在微观视角的基础上重视宏观视角的研究，通过融合两种视角，获得更加开阔的视域，以寻找解决工程伦理困境的有效方案。与赫科特相比，罗纳德·克莱因（Ronald Kline）更为激进。他认为，微观视角为了培养工程师在具体情形中如何进行道德决策，常常使用简单化的叙事结构，将案例看成是围绕某一具体道德原则展开的单一主线，排除其他看上去并不明显相关的叙事路线。有时为了便于学生使用既有伦理原则找到解决伦理困境的方案，也使用假设的伦理困境。[①] 以上诸多因素，使得学生易于忽略工程实践的实际情况。在面临实际工程伦理问题时，既缺乏解释工程伦理问题的能力，又缺乏在实际操作环节中有效地实践伦理规则的能力。因此，克莱因认为，工程伦理学应当关注工程实践的复杂社会与组织背景，特别是重视社会与组织因素对工程灾难或危害的建构性作用，而 STS 研究将有助于描绘工程实践的社会与组织因素。

工程伦理的内在主义与外在主义的区分是在技术意义上的：内在主义将技术看成是一种中介，关注技术过程的内在动力；外在主义将技术看成是中性的，关注技术的后果。而微观视角与宏观视角的区分是在语境意义上的：微观视角关注个体与职业的辩护语境；宏观视角则侧重组织与社会的辩护语境。这两种争论的相互关系如图 1.1 所示。内在主义与外在主义、微观视角与宏观视角两对范畴，基本上覆盖了当前工程伦理学的基本理论与实践问题，使得理论研究与实际成效之间的张力得到明显体现。

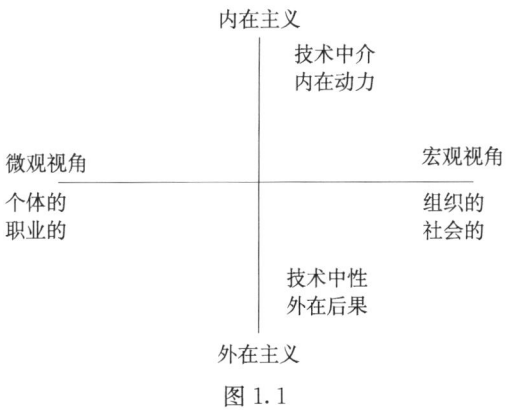

图 1.1

---

① Kline R. Research ethics, engineering ethics, and science and technology studies ［A］// Mitcham C. Encyclopedia of Science, Technology, and Ethics ［C］. Detroit：Macmillan Reference, 2005：xxxv-xli.

## 1.3　实践有效性路径的探索

通过系统分析和反思职业伦理学进路所面临的困境，借鉴当前西方工程技术哲学和 STS 研究领域内工程伦理学研究的最新成果，将有关工程伦理实践有效性的讨论置于现代哲学思潮与工程技术发展的互动背景之下，可以为探索工程伦理的实践有效性开拓切实可行的路径。这种研究一方面将有益于增强伦理学理论对于社会现实问题的解释力，另一方面将有益于增强伦理观念体系对于工程实践的有效影响力。这对构建工程技术发展与社会进步之间的和谐关系，实现工程目的（给公众带来最大化的福利）与伦理目的（对于善的追求）的有机结合，将产生十分深远的影响。

解释学、实践哲学和商谈伦理学等西方哲学流派的兴起，为探索工程伦理的实践有效性提供了新的思想资源。工程伦理的实践有效性追求，大体上包含三个环节：首先，需要对工程伦理实践中的具体问题做出充分而合理的解释，明确伦理原则与道德规范在具体语境下的意义，解释常常是开展进一步行动的思想准备；其次，需要在解释的基础上，将伦理原则与道德规范有效地落实在工程实践的具体过程之中，使之具有可操作性；最后，工程伦理实践涉及多个利益主体，需要在解释与操作基础上引入对话机制，以确保解释与操作中相关信息的准确性，保证不同利益主体之间的分配公正，并在社会层面上进一步扩大工程伦理的社会影响力。解释学、实践哲学和商谈伦理学分别为这三个环节的研究提供了重要的思想方法。

现代工程技术在评价导向、决策模式和风险治理等方面呈现出一些新特点。工程哲学在这些方面有很多新的研究进展，也为工程伦理的实践有效性研究提供了重要思想资源。工程哲学的重要学术贡献之一，是将工程设计视为一个明确的研究主题，关注工程知识的形态与特点，打开工程活动的"黑箱"。这一贡献对于工程伦理的实践有效性研究极富启发意义。以往工程伦理学的职业伦理学进路，倾向于将工程实践的操作环节看成"黑箱"，较少关心工程设计，或者说从"外在主义"的视角看待工程设计。正如路易斯·布希亚瑞利（Louis Bucciarelli）所言，"很少有人将技术设计看作一个值得提出的课题，这也许由于设计过程的难以接近和复杂性，或者因为工程被认为如此普通与循规蹈矩，以至于没什么值得批评和分析"①。工程哲学将工程设计看成是工程活动

---

① 路易斯·L. 布希亚瑞利. 工程哲学［M］. 安维复等译. 沈阳：辽宁人民出版社，2008：3.

的核心，其"内在主义"的认识论将有助于拓宽职业伦理学的视野，从而使工程伦理实践中的解释更加有效地与工程实践的实际情况相联系，进而有助于工程伦理规范有效、深入地影响工程实践。

在李伯聪教授看来，工程活动是一个涉及计划、实施与使用的完整实践过程，工程共同体（engineering community）不仅包括工程师与管理者，还应当包括投资者、企业家、工人等，工程活动必然也会涉及工程共同体外部的其他社会群体。① 因此，工程伦理实践一方面会受到工程共同体内部其他行动者的影响，另一方面也会受到公众、工程共同体外部其他利益相关群体的塑造作用。当前，我国工程伦理学研究的主体主要是工程伦理学专业研究人员，少有工程师和工程管理者的积极参与，工程伦理学家、工程师及工程管理者之间的对话与合作更少。就西方工程伦理学研究来看，伦理学家与工程师、工程管理者之间的对话与合作相对较为成熟。有两部在国际学术界影响很大的工程伦理学专著《工程伦理：概念与案例》和《工程中的伦理学》，前者的三位作者之中，查尔斯·哈里斯（Charles Harris Jr.）与迈克尔·普里查德（Michael Pritchard）都是伦理学家，而迈克尔·雷宾斯（Michael Rabins）是工程师；后者的两位作者之中，迈克·马丁（Mike Martin）是伦理学家，罗纳德·辛津格（Roland Schinzinger）则是工程师。伦理学家、工程师及工程管理者之间的对话，能够有助于彼此之间的相互理解，有助于对相关工程伦理问题有更为全面、充分的解释，进而有助于促进彼此之间的相互合作。

近年来，我国学者开始关注国外工程伦理学理论体系，并对美国、日本、西班牙、荷兰、俄罗斯等国家的工程伦理学理论体系与实践模式进行了系统介绍与评价。然而，国外工程伦理学理论能否直接应用于解释当前我国社会中存在的工程伦理问题？国外工程伦理实践的操作模式能否直接应用于中国文化语境？结合我国当前工程职业化体系尚不完善的时代背景，如何建构符合我国国情的工程伦理的理论与实践模式？这些"本土化"需求的研究亟待加强。在引进介绍国外工程伦理学的理论与模式时，需要在跨文化比较的语境下对国外工程伦理学的理论与实践模式加以审视，结合我国经济社会发展的具体情形，建构符合我国国情的工程伦理学体系，以便对工程伦理的新问题提出合理解释，进而在工程伦理教育、工程伦理对话、工程伦理决策等方面提供有效的应对策略。

---

① 李伯聪. 工程共同体中的工人——"工程共同体"研究之一［J］. 自然辩证法通讯，2005，27（2）：64-69.

根据上述情况，在探索工程伦理的实践有效性路径时，本书着重运用了以下三种研究方法。

（1）逻辑与历史相统一的研究方法。将有关工程伦理的实践有效性的讨论置于历史演化的背景之下，透视职业伦理学所面临挑战的本质；通过将西方工程伦理学的社会历史背景与我国经济社会发展的社会环境相比较，发现我国工程伦理学发展中存在的问题；充分利用解释学、实践哲学和商谈伦理学等思想资源，对相关概念的演化进行逻辑分析，建构实践有效性的理论模型，对如何提高我国工程伦理的实践有效性提出针对性建议。

（2）案例研究方法。在分析工程伦理的实践有效性问题的成因与解决对策时，注重从案例出发，将理论分析与工程实践紧密结合。为此，本书在论述工程伦理的实践有效性的具体环节时，分别选取三个西方国家的代表性案例，对这些环节的基本思想、具体方法与实践模式进行进一步阐释，深化对工程伦理学实践有效性模型的理解。同时，结合我国工程伦理的现实问题开展典型案例分析。

（3）社会科学质性研究方法。将当前社会科学质性研究（qualitative research）方法中的参与式观察（participatory observation）、批判解释（critical interpretation）及半结构式访谈（semi-structured interview）应用于对工程伦理学实践解释、操作和对话的具体情境的描绘和分析，进而建构以"语境"为基础的工程伦理的实践有效性模型。

# 第 2 章　理论基础与概念解析

工程伦理学研究对于实践有效性的关注，源于当代社会两大重要思想动向的共同作用：其一，解释学、实践哲学和商谈伦理学等现代哲学思潮，为工程伦理学研究方法提供了新的启示和思想资源；其二，伴随着现代工程技术发展而出现的技术评价导向、技术决策模式和技术风险治理模式，也对工程伦理学传统研究进路提出了挑战。现代西方哲学思潮与现代工程技术发展，共同推动了工程伦理学研究面向实践有效性的转变。此外，工程哲学的研究成果为实践有效性视角的生成提供了必要的方法论基础，而以往的工程伦理学研究为实践有效性视角的新探索提供了重要的理论借鉴。因此，实践有效性视角下的工程伦理学研究，是一个多学科、多视角的研究领域。有必要对这些领域所提供的相关理论基础加以综述与评价，对相关概念做必要的解析，从而为实践有效性视角下的工程伦理学研究打下坚实的理论根基。

## 2.1　现象学和解释学的方法论意义

对于当代工程伦理学研究而言，现象学和解释学具有特殊的方法论意义。其原因在于工程伦理不仅涉及对当代工程实践活动本质特征的理解，还涉及相关主体（工程师、工程伦理学家、工程管理者、工人及社会公众）之间的相互理解，而现象学和解释学的方法能够开启研究者新的思路，利于其获得新的思想成果。

几个世纪以来，哲学家们曾以多种形式探讨过与"现象学"相关的问题，然而其真正盛行却始于 20 世纪胡塞尔、海德格尔、萨特、梅洛-庞蒂等的工作。① 尽管有关"解释学"的理论最早可追溯至古希腊哲学及中世纪的圣经研究，然而直至德国浪漫主义与理想主义之后，解释学才逐渐成为一种"哲学解释学"。② 现象学与解释学作为当代两种重要的哲学思潮，彼此之间逐渐发生着

---

① Smith D. Phenomenology［M/OL］//Zalta E. The Stanford Encyclopedia of Philosophy（2008-06-28）. http：//plato. stanford. edu/archives/sum2009/entries/phenomenology/［2011-01-09］.

② Gjescdal K，Ramberg B. Hermeneutics［M/OL］//Zalta E. The Stanford Encyclopedia of Philosophy（2005-11-09）. http：//plato. stanford. edu/archives/sum2009/entries/phenomenology/［2011-01-09］.

"互涉"与"互融",催生出一些新的思想流派。其中,以德国哲学家海德格尔、伽达默尔,以及法国哲学家保罗·利科(Paul Ricoeur)等为代表的"解释学的现象学"最具代表性,对整个人文社会科学领域产生了巨大影响。

### 2.1.1 开启"伦理学的解释学之维"

基于解释学的现象学视角,伽达默尔提出了"伦理学的解释学之维":"在具体情境中,什么是理性的,什么是应当做的,恰恰并未在给您的那些关于善恶总体指向中确定下来……您必须自己决定去做什么。为此您就得理解您的情境。您就得阐释它。"① 因此,有关伦理原则与规范意义的理解,需要置于其所处的情境之下加以解释。

传统的职业伦理学是一门"应然伦理学(sollensethik)",它将伦理学看成是"运用伦理原则与规范解决问题的技术"②。这一思路一方面可能会使得伦理原则和道德推理方式相对固定甚至僵化,很难随着工程实践的发展而不断改变自己的形式,从而丢弃伦理问题本身所包含的丰富意义,割裂与现实生活之间的联系;另一方面,又会使伦理原则和道德推理方式被随意作为使各种利益合法化的"精致的"修辞手段。与之相对,"解释学的现象学"视角将伦理学看成是"有关道德经验的解释学",通过对道德现象所处历史文化背景的描述,致力于"表达、阐释和丰富道德经验,完善我们的道德敏感性(moral sensibility)"③。"解释学的现象学"视角肯定道德传统的重要意义,它将既有的伦理原则与规范视为有关伦理论证的"前理解(pre-understanding)"或"前意义(fore-meaning)"。然而,传统并不是一种强硬的、不可改变的形式,而是一个不断发展的过程,参与者在其中积极地对传统加以塑造。④ 因此,需要对伦理原则与规范的前理解加以反思。通过对道德现象所处历史文化背景的"深层描述(thick description)",能够在真实、自然的生活世界中把握所研究的道德现象。在充分把握道德现象的基础上,将前在的伦理原则与道德规范置于生活世

---

① 伽达默尔,杜特. 解释学、美学、实践哲学:伽达默尔与杜特对谈录 [M]. 金惠敏译. 北京:商务印书馆,2007:69.

② 这种道德推理(moral reasoning)模式,倾向于将伦理原则与规范看成本身并不存在问题的手段、工具或技术。在这一模式下,伦理学很难充分发挥促进人的道德行为向善,促进道德知识增长的实践哲学的作用,而是成为解决伦理问题的原则与规范的修辞学,这里伦理原则与规范使用的效率决定了道德推理的优劣。

③ van Tongeren P. Ethics, tradition, and hermeneutics [J]. Ethical Perspectives, 1996, 3 (3): 175.

④ van Tongeren P. Ethics, tradition, and hermeneutics [J]. Ethical Perspectives, 1996, 3 (3): 176.

界中个体、组织与社会等不同层次的背景之下加以理解，进而获得有关伦理原则与规范的新的理解，有助于进一步认识道德现象的本质特征，如图 2.1 所示。

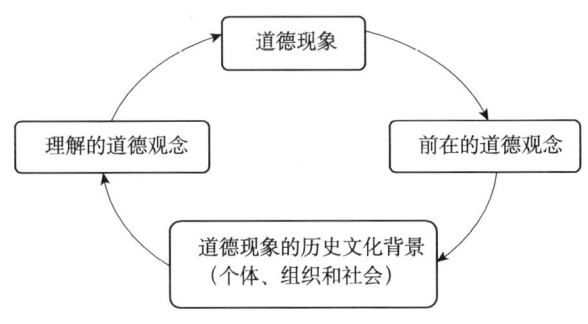

图 2.1 伦理学的解释学过程

工程伦理学的职业伦理学研究进路将义务论、后果论与美德论等作为道德反思的可靠思想资源，侧重其在职业语境中的"应用技巧"。在直接运用伦理学思想资源出现冲突时，职业伦理学的研究进路时常采取一种功利主义做法：选择那些最为重要的、最好的且能够最少带来伤害的策略。然而，在缺乏明晰的"价值等级（hierarchy of values)"的情况下，实践者无法确定何种策略可能导致最高等级的价值。"通常，医学、技术或经济专家做出道德决策时，最终所依赖的并不是'形式上的程序'，而是在以想象'什么是道德生活'为基础的价值等级。"[①] 因此，工程伦理实践需要关注历史文化背景对于道德现象意义生成的影响，而不能局限于个体决策与职业情境。工程伦理学中已有的伦理资源是先在的道德观念，需要在工程实践所处的不同历史文化背景之下加以批判性地理解。有关工程伦理观念的现象学和解释学方法，一方面有助于对已有伦理资源做出必要调整，提高其对于工程伦理问题的解释力，另一方面能够增强工程师从伦理角度解释现实问题的能力，丰富工程师的道德经验，增强其道德敏感性。

### 2.1.2 发挥工程技术的中介作用的解释功能

从"解释学的现象学"视角出发，会发现工程技术的一些新的本质特点。工程技术并不是中性的，而只是一种"中介"，在人与生活世界之间起着"居间调节"的作用，这一点被工程伦理的职业伦理学研究进路长期忽视。然而，

---

① Verstraeten J. Narrative and hermeneutics in applied ethics: some introductory considerations [J]. Ethical Perspectives, 1994, 1 (1): 54.

只有理解了工程技术存在于人与生活世界之间的中介作用（mediating roles），才能准确而有效地阐释工程伦理问题产生与发展的机理，增强伦理观念对于工程实践活动的有效影响。在这一方面，海德格尔、布鲁诺·拉图尔（Bruno Latour）、唐·伊德（Don Ihde）及艾尔伯特·伯格曼（Albert Borgmann）等哲学家有关"'物'的现象学"，为阐释和理解工程技术的中介作用提供了重要的方法论基础。

海德格尔的解释学的现象学认为，技术不能仅仅被看做是一种达到目的的手段，而应当被看做是一种"展现的方式"。海德格尔用"用具（Zeug）"指称作为"物"的技术："严格地说，从来没有一件用具这样的东西'存在'。属于用具的存在一向是一个用具整体。只有在这个用具整体中那件用具才能够是它所是的东西。"[①] 这里的用具整体就是用具所在的由人与世界发生关联而构成的整体，用具在整体中具有意义生成的作用。

拉图尔的存在主义现象学以实践为导向，关注人类如何在生活世界中行动并塑造其存在，而人类行为又如何受其影响。在他看来，行为不仅是个体意向性和社会结构的结果，而且也是人类"物化"环境的结果。[②] 拉图尔用"脚本（scripts）"一词隐喻人工物对行动者行为决策的塑造作用，强调"行动程序的转译"。也就是说，当一个实体（entirety）与另外一个实体发生关系时，两者原有的行动程序会"转译"成新的行动程序。在转译过程中，行动中介诱导或"展现"了某些具体行为，同时也阻止或"遮蔽"了其他行为。比如，"减速坡"促使驾车者减慢速度以保障行车安全，同时阻止了超速行驶的行为。

类似地，伯格曼的"器具范式（device paradigm）"理论也可被理解为一种有关"物"的现象学。在伯格曼那里，物被具体化为"聚焦物（focal things）"，他用"（聚焦）物"与"器具"隐喻技术人工物对社会群体文化与制度的影响。"物"作为前现代技术产品的主要形式，常与其在场的具体情景（包括历史、文化等）相连。例如，火炉所提供的不仅是温暖，而且是"聚焦点"，围绕它的是各种各样的生活体验。它提供了构成火炉的世界所必需的许多其他相关元素，它参与家庭生活的文化与制度构成。然而，作为"器具"的现代中央供热机组提供的仅仅是"温暖"，而且卸除了与之相关的所有其他因素的负担。与文化和制度相联系的复杂关系都被剥夺了，人们不会在意它的来源、历史文化背景与社会关系。中央供热机组本身变成了一种仅仅提供"温

---

① 海德格尔．存在与时间［M］．陈嘉映，等译．北京：生活·读书·新知三联书店，1987，85.

② Verbeek P. Materializing morality: design ethics and technological mediation ［J］．Science, Technology & Human Values, 2006, 31（3）：366.

暖"的商品。① 海德格尔、拉图尔和伯格曼关于技术中介作用的观点差别如表 2.1 所示。

**表 2.1　技术中介的作用**

| 人物 | "物"的现象学中的技术中介作用 |
|---|---|
| 海德格尔 | 用具在整体中的意义生成作用 |
| 拉图尔 | 人工物对于行为的转译作用 |
| 伯格曼 | "聚焦物"与"器具"对群体社会文化与制度的影响 |

从"物"的现象学视角来看，工程伦理学研究不能将工程技术理解为一种一般性的、不加批判的"应然物"或"是由人所制造的并为人所利用的工具"②，不能将工程技术创造的人工物在社会中的接受与使用过程看成是一个"黑箱"过程。只有理解了工程技术的人工物在影响意义、知觉、行为，以及社会文化与制度等方面的作用，才能对相关工程伦理问题做出全面、客观而有效的阐释，并以工程技术的中介作用为契机，通过影响人工物的计划、设计与使用过程，增强伦理观念对于工程实践活动的有效影响。

### 2.1.3　工程伦理中解释过程的"视域融合"

在工程伦理实践中，相关主体（工程师、工程伦理学家、工程管理者、工人及社会公众）之间存在着知识背景、价值取向、利益抉择等方面的差异，这种差异可能会影响他们之间的相互理解，包括对于工程伦理原则、工程伦理实践路径、道德行为规范等的不同理解。在工程伦理学家认为存在严重问题的地方，工程管理者或技术人员很可能不以为然，这并不是说后者完全缺乏伦理意识，而是因为在他们的视域中可能确实认为这些地方不存在问题。反过来，工程伦理学家也可能不清楚工程管理者或技术人员对工程伦理问题理解的细致程度和深度，他们的视域也有待开拓。按照伽达默尔的观点，理解的过程是认知主体的视域与文本的视域相互融合的过程。③ 这里的"文本"可以是文字表述的著作，也可以是对生活中的事件的口头表述。"视域融合"并不仅仅是指"设身处地"或"换位思考"，因为不改变视域也可以"设身处地"进行"换位思考"，只要为对方多着想一些就行了。"视域融合"需要扩充原有的视域，引

---

① 吴国盛. 技术哲学经典读本［M］. 上海：上海交通大学出版社，2008：410-411.

② Son W. Philosophy of technology and macro-ethics in engineering［J］. Science and Engineering Ethics，2008，14：405-415.

③ 尼古拉斯·布宁，余纪元. 西方哲学英汉对照辞典［M］. 北京：人民出版社，2008：400-401.

进新的知识、价值标准和观念体系，能够在更大的视域中发现对象事物新的特征、意义和价值，获得更深刻的理解。工程伦理实践中的相关主体需要自觉地进行视域融合，真正了解对方的工程伦理意识状况，了解其知识背景、价值取向、利益抉择等方面的特征，这样才能有效地进行工程伦理意识的传播、普及和培育，真正体现工程伦理的实践有效性。而要做到这一点，工程伦理实践的相关主体之间，特别是工程技术人员、工程管理者和工程伦理学家之间，都需要不断消除认知上的"屏障"，使自己的视域变化保持一种开放的、充满活力的状态。

## 2.2　实践哲学的思想背景

近年来，实践哲学作为一种思潮再次得以复兴。实践哲学给当代人文科学与社会科学研究如何应对现代性危机提供了新思路，尽管这未必是"唯一的标准答案"。为了提高工程伦理的实践有效性，有必要将工程伦理的应用和发展置于实践哲学的背景之下加以考察，进而将工程伦理学理解为一门关注行动的实践伦理学。

### 2.2.1　作为实践的工程及其本质

实践哲学在西方哲学史上有着悠久历史。一般认为，亚里士多德是西方实践哲学的奠基人。不同时期、不同领域内的思想家们对于实践的理解都有所差异。尽管亚里士多德曾经在多种意义上使用"实践"一词，然而其有关"实践"的理解主要与人的道德行为及决策相关。亚里士多德的实践哲学观对康德等后来的哲学家产生了重要影响，以至于"亚里士多德-康德"传统（关注实践的道德与政治维度）在当代实践哲学中占据着主导地位。伽达默尔曾表示，"我们的实践——它是我们的生活形式（Lebensform）。在这一意义上的'实践'就是亚里士多德所创立的实践哲学的主题"[①]。

中国传统文化中也包含着丰富的实践哲学思想。美国圣何塞州立大学教授牟博认为，中国哲学具有很强的实践导向，"多数中国古代思想家们着迷于思考与人类正确行为相关的一系列伦理问题"[②]。张汝伦也将实践哲学视为"中国

---

① 伽达默尔，杜特. 解释学、美学、实践哲学：伽达默尔与杜特对谈录 ［M］. 金惠敏译. 北京：商务印书馆，2007：68.

② Mou B. Emergence of Chinese philosophy ［A］//Mou B. Comparative Approaches to Chinese Philosophy ［C］. Burlington：Ashgate Publishing Company，2003：5.

古代哲学的基本倾向和特质"①。中国哲学中对于人行为的规范，总是通过实践（体验）予以实现，通过实践使得人的道德观念、意识与实际行动相符合。明代心学的集大成者王阳明所提出的"由行而行则知，由知而知则行"的实践观，强调道德意识的自觉性与实践性，认为只有将道德意识有效地落实到道德行为上，才是真正的"善"，才能成为真正具备"良知"的"君子"。中国传统文化中所蕴含的丰富实践哲学思想，对于工程伦理的实践有效性研究也具有深远的意义：工程师不仅需要具备伦理意识，而且需要在实践中予以贯彻；工程活动的伦理实践过程，反之也会加深工程师对伦理意识的理解，工程师的伦理意识与道德行为应当是统一的。

伴随哲学史的"认识论转向"及科学技术的社会化，实践哲学内部也逐渐发生着一种兴趣转变：从关注实践的道德与政治维度，逐渐转向关注实验、科学、技术、生产等维度，关注实践的经验层面，包括近年来逐渐开始关注工程实践活动。有关这一转变，美国学者西奥多·夏兹金（Theodore Schatzki）的评价更为直接：少关注理论的范畴，多关注对特殊的实践现象的分析，即由"实践理论"转向"实践分析"。②"科学实践哲学（philosophy of scientific practice）"就是在这种思想背景下在西方哲学界逐渐兴起的。这里的"科学实践"不应作狭义的理解，而是涉及科学理论在工程技术中的广泛应用。科学实践哲学的基本思想方法同样适用于与理论科学密切相关的工程技术实践活动。

科学实践哲学将科学活动看成社会实践的一种特有形式，从这一视角深入理解科学实践活动的结构与文化特征。这种研究思路对理解工程实践的社会特性具有重要启发意义。约瑟夫·劳斯（Joseph Rouse）等哲学家拓展了有关科学实践的传统理解。受海德格尔的现象学和伽达默尔的解释学影响，劳斯批判了传统科学哲学的认识论与表象论。他认为，全部科学活动都是实践过程，而"实践不仅是行动的模式，而且是对世界的构造"③。科学不是表征和观察世界，而是作为一种实践使得其自身能够介入和操作世界。科学家和工程师经由实验室中的理论模型和实验得以介入整个世界，这一过程本身就是科学家与工程师对于世界的解释过程。在这一点上，劳斯的观点与辛津格和马丁将工程视为

---

① 张汝伦 . 实践哲学：中国古代哲学的基本特质［N］. 文汇报，2004-7-25.

② 西奥多·夏兹金 . 中文版序言［A］//西奥多·夏兹金，卡琳·诺尔·塞蒂纳，埃克·冯·萨维尼 . 当代理论的实践转向［C］. 柯文，石诚译 . 苏州：苏州大学出版社，2010：3.

③ 约瑟夫·劳斯 . 涉入科学：如何从哲学上理解科学实践［M］. 戴建平译 . 苏州：苏州大学出版社，2010：124.

"社会试验（social experimentation）"的观点颇为相似。[1] 工程师作为行动主体，由于其对于整个世界的操作性、介入性与关联性，其行为应当放在整个社会背景下予以审视。因此，从实践哲学角度来理解，工程伦理学研究只有放在广阔的社会历史背景下予以考虑，才会有效地发挥其社会效果，对于工程师道德决策的分析才会更有解释力。

布希亚瑞利将工程实践划分为"对象世界的实践（object-world practice）"与"社会世界的实践（social-world practice）"[2]。前者将工程理解为"通过有效手段的建构解决实际问题"，其特征可以描述为唯一、工具性、单一范式、物质主义、价值中立、坚实、确定和可计算性；后者则关注工程实践所包含的丰富经验，关注有关用户、稳定性、创新、质量、责任、安全、社会利益、风险与成本等方面的价值与价值判断，其特征主要包括集体性、可协商、不确定性、柔性、非定量、折中性与政治性。在布希亚瑞利看来，通常工程项目都是由工程师团队完成的，参与的工程师具有不同的专业背景、建模方法、特殊工具、硬件、参考书目、供货商目录、守则及规章，因而具有了不同的"对象世界"。然而，项目参与者的分析、建议和观点常常会互相冲突。因此，设计过程常常也被看成是一种"语言的社会过程"，设计的参与者们需要运用修辞、传播的语言学功能，既清晰地表达其自身的观点，同时也使其他工程师们能够对这类观点建构其意义，并在整个项目的背景下予以理解。"设计是一个社会过程，它除了需要在对象世界里认真地工作，还需要交换和协商。"[3] 从而，"对象世界的实践"就转化为"社会世界的实践"，工程实践是一个融合设计、语言、社会与政治的交往实践。

从实践哲学的视角来理解工程，需要看到的不仅是工程师在恪守职业守则的条件下辛勤地工作，也不仅是"冷冰冰的机器运转以及工程师的演算、绘图和设计过程"，而且需要看到"对象世界的实践"所关联的"社会世界的实践"，使"社会世界的实践"的意义从背景中"出场"。而无论是"对象世界的实践"还是"社会世界的实践"，都统一于工程师的"日常生活世界"之中。

科学实践哲学的另一重要贡献是将科学实践活动看成是一种文化活动，对研究人员实践工作的复杂性做了"深层描述"，这种思路对理解工程实践的社会文化特征也有重要帮助。科学实践哲学的文化视角部分地来源于"后 SSK

① Martin M, Schinzinger R. Ethics in engineering [M]. New York：McGraw-Hill，2004，89-94.
② Bucciarelli L. Ethics and engineering education [J]. European Journal of Engineering Education，2008，33（2）：141-149.
③ 路易斯·L·布希亚瑞利，工程哲学 [M]. 安维复，等译. 沈阳：辽宁人民出版社，2008：37.

（科学知识社会学）"学者及科学人类学家的实验室研究，其中，拉图尔与约翰·劳（John Law）的工作最具代表性。拉图尔等的行动者网络理论（actor-network theory）将科学家与工程师等"行动者（actors）"与制度、权力、规范、仪器、技能、知识等"非人行动者（actants）"组成一个无缝之网，两类行动主体本身并没有明确的主动与被动之分，符合"对称性规则（symmetrical principle）"。从这一视角看，工程师的决策行为也应当是一个复杂过程，它受到来自其他行动主体的影响与塑造，而不像传统工程伦理学所期待的那样，以为工程师个体完全有能力独立地运用职业伦理守则做出道德决策。当然，这种理论同样也受到了质疑：如果将"行动者"与"非人行动者"看成是在网络中对称的，那么将如何看待工程师有关道德决策的意向性与自由意志？工程师是否有能力做出伦理的决策进而有效地影响工程实践？在这一方面，劳比拉图尔走出了更有希望的一步，他所说的"异质工程师（heterogeneous engineers）"总是试图预测设备或工艺可能将会遭遇因素的影响，进而在人工物设计中有所体现。① 然而，劳过于关注描述性研究而很少关注规范性研究，对于异质工程师何以能够有效地掌握相关的伦理价值，有效地预测影响因素并影响人工物设计，并没有提出具体方案。

受到科学实践哲学的启发，有关工程实践的哲学研究对工程设计予以特别关注，并从中引申出工程伦理方面的问题。首先，从实践哲学角度理解工程设计，是将其看成一种分层结构，关注其"设计分层（design hierarchy）"的特性及不同层级之间的"对话"。"大多数复杂的现代'装置'，都事实上作为组成部分或亚组成部分相互联系和相互依赖的等级地组织起来的系统而存在的。这些等级的要素的设计或多或少地由相互依赖的分离的工程师集团和小组分别地进行。"② 有别于职业伦理学对于工程师与管理者的"官僚分层（bureaucratic hierarchy）"，设计分层更加注重基于知识结构与设计子功能对工程师操作行为的划分。

其次，从实践哲学角度理解工程设计，也有助于对设计方法论的反思，批判设计方法内在的"理想化危险"。米切姆认为，工程设计内在的方法论特征，决定了工程设计需要依据模型的建构将自然现象予以简化，忽略现实情形的某

---

① Law J. Technology and heterogeneous engineering：the case of Portuguese expansion ［A］//Bijker W，Hughes T，Pinch T. The Social Construction of Technological Systems ［C］. Cambridge：MIT Press，1987：111-134.

② 文森蒂. 工程知识、设计类型与等级层次：进一步思考工程师知道什么 ［A］//张华夏，张志林. 技术解释研究 ［C］. 北京：科学出版社，2005：119-129.

些方面，导致很难预料哪种理想化参数最合适，最终会带来"理想化危险"。①
为了避免理想化危险，设计方法论的简化模式总是需要建构更多的模型以弥补
对相关因素的忽略，而增加的模型同时又会带来新的理想化危险，进而使设计
走向了复杂化。工程设计的理想化危险，一方面使得工程师责任被扩大化（工
程师具有考虑被忽略因素的义务，以增强工程的稳定性与可靠性），另一方面
又缩小了工程师的责任范围（迫使工程系统自身的复杂性"承担"了责任主
体）。

最后，从实践哲学角度看，工程设计应该被看成是一项"社会工程
（social engineering）"，能够通过工程设计影响社会伦理价值的建构。工程设计
最终服务于工程人工物的建构。然而，工程人工物并不是一种"中性物"，而
是社会语境下的一种"中介"，它能够影响到社会制度安排、个体的伦理行为
与意识，以及社会伦理价值的建构。② 以费尔贝克等为代表的工程哲学家认为，
通过分析人工物在社会中的中介作用，将能够通过工程设计有效地塑造积极的
社会伦理价值系统。而只有通过有效对话，才能避免"社会工程"对民主价值
的亵渎，避免工程设计成为独裁主义的手段。

### 2.2.2 工程伦理推理的实践向度

工程伦理学推理的实践向度，是其作为实践伦理学的本质的突出表现。依
据哈佛大学教授丹尼斯·汤普森（Dennis Thompson）的观点③，实践伦理学
是一门"关联学科"，它致力于在理论与实践之间建立联系，它不完全等同于
通常意义上所理解的应用伦理学与职业伦理学。从实践伦理学来看，哲学原则
并不能以任何的简单形式应用于具体问题与政策。由于伦理原则之间常存在冲
突，面对具体的困境，常常需要修正哲学原则，以便能够据此开展辩护。汤普
森对实践伦理推理方法论的理解带有鲜明的实用主义色彩。

作为对传统工程伦理推理的必要补充，实用主义伦理学扮演着重要角色，
其所拥有的实践品格塑造了工程伦理推理的实践向度。有关实用主义伦理学的

---

① Mitcham C. Engineering ethics in historical perspective and as an imperative in design [A] //
Mitcham C. Thinking Ethics in Technology：Hennebach Lectures and Papers（1995—1996）[C]. Golden：
Colorado School of Mines Press，1997：140.

② 一个典型的实例参见兰登·温纳（Langdon Winner）在其所著《人造物有政治么?》一文中，
对纽约长岛公园大道上的天桥所蕴含的殖民主义价值的分析。

③ Thompson D. A mission of ethics [R/OL] //Edmond J. Safra Foundation Center for Eth-
ics. Ethics at Harvard（1987—2007）http：//www. ethics. harvard. edu/images/resources/pdfs/20thre-
port. pdf [2011-01-29].

实践品格，美国南佛罗里达大学教授休·拉福莱特（Hugh LaFollette）的归纳颇具代表性。依据拉福莱特的观点，实用主义伦理学的实践品格主要包含五方面内容：①道德原则的可修正性；②伦理思想的批判继承性；③道德习惯的相对性；④道德习惯的进化性；⑤伦理理论与实践的统一性。[1] 实用主义伦理学的实践品格，为工程技术人员如何做出道德的、智慧的、经济的决策提供了重要的思想背景。工程伦理学致力于研究如何在复杂的工程社会背景下做出合理的道德决策，其中必然涉及人类行为决策的实践智慧（practical wisdom）。下面以拉福莱特有关实用主义伦理学的系统归纳为基础，论述实用主义伦理学对于建构工程伦理学实践向度的启发意义，如表 2.2 所示。

表 2.2　实用主义伦理学对于工程伦理推理的启示

| 实用主义伦理学的<br>实践品格 | 对于建构工程伦理推理实践向度的启示 |
|---|---|
| 道德原则的可修<br>正性 | 既定的工程伦理原则并不是一成不变的，需要在新的工程社会语境下予以反思，进而做出必要调整，从而能够在新的语境下形成最好的道德决策。 |
| 伦理思想的批判<br>继承性 | 应当在新的语境下，批判地继承工程伦理学的职业伦理学进路的思想资源，将这种资源中的深刻见解吸收进"道德习惯"之中，避免与传统之间的断裂。 |
| 道德习惯的相对<br>性 | 在具体的工程实践语境下，很难找到一项绝对最优的伦理方案，而只能在现有的伦理方案之中选择相对最优的一项。工程实践语境的变迁将会对伦理方案的实践有效性形成挑战。 |
| 道德习惯的进化<br>性 | 就一个具体的工程伦理问题，当出现多种不同伦理方案之间的分歧时，应当允许这种分歧的存在，并将诸方案置于工程实践中予以检验。即便是暂时优越的伦理方案，也需要不断地接受工程实践的检验，在工程实践语境变迁的条件下，不断予以必要的修正，这就是所谓的"生活中的实验"。 |
| 伦理理论与实践<br>的统一性 | 工程伦理学的理论与工程实践不可截然分开，在一种工程伦理理论无法对工程伦理问题做出充分解释时，需要暂时退出解释语境，而对工程伦理问题本身予以思考及进一步理论化。这种有关工程实践的反思，会促进对于工程伦理理论自身问题的深入思考和进一步发展。 |

　　此外，工程伦理推理实践向度建构的一项必要前提，是行动者自身需要具有"道德知觉（moral perception）"。在汤普森看来，道德知觉的内容主要包括两方面：①在一个复杂的背景框架之下认识到伦理问题的能力；②以一种"前后一致的（coherent）"的形式长久而道德地生活的气质。[2] 道德知觉的两部分

---

　　① LaFollette H. Pragmatic ethics [A] //LaFollette H. Blackwell Guide to Ethical Theory [C]. Malden：Wiley-Blackwell，2000：414-418.

　　② Thompson D. A mission of ethics [R/OL] //Edmond J. Safra Foundation Center for Ethics. Ethics at Harvard（1987—2007）. http：//www. ethics. harvard. edu/images/resources/pdfs/20threport. pdf [2011-01-29].

内容可以从亚里士多德主义的实践智慧之中得到辩护，而后者更加强调道德认知与道德行为的内在一致性。因此，道德认知与道德行为的内在一致性应当是行动者（工程师）自身的一种美德。对于行动者（工程师）而言，不仅需要具备道德知识，而且其道德知识需要通过道德行为在工程实践中有所体现。

### 2.2.3　工程伦理学：关注行动的实践伦理学

实践哲学思想背景对于工程伦理的实践有效性研究的另一项重要意义，是将工程伦理学理解为一门关注行动的实践伦理学。正如伽达默尔所言，"（实践）不只是去推动公开的讨论。我们还必须自己去做点什么。实践就是行动，——而且它还是一种清醒的意识。行动不只是做。人是一种自行动的东西。在其行动中有自我调整、自我检验以及榜样的作用"[①]。这里的"行动"，具体是指工程伦理原则能够在工程师的具体工作即"日常生活实践"中得到体现。

要使工程伦理原则在工程师的"日常生活实践"中得以体现，除了需要职业伦理学所要求的落实工程职业道德规范之外，还有必要在工程实践活动中考虑伦理因素，使工程本身具有伦理意义。在工程设计的伦理要求方面，米切姆曾提出了"考虑周全的义务（a duty plus respicere）"[②]，试图将设计工程师在实践活动中落实伦理因素的过程"可操作化"。基于这一点，米切姆建构了一套行使考虑周全义务的"实用指南"，如表 2.3 所示。[③] 在实践活动中，工程师应当具备"自我反思性"，通过"自我疑问"反思工程实践的伦理意义，从而在工程实践中落实伦理因素方面的考虑。

表 2.3　考虑周全义务的实用指南

| | 第一层次：研究与设计工程师的一般性反思 |
|---|---|
| 1 | 在某个具体设计过程中，理性化过程或使用的模型是否忽略了某些与技术问题的边界条件无关，但对于更广泛范围的考虑却是重要的因素？ |
| 2 | 使用的模型是否足够复杂，从而能够包含各种非标准的技术因素？ |
| 3 | 有没有可能考虑其他因素？它们的意义可能有哪些？ |
| 4 | 反思性分析是否包括了对于伦理因素的明确考虑？ |

---

① 伽达默尔，杜特. 解释学、美学、实践哲学：伽达默尔与杜特对谈录 [M]. 金惠敏译. 北京：商务印书馆，2007：74.

② 有时米切姆也用 "take more into account" 指代 "plus respicere"。

③ Mitcham C. Engineering ethics in historical perspective and as an imperative in design [A] // Mitcham C. Thinking Ethics in Technology：Hennebach Lectures and Papers（1995—1996）[C]. Golden：Colorado School of Mines Press，1997：143.

续表

| 第二层次：研究与设计工程师的具体性反思 | |
|---|---|
| 1 | 有没有考虑工程研究与设计过程的广泛社会语境、对于终端使用者的意义、对于环境的影响？ |
| 2 | 有关终端用户的某些假设是否经过了严格的检查？ |
| 3 | 研究与设计过程是否在充分考虑个人的道德原则基础上展开？是否在与更大范围的非技术群体进行对话中展开？ |
| 4 | 在研究与设计过程中，是否存在看上去并不重要却应当予以直接关注的因素？ |

　　然而，米切姆的"实用指南"并不是为工程师在工程实践中落实伦理原则提供唯一的标准答案，而是试图打开工程实践的"硬核"，通过工程师在设计过程中的"反思性的深思熟虑"，将伦理考虑包含在工程实践当中。这一过程一方面使得道德知识在道德行为中有所体现，另一方面也使得道德行为不断促进对于道德知识的理解，最终达到道德知识与道德行为的统一。

　　在米切姆"考虑周全的义务"的基础上，部分学者开始思考如何将这一义务更加具体化，从而在工程伦理学中产生了"物化的（materialistic）实践伦理观"，如费尔贝克的"道德物化（materialization of morality）"、美国华盛顿大学教授巴特亚·弗里德曼（Batya Friedman）等倡导的"价值敏感设计（value sensitive design，VSD）"，以及斯坦福大学教授福格（Fogg）提出的"劝导技术（persuasive technology，PT）"等。这类实践伦理观的一项共同特点，是希望通过工程实践中的设计活动，将积极的伦理价值"物化到（materialize）"工程人工物之中，进而有效地塑造人们的道德行为以及社会的伦理价值体系。同时，这也将有利于增强工程师的伦理意识，加深其对于伦理原则的理解，最终使工程实践成为全社会道德实践的重要领域。

## 2.3　商谈伦理对于工程伦理学研究的价值

　　现代商谈伦理学（discourse ethics）主要源于德国哲学家卡尔-奥托·阿佩尔（Karl-Otto Apel）和尤根·哈贝马斯（Jürgen Habermas）等的工作。从哲学史上看，阿佩尔和哈贝马斯的商谈伦理学植根于康德对个体及群体道德自律（moral autonomy）的关注，以及亚里士多德对人类群体性实践重要性的重视。[①] 在广泛意义上，这一理论同时还包括了当代哲学家约翰·罗尔斯（John

---

① Ess C. Discourse ethics ［A］//Mitcham C. Encyclopedia of Science，Technology，and Ethics（vol. 2）［C］. Detroit：USA，2005：534.

Rawls)、史蒂芬·图尔敏（Stephen Toulmin）和理查德·罗蒂（Richard Rorty）等的部分工作。简言之，商谈伦理学强调参与、商谈和对话对于伦理推理、论证及行动的重要性，并认为"只有所有参与实践商谈的人们都同意的行为规范，才是有效的与合法的"①。在哈贝马斯看来，商谈伦理学主要有两个目的，一是具体说明商谈的理想条件，二是将伦理学建立在通过商谈而取得的共识之上。

商谈伦理学不仅对哲学与社会学产生了重要影响，而且作为一种基本方法或视角，逐渐影响着商业伦理学、护理伦理学与科学技术伦理学等当代应用伦理学领域的研究。在一定意义上，商谈伦理学可能为理解科学家与工程师在职业团体中所"操作"的伦理学提供一种最好的理论框架。②

### 2.3.1 工程伦理推理中的商谈

从解释学的现象学来看，在既定语境下，伦理推理是一个理解过程，这一理解过程具有对话的特征。在伽达默尔看来，"这个对于我们实践情境、对于在其中如何去做的理解不是独白性的，而是具有对谈的特性。我们的一切行为都是相互的！我们的生活形式具有你——我特性、我——我们特性和我们——我们特性。在我们的实践事务中，我们被理解所指引，而理解发生于对谈之中"③。有关伦理原则的意义，伴随着商谈过程的开展而予以"澄明"。

在工程伦理推理的商谈之中，工程师与工程伦理学家之间的对话最具典型性，伦理原则的意义也是通过工程师与工程伦理学家之间的商谈而得以"解蔽"的。工程伦理推理任务的完成不仅需要以工程伦理学家为观察主体的"伦理阐释"，而且需要以工程师为观察主体的"技术解释"④，为伦理推理设置解

---

① Ott K. The framework：discourse ethics ［A］//Ott K，Thapa P. Greifswald's Environmental Ethics：from the Work of the Michael Otto Professorship at Ernst Moritz Arndt University 1997—2002 ［C］. Greifswald：Steinbecker，2003：17.

② Ess C. Discourse ethics ［A］//Mitcham C. Encyclopedia of Science，Technology，and Ethics (vol. 2) ［C］. Detroit：USA，2005：534.

③ 伽达默尔，杜特. 解释学、美学、实践哲学：伽达默尔与杜特对谈录 ［M］. 金惠敏译. 北京：商务印书馆，2007：69.

④ 在我国学界，先后出现过两部以"技术解释"为题的著作。一部是张华夏与张志林所著《技术解释研究》（科学出版社 2005 年出版），另一部是赵乐静所著《技术解释学》（科学出版社 2009 年出版）。两部著作对"解释"的不同理解，分别代表着自然科学与人文社会科学的两种不同方法，即自然科学中的"解释"，对应于英文词 explanation（也有译为"说明"）；人文社会科学中的"解释"，对应于英文词 hermeneutics（也有译为"阐释"）（参见：陈嘉明等. 科学解释与人文理解 ［M］. 上海：上海人民出版社，2010）。这里的"解释"主要是指前者，即从认识论与方法论视角对技术结构与功能的陈述（包括技术行动目标陈述、作为达到目标的手段的技术行为陈述、行动规则陈述、技术客体的结构陈述与功能陈述、技术客体的运行原理陈述等）（参见：张华夏，张志林. 技术解释研究 ［M］. 北京：科学出版社，2005）.

释实践的背景。工程伦理学家和工程师之间的商谈与对话过程，将有益于深化对工程伦理概念、伦理原则、道德规范、意义、目的及方法的理解，商谈与对话过程指引着伦理意义的生成，整个商谈与对话过程类似于"苏格拉底对话（Socratic dialogue）"。

将商谈运用于工程伦理推理较为新近的一个例子，是西班牙瓦伦西亚理工大学教授何塞·拉扎诺（José Felix Lozano）主持的"瓦伦西亚工业工程师学会伦理章程制定"项目。拉扎诺认为，"获得既满足管理功能又满足意识形态功能的有效伦理文档，需要一种参与的、对话的与反思性的方法论"①，他将这一方法论称为"商谈进路（discursive approach）"。商谈伦理学的目的和行为规范的有效性与合法性，来源于所有参与商谈实践的行动者，工程师学会伦理章程需要建立在成员对该学会的组织文化、历史、环境的认同与共同的愿景基础之上。因此，有效的伦理守则需要工程伦理学家与工程师之间的商谈与对话：①确认与分析该组织的职业现状（如在专业组织中表现出的价值，学会中的工程师是否明确或含蓄地认识到了这些价值）与职业人员的职业认知状况（如对伦理问题的职业敏感性）；②确认与问题相关的伦理价值（选择出在商谈与对话中所涉及的价值，更加准确地定义所提议的伦理价值及其对专业活动的意义）；③形成最终价值并加以评论（将商谈与对话中所涉及的专业价值与责任纳入伦理守则的初稿之中，伦理学家与专业学会的理事们就伦理章程初稿与相关应用开展进一步商谈，做出相应调整，最终获得共识）。整个商谈过程如图 2.2 所示。②

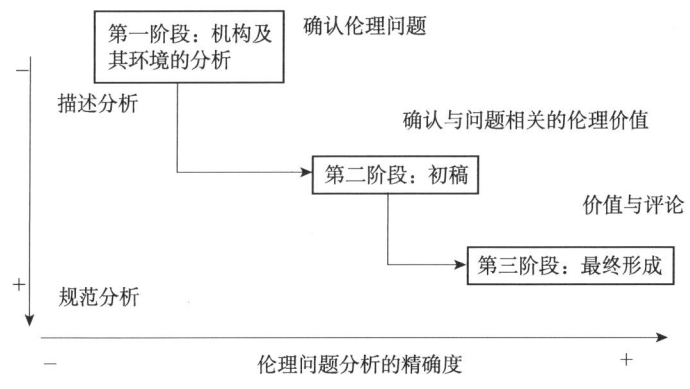

图 2.2　职业章程制定的伦理商谈过程

① Lozano J. Developing an ethical code for engineers：the discursive approach［J］. Science and Engineering Ethics，2006，12：245.

② Lozano J. Developing an ethical code for engineers：the discursive approach［J］. Science and Engineering Ethics，2006，12：245-256.

因此，商谈伦理学应用于工程伦理推理的意义主要有：①以描述具体所处的工程实践经验为基础，通过澄清相关的道德经验，获得适应于具体工程实践语境的道德推理结论；②促进对道德意义的理解，使伦理问题分析的精确度有所提高。

### 2.3.2　工程实践的民主化商谈

工程实践中的一个核心问题是工程实践的民主化问题，即工程人工物的建构及相关工程实践行为如何能够被利益相关者普遍接受，以及利益如何能够在各群体中公正地分配。因此，商谈作为一种方法，将有助于协调工程实践中的利益冲突，促进行动者之间的相互理解，最终促进工程实践的民主化。当然，从政治哲学的视角来看，工程实践中的民主化商谈，并不简单地等同于利益相关者之间的"讨价还价"或传统意义上的"成本-收益"分析，而是需要尽可能地包含所有与工程实践相关的价值与道德意义，给予不同意见以平等的机会。

从工程实践的过程来看，民主化商谈分布在整个工程实践过程之中，包括：①工程的论证、计划与预见；②工程的研究、开发与执行；③工程人工物在社会中的接受与使用。与之相关，部分STS研究学者就大型工程项目（如水坝的建设）中利益相关者的商谈开展了有益研究，技术的社会建构论（social construction of technology，SCOT）学者为描述工程实践中多方利益群体组成的"社会政治网络"提供了一种启发性视角。美国马卡莱斯特学院政治学系若帕里·法德科（Roopali Phadke）教授所做的案例研究——"印度乌昌吉（Uchangi）坝建设"，是较为新近的一个案例。[①] 法德科的案例讲述了印度乌昌吉大坝周围的公众在一批非政府组织（non-governmentd organization，NGO）的水利工程师的帮助下，通过与政府水利规划部门进行商谈，参与大坝工程设计规划，最终确定了最优建设方案的真实事例。当然，美国技术哲学家温纳也提醒道，SCOT的方法论同时也需要注意一系列问题：①相关社会利益群体及社会利益将由谁来确定？②如何对待那些不能表达意见但会受到技术影响的群体？③如何对待那些被压制的或被故意排除在外的群体？④如何看待那些非常

---

① Phadke R. People's science in action：the politics of protest and knowledge brokering in India [A] //Johnson D, Wetmore J. Eds. Technology and Society：Building Our Sociotechnical Future [C]. Cambridge：MIT Press, 2009：499-513.

重要但却未呈现出来的争论和选择?①

　　无论是工程伦理推理中的商谈，还是工程实践中的民主化商谈，尽管具有不同的实践目的与实践哲学意义（表 2.4），其关键问题都在于如何建立商谈的话语平台，使有关工程学的概念不但具有技术意义，而且具有道德意义与社会意义。此外，与传统的商谈伦理学及契约论伦理学不同的是，应用于工程伦理实践的商谈伦理学更加强调在商谈中包含解释与操作的维度。这一进路并不是以获得共识作为最终唯一目的，而是通过商谈，一方面促进道德意义的层层揭示，另一方面促进工程人工物对于社会伦理价值建构的技术中介作用。

表 2.4　不同商谈的实践目的及其哲学意义

| 商谈类型 | 实践目的 | 实践哲学意义 |
| --- | --- | --- |
| 工程伦理推理中的商谈 | 提高伦理原则的现实解释力<br>提高工程师的道德知觉 | 澄清道德经验<br>促进道德意义的理解 |
| 工程实践中的民主化商谈 | 协调相关者利益<br>促进行动者之间的相互理解<br>促进工程实践（特别是工程设计）的民主化 | 多方参与者共同塑造工程人工物对于社会伦理价值的技术中介作用 |

## 2.4　现代工程技术发展对工程伦理的影响

　　当代工程技术新的进步带来了看待世界的一种新方式，因而需要与技术变化复杂性和快速性相一致的新的伦理决策模式。② 要深入研究工程伦理的实践有效性，除了利用现象学、解释学、实践哲学和商谈伦理学等哲学思想资源，还需要考察现代工程技术的评价导向、决策模式与风险治理等方面呈现出的新特点，探讨现代工程技术发展对于工程伦理学研究的影响。

### 2.4.1　现代工程技术评价导向的影响

　　在 20 世纪的最后 20 年，技术评价（technology assessment，TA）在欧美国家被广泛接受。③ 技术评价的核心理念是预测和分析技术未来发展的态势，

---

①　Winner L. Upon opening the black box and finding it empty: social constructivism and the philosophy of technology [J]. Science, Technology & Human Values, 1993, 18 (3): 362-378.
②　Hauser-Kastenberg G, Kastenberg W, Norris D. Towards emergent ethical action and the culture of engineering [J]. Science and Engineering Ethics, 2003, 9 (3): 378.
③　Schot J. Constructive technology assessment [A] //Mitcham C. Encyclopedia of Science, Technology, and Ethics [C]. Detroit: Macmillan Reference, 2005: 423-426.

考虑技术发展可能带来的利与弊,并向政府机构提供相关方面的建议,使政府在制定相应的法律法规时考虑这些建议,以便引导技术向合乎人类需要的方向发展。从学科发展的视角来看,工程伦理学与技术评价存在着内在的紧密联系,"工程伦理学与技术评估是人们在根据环境要求与人类需要等方面规范技术的两个方面"①。

作为人类规范技术的两种不同途径,工程伦理学与技术评价的相互影响共同塑造着两者的发展轨迹,站在两种不同立场上的"返观"促进了彼此之间的相互批判、理解与对话。德国技术伦理学家阿明·格伦沃尔德(Armin Grunwald)从社会科学与哲学两个视角,反思了技术伦理与技术评价在反思技术发展方面的不同作用。他认为,技术伦理与技术评价分别以给予技术政策导向的两种不同假定为基础:技术伦理以哲学伦理学为基础,重视有关技术决策的规范意义及道德冲突的重要性;而技术评价则主要依赖于(描述性的)社会学与经济研究。格伦沃尔德认为,(技术)伦理学与技术评价之间的核心冲突是"规范化(normativity)"与"操作化(operationalization)"之间的冲突。② 技术评价研究者对技术伦理学的指责主要包括:技术的伦理进路具有"操作上的不足",它不能满足"技术政策需要具体的咨询意见"这一要求,没有充分考虑"真实世界"。与之相应,技术伦理学者对技术评价的批判则主要是:尽管技术评价能够理解技术世界,然而由于"规范上的不足",往往不能给出具体的导向。因此,对于工程技术的可行性管理,需要融合"规范化"与"操作化"两大特征。一项有效的技术管理策略既需要具有一定的规范与导向意义,也需要有其可行性。

从技术评价的类型来看,传统的工程伦理学在一定意义上是以工程师为主体的"专家式技术评价(expert TA)",认为工程师是技术的真正创造者,他们应该为其工作结果负责,工程师和有关专家有义务预测其工作结果的好与坏。德国哲学家罗波尔认为,"工程伦理学涵盖的只是个体行为领域,从这一视角出发考察技术,将技术伦理限制在个人活动范围之内,就会忽略技术的制度基础和社会背景"。工程师作为责任主体,需要意识到技术行为的结果和价值,并对技术行为进行控制,因此其责任伦理实践至少需要具备以下三种能力:①价值判断能力。对某项工程负责,意味着已经了解它们的价值及其适应

---

① 罗波尔. 工程伦理学需要制度的支持 [A] //王国豫,刘则渊. 科学技术伦理的跨文化对话 [C]. 北京:科学出版社,2009:157-163.

② Grunwald A. Technology assessment or ethics of technology? reflections on technology development between social sciences and philosophy [J]. Ethical Perspectives,1999,6 (2):170-171.

于何种情况，并且要把这种可能的结果与相应的价值做比较。②专业知识能力。认识到可能会产生的后果，了解这些领域的知识及其可能产生的结果。③行为能力。使产品和工程发展成一种模式，即能使结果和相关领域的价值需求相一致，把所有可能的结果置于自己的控制之下。①

　　然而，如果将工程师道德决策置于制度与社会背景下加以考虑，传统工程伦理学的责任伦理观念则会面临诸多挑战：①单个工程师常常很难完全把握一项技术在其社会语境中的影响，从而也很难完全为某个大型工程事故负责，部分责任来源于其所在的公司、企业及相关政府机构；②工程师个体知识体系的专业化，也使其难以考虑技术行为带来的全方位后果；③由于工程师受雇于公司、企业，在发现涉及伦理问题的工程项目时，其"揭发（whistle blowing）"义务的实践在很大程度上将受制于其雇主，从而使工程伦理让位于公司制度。

　　因此，制度基础与社会背景成为有效解释工程伦理问题与影响工程实践操作的必要条件，而技术评价的"制度化"对于工程伦理学研究的影响包含两层含义：一是要强化工程伦理的实践有效性，必须关注公司、企业等机构组织的责任伦理，需要将工程师的责任伦理实践置于商业背景或者更为广阔的社会背景下加以理解，工程师的伦理责任是有"边界"的；二是工程伦理的实践有效性的发挥同样也要重视技术评价制度的积极作用。一方面，技术评价制度的建立将有助于汇集来自不同领域的专家，尽可能地弥补由于专业化分工而带来的知识"鸿沟"，共同解决具体的工程伦理问题；另一方面，无论是在企业组织内部，还是在企业外部的社会语境下，专业技术评价机构的建立，都将有助于保障工程师的权利，减轻工程师受到的来自企业的制度压力，更加有信心和勇气地实践"揭发"等义务。

　　现代工程技术评价的一项重要特征，是通过考察技术发展的"伦理、法律与社会影响（ELSI）"，从整体上对技术发展做出反思、评价与预见，关注技术发展的"宏观问题"及政策意义。与之相对应，职业伦理学关注的是职业共同体内部工程师个体及其之间的"微观行为"。尽管部分工程伦理学教材中包含了对于"环境""社会责任"等宏观问题的关注，然而其理论的出发点与立足点仍然根植于工程师个体的微观行为。传统的职业伦理学在有关工程的"宏观问题"研究方面仍然存在以下三方面问题②。

---

① 罗波尔．工程伦理学需要制度的支持［A］//王国豫，刘则渊．科学技术伦理的跨文化对话［C］．北京：科学出版社，2009：158-160.

② Son W. Philosophy of technology and macro—ethics in engineering［J］．Science and Engineering Ethics，2008，14：409-412.

（1）工程伦理学在关注宏观问题时，也仅仅是关注某种技术的"物质性后果"（可见的工程性灾难、事故等），而对于"非物质性后果"（如对人性的侵犯、对于群体关系的破坏及全球化问题等）并未予以足够重视。

（2）在大多数工程伦理学教材中，工程师个体通常会被鼓励思考在微观层面上什么是合乎伦理的，这就使得他们看上去好像"免除"了对于宏观层面问题的考虑。

（3）尽管工程伦理学意识到需要关注技术的长期后果与广泛影响，然而在大多数情况下，它仍然预先假定"进一步的技术发展"是必要的。工程伦理反思发生于现存的、既定的框架内，而并未对工程技术整体框架本身进行反思。

因此，工程伦理学研究需要具有一定的政策意义。技术评价的最终目的不在于单纯评价技术的优劣，而是通过评价促进对技术发展轨迹的反思，进而使其向更好的方向发展。既然工程技术可以影响到未来的生活，那么从技术评价的视角来看，有关工程伦理的实践有效性研究首先需要回答：我们需要通过工程技术塑造一个什么样的社会？因此，工程伦理的实践有效性最终应当具有走向美好社会生活的政策意义。这种美好生活并不能仅仅依赖于工程师的"日常生活实践"，而且应当着眼于"公众生活"，充分发挥工程伦理学的社会影响。

现代工程技术评价的另一项重要特征是关注技术操作的过程，从原先单一关注技术后果的评价，转向对包含立项论证、研究开发与社会应用在内的整个工程技术过程的评价。与传统工程伦理学将工程技术看成是一项整体的、静态的、"大写的技术"不同，现代技术评价模型将工程技术看成是一个动态的、建构的、互动的过程。

在现代工程技术评价中，无论是建构式技术评价、参与式技术评价或是商谈性技术评价，都将技术过程的设计环节与使用环节较好地融合在一起，将"设计中的技术"与"使用中的技术"统一起来。一方面，倾向于包含用户的意见，将公众的具体体验作为反馈信息引入设计过程，用于完善技术设计，使得"使用中的技术"成为"设计中的技术"；另一方面，与职业伦理学进路不同，这类技术评价模式并不是将技术看成是工程师"现成在手"的既定工具，而是将其看成是由多个行动者共同塑造的产物，最终的目的是通过沟通"设计语境（design contexts）"与"使用语境（use contexts）"，使技术更好地服务于公众，并以民主的形式为公众带来最大的福利，进而使得技术具有一定的道德向度。

现代工程技术评价给予工程伦理研究的一项启发意义是：注重实践有效性的工程伦理学研究应当关注工程设计伦理学。工程设计伦理学通过工程设计，使工程伦理的影响成为一个开放的过程，能够包容来自不同社会群体所代表的利益，从而更加有效地通过影响工程设计进而影响到社会价值的建构。工程技术应该成为包含内在价值尺度的社会实践，工程理性与人文价值能够在设计过程中得到"无缝整合（seamless integration）"。

### 2.4.2 现代工程技术决策模式的影响

在工程师的日常实践之中，"决策"占有非常重要的地位。工程技术决策可以发生在"微观"和"宏观"两个层面：①微观层面。工程师在工程实践环节的具体决策行为，如对某种材料、设计方案与工具的选择。②宏观层面。工程师在宏观层面所做出的决策，包括工程师参与工程项目和技术设施的公众讨论。然而，现代工程技术表现出的新特征，使工程技术决策微观层面与宏观层面之间的界限不再分明。在现代工程技术决策的背景下，微观层面的决策行为常常也会产生宏观效应，如一项材料或方法的选择甚至一种实验习惯都会产生其社会影响。无论是在微观层面上还是在宏观层面上，很难存在纯粹意义上的"工程技术"决策。工程技术决策不仅包含工程技术专业意义上的决策，还包含了社会意义的决策。

因此，现代工程技术决策模式所体现出来的这一特点，将会为工程伦理原则与道德规范影响工程实践提供契机。如果想使工程伦理原则与道德规范能够切实地落实到工程实践之中，就需要理解工程师的决策模式，理解决策过程中所涉及的技术因素与伦理因素，以及两者之间的紧密联系。

决策是在需要选择的环境下，从一系列可供选择的方案中进行选择的行为。[①] 因此，决策过程是一个"反思性的选择过程"，是决策者根据其目的与要求，通过考虑相关因素，在可供选择方案中通过权衡而最终形成选择的过程。基于这一理解，美国亚利桑那州立大学教授艾瑞克·费希尔（Erik Fisher）建构了一个"机遇—考虑—选择—结果"模型，如图2.3所示[②]，用以描述实验室中工程技术人员的日常决策。

整个工程技术决策过程被分为四个部分，即机遇（opportunities）、考虑（considerations）、选择（alternatives）与结果（outcomes），费希尔用这一模型使工程技术人员的决策过程概念化。他认为，在选择过程中，一项工程技术决策在包含技术因素的同时，也包含了社会因素方面的考虑，伦理因素被"嵌

---

① Gouran D. Making Decisions in Groups [M]. Glenview：Scott，Foresman and Company，1982：3.

② Schuuribiers D，Fisher E. Lab-scale intervention [J]. EMBO Report，2009，10（5）：424-427.

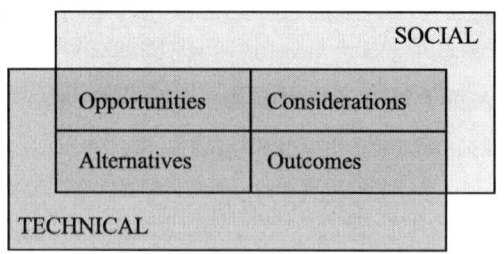

图 2.3 "机遇—考虑—选择—结果"模型

入"工程技术决策之中。在美国自然科学基金会的资助下，费希尔教授在亚利桑那州立大学开展了"社会—技术整合研究"。这一项目通过让人文社会科学学者在实验室中开展民族志研究，试图发掘技术因素与社会因素在日常决策之中的整合机制。

费希尔模型的意义不仅在于描绘和分析工程技术人员的决策过程，对工程伦理学研究也会产生一定影响：①使工程师意识到其决策行为中可能涉及的伦理因素，在进行决策时能够尽可能地考虑广泛的伦理因素，经过长期实践将伦理因素的考虑整合在技术决策之中；②在理解现代工程技术决策机理的前提下，积累将工程伦理原则和道德规范应用于工程决策的经验和技巧，使伦理意识能够内化到日常实践之中。

现代工程技术决策模式经历了"专家意见模式"向"参与模式"的转变。①在这种模式下，参与工程技术决策的群体，除了工程师与科学家等专业人员和公众之外，还包括政府管理者、非政府组织成员等。然而，非专业的公众是受工程技术决策影响最大的人群，因而需要特别强调公众在工程技术决策过程中的地位和作用。

由于现代工程技术的特点决定了有效的工程技术决策需要广泛的参与性，工程伦理决策也成为多个参与主体之间共同寻求符合伦理要求的解决方案的过程。现代工程技术决策所呈现的这一特点，要求工程师与公众等其他社会群体之间存在一种合理的"社会安排"。② 这一社会安排也使得现代工程技术决策过程成为多群体之间的"对话"，工程师在"对话"的语境下所承担的工程伦理责任有别于传统的职业伦理学研究进路的规定。工程伦理责任表现为以下两种

① Mitcham C. Technology and ethics：from expertise to participation ［A］ //Mitcham C. Thinking Ethics in Technology：Hennebach Lectures and Papers（1995—1996）［C］. Golden：Colorado School of Mines Press，1997：17-27.

② Devon R. Towards a social ethics of technology：a research prospect ［J］. Techne，2007，11 (1).

特殊的形态——"合作责任（co-responsibility）"[①] 与"分布责任（distributed responsibility）"[②]：①在"对话"的语境下，工程伦理问题的解决不能简单地归于工程师个体。"对话"中的合作责任更加强调工程师与其他社会群体之间的合作，为解决伦理问题共同承担责任。②合作责任并不是意味着不同行动群体之间的责任模糊不清。分布责任强调，工程技术系统自身就是一个复杂的技术社会系统，因而工程伦理责任并不是完全负载在工程师个体身上，而是以不同的程度、不同的时间广泛地分布在不同工程技术决策参与者之间。工程师和伦理学家同时都需要运用道德想象超越自身视角，进而使整个技术社会系统更加趋于和谐稳定。

### 2.4.3 现代工程技术风险治理的影响

从现代工程技术系统的特征来看，工程技术系统中存在的风险主要可以分为两个层次：①工程必然涉及风险。即使工程师们不革新工艺，只是年复一年地按照同样的方式设计产品，产生伤害的可能性依然存在。②新的风险也可能来自曾经被认为是安全的产品、生产过程或化学物质。[③]

不仅工程领域开始关注风险，人类学、社会学、公共管理学等社会科学领域也开始关注现代工程技术的风险问题。在德国社会学家乌尔里希·贝克（Ulrich Beck）看来，风险已经成为现代性的一种特征，风险社会是"走向另一种现代性"。[④] 社会科学有关现代社会风险问题的研究，极大地开拓了对于工程技术风险的现代理解，揭示了当代工程技术风险在一定的组织和社会语境下表现出的更加复杂的风险特性。因而，对于工程技术风险的管理途径也从传统的统治和控制逐步走向"调节（modulation）"和"治理（governance）"。与传统的统治和控制不同，治理"更加重视在政府的引导和控制下，各群体（政府、社会团体、研发机构、科技人员、企业和社会公众等）共同对风险开展社会管理，更加具有柔性、反思和对话的特点"[⑤]，一项好的治理行为——善治

---

① Mitcham C. Co-responsibility for research integrity [J]. Science and Engineering Ethics，2003，9（2）.

② Coeckelbergh M，Wachers G. Imagination，distributed responsibility，and vulnerable technological systems：the case of Snorre A [J]. Science and Engineering Ethics，2007，13（2）：235-248.

③ 查尔斯·哈里斯等. 工程伦理：概念与案例 [M]. 丛杭青，等译. 北京：北京理工大学出版社，2006：115.

④ 乌尔里希·贝克. 风险社会：走向另一种现代性 [M]. 南京：译林出版社，2004.

⑤ 王前，朱勤，李艺芸. 纳米技术风险管理的哲学思考 [J]. 科学通报，2011，56（2）：135-141.

（good governance）就是"使公共利益最大化的社会管理过程"①。现代工程技术风险治理主要关注如何在技术社会的复杂性特征基础上，通过社会各利益群体之间所开展的调节、对话和商谈等手段，尽可能地降低技术发展所可能带来的社会风险，使公共利益实现最大化。

因此，现代工程技术风险治理将会对工程伦理的实践有效性研究产生一定影响。一方面，现代工程技术风险治理对于工程技术系统复杂性的认识，将有助于阐明工程设计过程的复杂背景及工程实践过程的内在不确定性，进而有助于探寻通过伦理实践有效影响工程实践的"入口"，重新思考工程师在复杂工程技术系统之中的道德责任；另一方面，现代工程技术风险治理所内在的沟通、商谈、对话等特性，也将极大地丰富工程伦理实践中对话有效性研究的思想资源，为促进工程师与其他群体之间的相互理解与有效合作提供启示意义。

在现代工程技术风险治理领域，一项有关道德心理学的重要课题是探讨不同社会群体对于风险的道德认知。哈里斯等以专家、普通公众及政府管理者为例，探讨了不同群体对于工程技术风险的道德认知差异，尤其是专家与普通公众之间的认知差异。专家常常习惯运用量化的方法处理工程技术风险问题。这种风险量化的倾向，也常使得他们对于普通公众及政府管理者的风险认知不够敏感。在这一点上，工程师更加愿意接受风险专家们的风险认知模式。② 尽管普通公众并不能准确估计技术风险可能带来伤害的概率，然而这一独特进路并不能予以忽视。公众常常高估与死亡相关的低概率风险的可能性，而低估与死亡相关的高概率风险的可能性，这种思维方式实际上是将风险的"可能性"与"可接受性"混为一谈，将有关风险的知情同意与风险的公正分配看成决定是否接受风险的重要前提。③ 不同于专家与普通公众，政府管理者更加关心避免公众受到伤害以达到保护公众的目的。因此，即便是运用"成本-收益"方法作为其判断可接受风险的一种方法，他们也将关注公众知情同意与风险的公正分配视为风险数量分析的前提。由于职业守则要求工程师重视公众的安全、健康及利益，工程师有义务将风险尽可能最小化。对于工程技术风险的道德认知的不同，将直接影响到对于工程安全的不同理解，甚至影响到对其他与公共生

① 俞可平. 引论：治理与善治 [A] //俞可平. 治理与善治 [C]. 北京：社会科学文献出版社，2000：8.

② 查尔斯·哈里斯等. 工程伦理：概念与案例 [M]. 丛杭青，等译. 北京：北京理工大学出版社，2006：115-139.

③ 查尔斯·哈里斯等. 工程伦理：概念与案例 [M]. 丛杭青，等译. 北京：北京理工大学出版社，2006：127.

活相关的工程伦理概念的理解。哈里斯等认为，工程师在风险评估时需要坚持一种"批判的态度"，即他们需要意识到除了自身观点之外的其他不同观点的存在。[①]

因此，工程师有义务参与有关工程技术风险的民主讨论，并将其专业意见与技能用于讨论之中。工程师在参与讨论工程伦理问题时，需要理解与主题相关的不同道德认知，充分认识不同道德观点所产生的语境，深化对于工程伦理问题本质的理解。在现代工程技术风险治理中，不同社会群体之间的道德认知差异给工程伦理实践中的解释与沟通提供了可能性，道德认知差异的解释与沟通将直接影响到工程伦理实践中解释的有效性。工程师在与公众及政府管理者进行风险沟通时，常常会遇到"语言障碍"，特别是有关风险的期望与预计。因此，现代工程技术风险治理的模式，同样也要求工程师在参与对话中需要掌握一门能够与其他群体有效沟通的公共语言，这涉及有关工程伦理问题的修辞学，而且与工程伦理实践中的对话环节密切相关。

还有一个值得注意的问题，就是"正常事故（normal accidents）"与美德伦理学的关系，它涉及实践有效性操作维度下的工程师责任。

"正常事故"理论最初由美国著名社会学家查尔斯·佩罗（Charles Perrow）提出，它深刻地描绘了工程实践过程的内在不确定性。佩罗是在分析美国三里岛核反应堆等事故基础上，提出了"正常事故"这一概念的。在高度复杂的技术组织中，各种因素紧密地联系在一起，从而事故的发生具有不可预见性、不可避免性及难以理解性，而且很难通过引进新的知识与技术加以克服，甚至任何努力都会使技术组织更加复杂并产生新的危险。佩罗用"交互的复杂性（interactive complexity）"与"紧密的结合性（tight coupling）"刻画了导致"正常事故"发生的两种工程技术系统特征。他认为，在这两种技术系统特征的影响下，多重的、不可预见且交互影响的工程技术故障是不可避免的，因而也是"正常"的。[②] 在复杂关联与紧密结合的工程技术系统中，某个系统构成要素引发的故障会经过整个技术系统放大、反馈、振荡等一系列机制，从而输出较大的影响。一个环节的变化将会对其他环节产生影响，而这种影响常常发生在很短的时间内，工程技术人员只有极为有限的时间来做出应对。

"正常事故"形象地刻画了现代工程技术风险的复杂性，然而这也是现代

① Harris C, Prichard M, Rabins M. Engineering Ethics: Concepts and Cases [M]. 4th ed. Belmont: Wadsworth, 2009: 147-148.

② Perrow C. Normal Accidents: Living with High-Risk Technologies [M]. Princeton: Princeton University Press, 1999: 5.

工程师进行"操作活动"的现实语境与"生活世界"。在由"正常事故"所规定的现代工程实践之中，工程师应当具备何种责任，如何实践其责任以有效应对现代工程技术系统的风险性等新问题，都对传统的工程伦理学提出了新的挑战。传统工程伦理学强调的狭义责任概念，在这一新背景下存在一定的问题。在佩罗所谓的"高风险的技术"之中，很难明确地确定某个工程师应当如何为一项事故或灾难负多大程度的"消极责任（negative responsibility）"。工程伦理学家认为，需要对"实践中的责任"重新思考。哈里斯认为，在这样的条件下，基于"规则（rules）"的传统工程伦理学有着很大的局限性，单纯地遵守守则很难达到应有的效果。此时，应当求助于"美德伦理学（virtue ethics）"。哈里斯认为，在不确定性工程实践之中，工程师应当具有一种"对风险敏感"的品质①，这一品质需要在工程实践中不断地通过操作加以形成进而内化到道德直觉之中。

## 2.5　解释、操作与对话及其有效性

"解释""操作"与"对话"是工程伦理的实践有效性得以实现的三个基本环节。它们分别来自现象学、解释学、实践哲学和商谈伦理学等哲学理论的启示和引导，同时又考虑到现代工程技术在评价导向、决策模式和风险治理等方面所呈现的新特点。"解释""操作"与"对话"这三个环节之间，体现出"视域逐渐扩大"的关系。"解释"主要关注的是各共同体成员的心理活动或成员之间的思想交流，"操作"主要关注的是工程实践中各共同体成员之间的行为互动，而"对话"关注的主要是在宏观社会层面的利益商谈。这三个环节的实践有效性都各有其特定含义和功能。在这三个基本环节基础上，才能够建构工程伦理实践有效性的新的理论模型，从而对工程伦理的新问题提出合理解释，提供有效的应对策略。

在对"解释""操作"与"对话"这三个环节及其各自的有效性展开具体分析研究之前，需要先进行必要的概念解析，明确其内涵和外延，了解其意义和价值。

### 2.5.1　工程伦理实践中的解释及其有效性

在哲学解释学意义上，"解释（interpretation）"是说明、发掘和重建"意

---

① Harris C. The good engineer：giving virtue its due in engineering ethics [J]．Science and Engineering Ethics，2008，14：153-164.

义（meaning）"的过程。这里的"意义"不是单个事物所具有的属性，而是一个整体性范畴，表示一个事物对与之相关的其他事物所具有的影响。从解释学的演化过程来看，有关解释的问题发端于对于文本（text）的阅读，"是与文本如何被撰写，与文本'为了什么'而被撰写联系在一起，这里的阅读总是发生在一个共同体、一个传统或一股现行的思潮里，一个共同体、一个传统或一股现行的思潮都显示出种种先决条件和依赖于情形的需要"①。以赫希（Hirsch）等为代表的客观主义解释学，倾向于将解释过程看成是文本意义的客观重构，将说明文本原初的意义作为主要任务，最终目的是使主体思考与客观实在相"符合"。以海德格尔等为代表的"解释学的现象学"，将解释过程看成是对文本背后意义的"揭示"过程，关注文本对于"我们"的"意谓（signifi-cances）"。② 解释学的现象学反对有关资料和理论的"基础思维"；通过"质疑"文本，致力于考察文本在一定的背景下的意义发掘与生成过程，从文本表面意义中揭示其所隐蔽的丰富意义。与客观主义解释学、解释学的现象学不同，以哈贝马斯等为代表的现代批判解释学，强调解释过程的批判建构性。批判解释学更加注重在解释的基础上，如何能够完善现有的解释模式，最终能够有利于改善人们的生活条件。

在施莱尔马赫和狄尔泰等的努力下，解释学"文本"的形式从最初的经典著作，拓展为包含行为、理论、书写、言说和现象等多层次材料的集合。这种努力使解释学作为一种对其他人文社会科学产生重要影响的认识论或者方法论，为理解人类社会生活实践的意义提供了新的视角，也为其应用于工程伦理学创造了可能性与可行性。

工程伦理实践中的"解释"，指的是"工程共同体成员之间在工程伦理原则、规范、情感、行为、社会现象以及实际影响等方面的互动解释过程"。换言之，除了包括对"工程伦理的原则与道德规范"的解释之外，还应当包括对"工程活动中的道德情感与行为"及"与工程伦理相关的社会现象与实际影响"方面的解释。（下面在谈到"工程伦理实践中的'解释'"的时候，在不影响上下文理解的前提下，有时也简称为"工程伦理的解释"。）

同传统解释学将"社会历史境遇"视为解释发生语境的观点略为不同，工程伦理的解释语境更加具体化，并被赋予了现代性特征。工程伦理学意义上的"解释"，融合了解释学的现象学与批判解释学等现代解释学思潮的理论与实践

---

① 保罗·利科. 解释的冲突：解释学文集［M］. 莫伟民译. 北京：商务印书馆，2008：1-2.
② 马茨·艾尔维森，卡伊·舍尔德贝里. 质性研究的理论视角：一种反身性的方法论［M］. 陈仁仁译. 重庆：重庆大学出版社，2009：66-68.

成果。在"社会历史境遇"的基础之上，将技术、职业与政策进一步纳入工程伦理实践的具体解释语境之中。实际上，在以往的工程伦理学研究之中，已经包含了对工程伦理实践中"解释"环节的关注，这一点主要体现在有关工程伦理章程的实践方面。迈克尔·戴维斯（Michael Davis）也承认，"解释对于工程伦理守则而言是非常重要的"[①]。在哈里斯等看来，工程伦理章程是将伦理原则置于具体职业语境之中的解释过程，"知情同意""不欺骗公众""最小化利益冲突而带来的影响"是公正、诚实及正义等伦理原则在工程职业语境下的解释结果。[②] 但是，这些观念中对"解释"本身的理解，还是从日常语言的意义出发的。在现象学和解释学的理论基础上，有必要对工程伦理实践中的"解释"进行系统化的拓展，赋予其特定的理论内涵。

工程伦理实践中的"解释"具有三维度的结构，分别对应于传统解释学的客观主义解释、现象学解释与批判解释，这三个维度的比较如表 2.5 所示。

**表 2.5　工程伦理实践中解释的三维度结构**

| 解释内容<br>解释维度 | 工程伦理原则与规范 | 工程活动中的<br>道德情感与行为 | 社会现象与实际影响 |
| --- | --- | --- | --- |
| 客观主义解释 | 准确理解工程伦理原则或规范本身的意义 | 准确理解工程活动中道德情感与行为的意义 | 准确认识与工程伦理相关的社会现象与实际影响，包括相关案例的叙事结构 |
| 现象学解释 | "揭示"工程伦理原则和规范在当下实践语境中的意义 | 发掘工程活动中道德情感与行为对工程活动当下的意义 | 对与工程伦理相关的社会现象与实际影响被"遮蔽"的意义予以揭示 |
| 批判解释 | 进一步完善工程伦理的原则与规范，使之具有更强的现实解释力 | 批判地反思工程活动中的道德情感与行为，使其更加具有善的意义 | 对与工程伦理相关的社会现象与实际影响做出批判性的理解，使其进一步完善 |

以上三个解释维度（客观主义解释、现象学解释与批判解释）是相互补充而不是相互对立的。它们分别适合不同的场合，解决不同的实际问题，在工程实践的不同阶段发挥其作用。在涉及工程伦理原则和道德规范的解释过程中，有些内容在工程界、伦理学界和社会上已经形成共识，或者说已经成为"客观知识"，这时就要强调客观主义的解释，使得相关各方对被解释内容具有清晰而准确的理解。在对不同实践语境中工程伦理原则和道德规范的意义的解释过

---

① Davis M. Engineering ethics, individuals, and organizations [J]. Science and Engineering Ethics, 2006, 12 (2): 223-231.

② Harris C, Pritchard M, Rabins M. Engineering ethics: overview [A] //Mitcham C. Encyclopedia of Science, Technology, and Ethics [C]. Detroit: Macmillan Reference, 2005: 625-632.

程中，由于相关各方的知识背景和观察视域不同，被解释内容的呈现方式和形态不同，这时就要强调现象学的解释，要能够发掘被解释内容背后所包含的丰富伦理意义。为了进一步完善工程伦理的原则与规范，使之具有更强的现实解释力，有必要采取审慎的、反思的、批判的态度，这时就要强调批判的解释，即批判地对被解释内容进行道德意义重构。提出工程伦理实践的解释维度，是为了最终促进工程伦理实践的"解释有效性（interpretative effectiveness）"。

从实践哲学的视角来理解，工程伦理实践的解释有效性具体包含三个层面上的意义：①涉及某一工程伦理主题的工程师、伦理学家、普通公众及其他相关的行动者，彼此之间能够有效地相互理解；②工程师能够将有关工程伦理原则、道德规范的解释与自身行为融合在一起，使伦理知识与决策行为能够内在地统一起来；③相关工程伦理问题的解释能够与具体工程实践结合起来，直接影响工程实践活动进程，进而能够对整个工程实践所处的历史文化环境产生一定的实际影响。

### 2.5.2　工程伦理实践中的操作及其有效性

在现代哲学史上，很少有哲学家注意到应该把"操作（operation）"作为一个哲学范畴来进行研究。[①] 美国物理学家、哲学家珀西·布里奇曼（Percy Williams Bridgman）在这方面的工作颇具代表性，他将"操作"作为一个重要概念引入哲学研究领域。布里奇曼的"操作主义（operationalism）"基于这样一种直觉：除非对某一概念具有一种衡量手段，否则我们无法得知这一概念的意义。[②] 布里奇曼在其著作《现代物理学的逻辑》一书中，最先阐述了操作主义的哲学观。在他看来，我们所说的任何概念其实都只是意味着一系列"操作"，概念是一系列操作的同义语。[③] 不能进行操作分析的概念是没有意义的，因而意义和操作又是同义的。[④] 然而，操作主义哲学并不是布里奇曼凭空想象而建构出来的理论体系，它深受美国实用主义哲学传统的影响。在一定意义上，操作主义是一种实践哲学，它致力于将一切有关概念的理论工作"可操作化（operational）"，是一种激进的实用主义实践哲学。

---

①　李伯聪. 工程哲学引论 [M]. 郑州：大象出版社，2002：203.

②　Chang H. Operationalism [M/OL] Zalta E. The Stanford Encyclopedia of Philosophy（2009-07-16）. http：//plato. stanford. edu/archives/sum2009/entries/operationalism/ [2011-03-13].

③　Bridgman P. The Logic of Modern Physics [M]. New York：Macmillan，1927：5.

④　罗嘉昌. 操作主义 [A] //于光远. 自然辩证法百科全书 [C]. 北京：中国大百科全书出版社，1995：21.

在我国学术界，李伯聪教授将"操作"作为一个基本概念引入工程哲学研究。与布里奇曼将操作理解为科学家在实验室中的实验操作不同，他将"操作"拓展为工程和生产活动中的操作。[①] 在他看来，工程的实施是由一系列的操作构成的，所谓"操作"就是操作人员使用工具或机器对相应的对象施加的动作。李伯聪教授对于操作的工程哲学理解，在于强调操作在工程实践活动中独特而重要的作用，特别是强调操作对于工程和行动过程最终结果的决定性影响。"在很多情况下，产品的质量问题不是由于在设计或指令环节存在什么问题，而是由于操作环节上出现了问题而造成的"[②]。操作作为一个行动概念，同样也具有实践哲学的意义。操作环节能够影响到或塑造产品的质量，而产品质量的优劣既与工程技术人员的职业伦理道德相关，也与对工程人工物的社会伦理影响有关。

工程伦理实践中的"操作"，并不是指工程技术本身的操作环节，而是指工程伦理实践中的操作环节。当然，工程伦理实践中的操作环节与工程技术过程的操作环节密不可分，但两者仍有一定区别。工程伦理实践中的"操作"，指的是"工程伦理原则、道德规范、情感、行为、社会现象以及实际影响等方面与工程操作环节相联系的过程"。（下面在谈到"工程伦理实践中的'操作'"的时候，在不影响上下文理解的前提下，有时也简称为"工程伦理的操作"。）

工程哲学将工程实践过程划分为计划阶段、实施阶段，以及用物和生活阶段三部分。[③] 现代工程技术管理学运用"游隐喻"（stream metaphor），将这三个部分分别概念化为"上游阶段（upstream，计划、论证、立项与决策）""中游阶段（midstream，研究与开发，包括建造和施工）"及"下游阶段（downstream，监管、接纳、使用及社会化）"。[④] 因此，工程伦理实践中的"操作"，就是要使工程伦理原则与道德规范具体融入工程实践过程的上游、中游与下游阶段，使工程技术人员形成一定的伦理情感与行为，直接影响其操作过程，产生实际影响。用美国技术哲学家杜尔宾（Durbin P.）的话来说，任何真正有价值的工程伦理学必须具有实践效果。[⑤]

与工程伦理实践中的"解释"环节类似，工程伦理实践中的"操作"环节

---

① 李伯聪. 工程哲学引论 [M]. 郑州：大象出版社，2002：198.

② 李伯聪. 工程哲学引论 [M]. 郑州：大象出版社，2002：208.

③ 李伯聪. 工程哲学引论 [M]. 郑州：大象出版社，2002：203.

④ Fisher E, Mahajan R, Mitcham C. Midstream modulation of technology：governance from within [J]. Bulletin of Science, Technology, and Society, 2006, 26 (6)：485-496.

⑤ Durbin P. Social Responsibility in Science, Technology and Medicine [M]. Bethlehem：Lehigh University Press, 1992：29.

最终也要落实到"操作有效性（operational effectiveness）"上面。工程伦理实践中的"操作有效性"具体表现为：①上游阶段。考虑到公众利益的伦理价值与道德期望，将其有效地纳入有关工程项目的公共讨论之中，使得相关利益能够在工程共同体与公众之间得到公正分配。②中游阶段。将工程伦理原则与道德规范通过工程设计有效地"物化"到工程人工物之中，从而能够在其实施过程中，对工程共同体成员的道德情感与行为产生积极而有效的影响。③下游阶段。在工程人工物的社会化过程，即工程人工物被社会接受、使用并成为社会生活一部分的过程中，分析和理解工程人工物的"中介作用"可能给社会带来的伦理影响，并将用户的道德体验与感受反馈至上游与中游阶段，从而进一步扩展和完善工程项目的伦理影响。

工程伦理实践的操作有效性的核心，是通过"道德物化"过程对工程项目产生实际效果，使工程活动不仅成为人们在社会生活中的一种便利而高效的技术性手段，而且能够对工程共同体成员的道德意识与行为产生积极影响，从而有利于形成工程伦理能够有效发挥作用的社会文化氛围。这种文化氛围将通过完善的机制内在地调节工程实践活动，使其有益于人类社会健康和谐地发展。从杜尔宾的社会行动主义视角来看，这一过程在于创建一种"新世界观"："理想中的美好世界并不只是绝大多数社会问题都得以解决的世界，而是在这样的一个世界里，人们能够找到其自身生活的真正意义。"①

### 2.5.3 工程伦理实践中的对话及其有效性

自古希腊苏格拉底以降，从苏格拉底运用对话形式对真理的探求，到文学家巴赫金的对话诗学理论、伽达默尔的解释学对话理论和哈贝马斯的对话（商谈）伦理学，作为哲学实践的"对话（dialogue）"经历了一个内涵不断变换和发展的过程。其中，奥地利裔犹太哲学家马丁·布贝尔（Martin Buber）更依靠其代表作《我和你》开创了"对话哲学（philosophy of dialogue）"这一领域。在实践哲学领域，哈贝马斯认为，康德那样的"独白式"道德概念同"对话式"的道德概念比起来相形见绌，原因是独自进行推理的个人更容易由于视角而犯错，产生偏见。② 在现当代，对话逐渐成为人类社会交往和处理政治事务的一种民主化途径。

自 20 世纪 50 年代英国学者斯诺（C. P. Snow）提出"两种文化"的对立

---

① Durbin P. Social Responsibility in Science，Technology and Medicine ［M］. Bethlehem：Lehigh University Press，1992：13.

② Finlayson J G. 哈贝马斯 ［M］. 邵志军译. 南京：译林出版社，2010：86.

与冲突问题以来，人们越来越清晰地意识到存在于"科学文化"与"人文文化"之间的现实张力。自然科学与人文社会科学在方法论上存在着一定差异，以至于现当代思想家们将这两大知识门类的基本方法分别称为"解释（说明）"与"理解"。① "工程"与"伦理"分属于"科学文化"与"人文文化"两大领域。在现实生活中，由于职业特点、知识结构和专业兴趣的差异，工程技术人员和伦理学家之间也存在很多互不理解而且缺乏沟通的问题。甚至于从学校教育开始，理工科专业的学生和人文科学、社会科学专业的学生在学习内容、思维方式、价值取向等方面就表现出明显差异。一些理工科专业的学生只是从思想政治理论课和文化素质教育课的角度看待伦理道德和社会文化问题，很少将工程伦理同自己的专业学习和实践活动联系起来，很少反思在社会责任方面可能存在的问题。"由于多种原因，（两者之间）之间曾经存在着一道虽然无形然而却又很难跨越的鸿沟"②，米切姆和布希亚瑞利也曾以"两个相互分离的孤岛"隐喻"工程"与"哲学（伦理学作为其一部分）"之间的分离关系③。现代工程技术所呈现的新特点与新趋势，决定了工程师仅靠自身无法完善地解决工程伦理问题，"甚至技术社会中的很多问题是与个人道德决策无关的"④。因而，现代工程伦理问题的解决呼唤工程实践中"两种文化"的对话，工程与伦理之间的对话也成为现代工程教育中的重要主题。伴随着现代工程实践的职业化进程，工程师职业伦理守则及相关的工程伦理教育已经成为工程师培养的必要环节。然而，工程与伦理之间的对话仅仅是以这种形式存在是不够的，还需要拓展工程与伦理之间对话的新形式。

借鉴商谈伦理学有关"对话"的思想方法，在工程伦理实践中，"对话"主要是指"工程共同体成员之间就工程伦理原则、道德规范、道德情感、道德行为以及实际影响等方面开展对话的过程"。（下面在谈到"工程伦理实践中的'对话'"的时候，在不影响上下文理解的前提下，有时也简称为"工程伦理的对话"。）工程伦理实践中的对话应以工程师与工程伦理学家之间的对话为主线而展开，进而广泛地包含公众、政府管理者及企业等其他共同体成员。之所以

① 陈嘉明，等. 科学解释与人文理解 [M]. 上海：上海人民出版社，2010.1.

② 李伯聪. 工程与伦理的互渗与对话——再谈关于工程伦理学的若干问题 [J]. 华中科技大学学报（社会科学版），2006，20（4）：71-72.

③ Mitcham C. The importance of philosophy to engineering [J]. Teoreama：Revista Internacional de filosofía，1998，17（3）：27-47. Bucciarelli L. Engineering Philosophy. Amsterdam：IOS Press，2003.1.

④ Son W. Philosophy of technology and macro-ethics in engineering [J]. Science and Engineering Ethics，2008，14：405-415.

选取工程师与工程伦理学家之间的对话为"展开主线",一方面是将工程伦理学家看成是主动参与公共事务的知识分子,而不仅仅是具备哲学思辨能力、从事哲学写作的职业哲学家。作为公众知识分子的工程伦理学家参与工程伦理学的"对话"过程,将有利于公众利益的表达,同时也会将公平、正义等伦理原则引入对话与商讨之中。事实上,20 世纪 60~70 年代,应用伦理学在北美的诞生乃致成为一项社会运动,与作为公众知识分子的哲学家的力量密不可分。① 另一方面,将工程师与工程伦理学家之间的对话作为主线,有利于伦理原则与道德规范直接影响到工程伦理实践中的"解释"与"操作"维度,从整体上增强工程伦理的实践有效性。就工程伦理实践中的"解释"而言,充分而准确的工程伦理"解释",既需要工程师提供技术解释,也需要工程伦理学家提供伦理解释,更需要二者的有效互动。就工程伦理实践中的"操作"而言,既需要工程师将伦理价值"物化"到人工物设计之中,也需要工程伦理学家对伦理价值积极进行"阐释"与"表征",更需要二者的有效合作。工程伦理实践中的"解释"与"操作"环节都需要"对话"的有力支持。

与工程伦理实践中的"解释"与"操作"环节类似,工程伦理实践中的对话最终要实现其"对话有效性(dialogue effectiveness)"。一项有效的工程伦理对话,第一个方面就是要求各共同体之间能够相互理解,特别是能够很好理解公众利益的表达,并将公众利益始终贯穿于对话之中,进而消除各共同体之间信息的不对称,使各方实际利益的矛盾得到圆满的解决,对话的最终效果之一是取得共识。然而,在哈贝马斯看来,共识的存在不一定意味着有效性,这并不能表明单个的人已经做出正确的判断。② 因此,对话有效性的第二个方面,是建构批判的、反思性的对话平台。各共同体成员能够保持对于对话和商谈所取得共识的批判性与反思性,发现新的问题时能够主动地开启新的对话平台。第三个方面,通过工程伦理实践中的对话,实现工程伦理可以从原来将工程实践中的道德责任狭义地理解为"避免犯错",转变为一种注重实效的实践伦理观:既然我们无法预见未来,就让我们通过对话共同描绘与创造一个美好的未来!

① Mitcham C. Applied ethics and its problems: a plea for the centrality of technology [A] // Mitcham C. Thinking Ethics in Technology: Hennebach Lectures and Papers (1995—1996) [C]. Golden: Colorado School of Mines Press, 1997: 155.
② Finlayson J G. 哈贝马斯 [M]. 邵志军译. 南京: 译林出版社, 2010: 87.

## 2.6　工程伦理实践有效性的路径模型

在工程伦理实践中的"解释""操作"与"对话"的基础上，可以建构一种基于以上三个环节的工程伦理的实践有效性模型——"解释-操作-对话模型"。与传统工程伦理学过分强调"预防伦理（preventative ethics）"（即强调"避免工程师犯错"的伦理学）不同，该模型强调一种注重实效的"有抱负的伦理学（aspirational ethics）"，将工程伦理学实践的行动者由传统的工程师拓展为包括工程伦理学家及公众等其他社会共同体成员。通过共同体各成员在工程实践中"解释""操作"与"对话"环节的"共同合作"，最终共同创造出符合现代工程伦理要求的工程文化，使工程伦理学能够有效地影响工程实践，进而产生积极的社会影响。社会科学理论往往预先对行动者本身做出理论假定，如"经济人""社会人"等假定。而工程伦理的实践有效性研究，将与工程伦理相关的各共同体成员假定为这样一类"理性人"：他们彼此之间存在着一定的商谈规则，具有相互理解与合作的潜在可能性，并且愿意为建构一种符合伦理要求的工程文化承担自身的角色责任。

"解释-操作-对话"模型强调，由于工程师与工程伦理学家的特殊地位，工程伦理实践中的"解释""操作"与"对话"总是以工程师与工程伦理学家之间的互动为主线，进而包括公众、政府管理者等其他共同体成员。这里以工程师与工程伦理学家之间的互动关系为例，对该模型稍作说明，如图 2.4 所示。

（1）工程伦理实践中的"解释""操作"与"对话"发生在由职业、技术与政策等三个工程实践层面构成的社会文化背景之中。传统工程伦理学主要侧重于职业语境下的工程师个体道德决策，较少涉及政策背景。实践有效性模型拓展并还原了工程实践的真实语境，以技术为中介沟通了职业与政策之间的联系。除了考察传统的工程师个体的职业伦理之外，还考察工程伦理实践与工程设计活动之间的关联，增强了工程伦理实践的政策意义。

（2）"解释"与"操作"都包含着"对话"的因素。例如，在"解释"活动中，既需要工程师提供技术解释，也需要伦理学家提供伦理解释，两者的对话促进了彼此之间专业上的理解，也促进了对于伦理原则、道德规范、道德情感、道德行为与社会后果更加全面而有效的理解。在"操作"活动中，既需要工程师通过工程设计将价值融入工程人工物之中，同时也需要工程伦理学家对相关价值进行阐释与表征，实现"道德物化"。两者的对话能够使得工程伦理

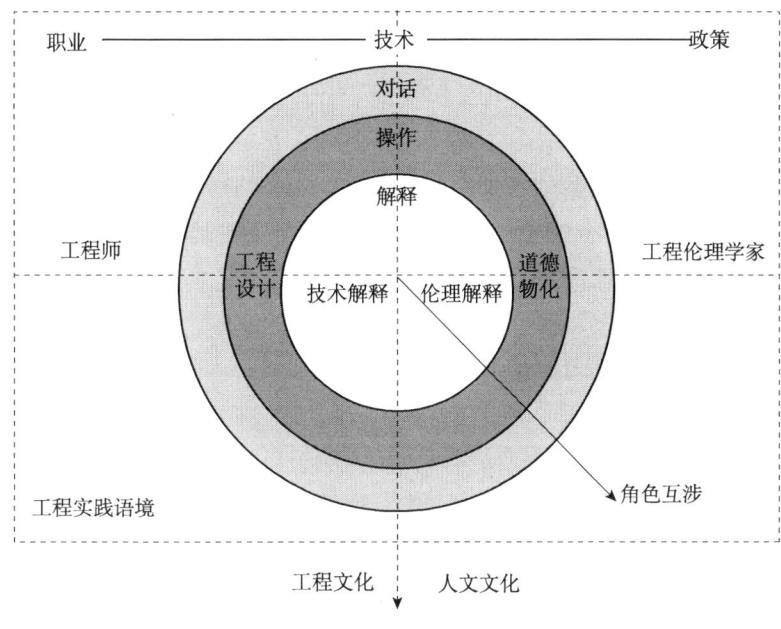

图 2.4　实践有效性模型

有效地影响工程实践。

（3）"解释""操作"与"对话"之间是"视域逐渐扩大"的过程。首先，"操作"建立在"解释"的基础之上。如果说"解释"关注实践者个体的心理活动（理解）以及彼此之间的思想交流，那么"操作"则更加强调在此基础上的行为互动。从实践有效性视角来看，它基于"解释"而又高于"解释"，实践有效性最终需要考察"解释"能否真正对实践产生有效影响。此外，工程伦理实践中的"对话"不仅包含"解释"与"操作"中的对话因素，而且强调在社会意义上关注利益分配的公正，为实践有效性的实现提供保障条件。如果说"解释"着眼于某一工程伦理现象（问题），"操作"着眼于以"中游阶段"为主的工程实践过程，那么"对话"则着眼于整个宏观社会历史背景。

（4）在实践过程中，"解释"与"操作"产生一定的融合。以工程师为例，工程师不仅需要参与解释活动，同时也需要能够将有关工程伦理原则与规范的解释与自身行为融合，伦理知识与决策行为能够内在地统一起来。工程伦理解释与具体工程实践相结合，不仅直接影响工程实践活动进程，而且能够对整个工程实践所处的历史文化环境产生一定的实际影响。

（5）在"解释""操作"与"对话"过程之中，工程师与工程伦理学家之间发生了"角色互涉"：工程伦理学家参与了操作过程，在一定意义上成为协助将伦理价值嵌入工程活动、从事伦理建构的"伦理工程师（engineer of ethics）"；工程师参与了解释过程，参与了相关伦理原则、道德规范、情感、行为、现象与社会后果的阐释过程，因而成为"工程的伦理学家（ethicist of engineering）"。

（6）"角色互涉"现象反过来加强了工程师与工程伦理学家之间的对话，进一步要求在工程师与工程伦理学家之间建构基于主体间性（intersubjectivity）的话语平台与商谈规则。

（7）职业、技术与政策三个层面之间的贯通、"解释"与"操作"的融合、工程师与工程伦理学家之间的对话，都进一步加强了工程文化与人文文化之间的交流。

（8）"技术解释"与"伦理解释"、"工程设计"与"道德物化"、"工程师"与"伦理学家"之间并没有明显的界限，因此在模型中用虚线加以表示。这两大类范畴之间的"界限"更像是细胞膜，膜的两侧所代表的不同文化之间不断地发生着渗透现象。

以上路径模型只是有关解释、操作、对话三个环节关系的初步说明，而且是立足于工程师与工程伦理学家之间的互动关系展开的。这个模型的具体细节以及在工程伦理实践中的具体应用，需要通过各环节具体的讨论加以完善和补充。

# 第3章 工程伦理实践中的解释

从实践有效性角度看，工程伦理实践的"解释"环节，是将伦理原则与工程实践具体情况相联系的过程。这里涉及对工程伦理实践中解释的要素分析、工程伦理实践中的解释模式、工程伦理实践中解释的方法。在理解工程伦理实践中"解释"环节的具体性质和过程方面，美国"'挑战者号'航天飞机失事事件"是一个典型案例。对这一案例的多重解释加以具体分析，有助于获得生动直观的印象，提高解释环节的实践有效性。

## 3.1 工程伦理实践中解释的要素分析

工程伦理实践中的"解释"环节，包括解释的主体与客体、解释的内容、解释的语境这三个要素。所谓"解释的主体"，指的是由"谁"来进行解释；"解释的客体"，指的是向"谁"进行解释。而"解释的内容"是指在解释过程中涉及的具体内容。"解释的语境"是指在解释的内容展开的语言环境或上下文关系（context）。

### 3.1.1 工程伦理实践中解释的主体和客体

"主体（subject）"和"客体（object）"作为哲学范畴，在很大程度上受到近现代哲学"二元论（dualism）"的影响。哲学意义上的主体是指能够进行认识和实践活动的有意识的人，具有自觉的能动性、自我意识机能和社会性等基本特征，是与客体之间存在着认识和实践关系的存在。客体是主体的认识和实践活动的对象。解释活动的主体和客体都是特定场合的人，而且两者的身份在解释活动中可以互换。在传统意义上，工程伦理实践中的解释活动包括解释工程实践活动的伦理意义和价值，对在工程实践中遇到的伦理问题的看法和态度，以及处理工程实践中伦理问题的路径和方法，等等。解释的主体主要是直接介入工程活动的工程师，在部分情形下也包括工程伦理学家。解释的客体则是与之相关的，作为解释活动接受者的另一些工程技术人员、工程伦理学家和公众。传统工程伦理学是以工程师为"第一人称"的职业伦理学，有关工程伦理的解释实践基本上是培养工程师从"我"的角度思考问题。例如，美国学者维西林（P. Aarne Vesilind）和冈恩（Alastair S. Gunn）认为，工程师在阅读伦理案例时，应当"扪心自问，遇到这种情况时自己会怎么处理"。①

从客观主义解释学角度来看，理解的任务是恢复文本、人造物和实践活动所暗示的本来的生活世界，并如同他者（原作者或历史的当事人）理解自己一样地理解他们。② 然而，现象学解释学反对解释的"主体—客体"化途径。伽达默尔认为，"我们在对浪漫主义诠释学的分析中已经发现，理解的基础并不在于使某个理解者置身于他人的思想之中，或直接参与到他人的内心活动之中。"③ "对于我们的实践情境、对于在其中如何去做的理解不是独白性的，而是具有对谈的特征。"④ 因此，有关解释主体的理解，需要关注其主体间性特征。"主体间性"意味着承认不同主体之间存在一些共同承认的客观知识内容，而这些内容是通过交流与对话获得的。任何解释主体个人对工程伦理的理解并不是唯一正确的、绝对不可改变的、要求对方必须接受的，而是要通过对谈不断加以矫正。

工程伦理实践中的解释，并不完全否定传统意义上工程师或工程伦理学家展开的解释活动，而是通过拓展传统工程伦理实践的主体性解释，强调其背后所包含的而又常被忽略的"主体间性"特征。传统工程伦理实践在"第一人称"意义上的解释模式易于使工程师从自身出发，将工程伦理决策等同于工程师决策，进而忽略工程伦理决策的复杂性。对于与工程实践相关的工程伦理原则、道德规范、情感、行为、现象或社会后果，其参与者不仅仅是工程师或工程伦理学家自身，而且包含着工程师与工程伦理学家、公众及其他共同体之间的互动。因此，工程师、工程伦理学家及其他社会共同体都是相关解释内容的"共同贡献者"。相关解释内容的意义，需要经由共同体之间的主体间性予以揭示。

工程伦理实践中解释的主体和客体，应当由工程师和工程伦理学家拓展为以"工程师——工程伦理学家"互动关系为主线，进而包含公众、政府管理者、政策制定者等其他社会共同体的互动解释主体。从工程伦理实践中解释的视角来看，面对工程伦理原则、道德规范、道德情感、道德行为或社会后果，

---

① 维西林，冈恩. 工程、伦理与环境 [M]. 吴晓东，翁端译. 北京：清华大学出版社，2003：4.

② 汉斯-格奥尔格·加达默尔. 哲学解释学 [M]. 夏镇平，宋建平译. 上海：上海译文出版社，2004：3.

③ 汉斯-格奥尔格·伽达默尔. 真理与方法——哲学诠释学的基本特征 [M]. 洪汉鼎译. 北京：商务印书馆，2007：517-518.

④ 伽达默尔，杜特. 解释学、美学、实践哲学：伽达默尔与杜特对谈录 [M]. 金惠敏译. 北京：商务印书馆，2007：69.

工程师从事解释的思想资源主要来源于三个方面：①学校工程专业教育中的工程伦理学部分；②工程师职业化生涯中所接受的专业守则教育；③工程职业实践中所形成的道德直觉和道德推理能力。解释的思想资源的三个方面，都隐含着工程师与工程伦理学家之间的主体间性关系，这里包括工程伦理学教师与工程专业的学生之间的"教—学"关系，而当代教育学理论已经阐明了教育实践中的主体间性将有助于有效地理解教育内容；专业守则的制定常常包含着工程伦理学家与工程师之间的对话关系；工程实践中的道德直觉和道德推理能力，是在工程师与其他社会共同体成员之间的互动之中而得以形成的。

　　工程伦理实践中解释内容的意义"揭示"，也源于共同体成员之间的互动作用。以工程伦理原则中的"安全"为例：工程师将安全理解为一门科学或技术——安全科学与工程。他们将安全视为一种具体化、数量化的标准和手段，运用"内在的安全设计、安全储量、负反馈、多个独立的安全栅、维护与检验、受教育的负责任操作者、事故报告以及安全管理"等手段保证工程设计的安全性。[①] 在工程师眼中，安全是一种希冀达到，然而却永远也不能获得的理想状态，能够达到的是"相对的安全"，甚至安全还包含不同的级别，如工程师常用"（表面）接触率"等具体的数值概念来刻画安全。与工程师的乐观心态相比，工程伦理学家对于安全常常保持审慎的态度，时常高估了工程可能给公众带来的危害性。而在日常语言下，安全这一术语常常是指"绝对的安全"，也是（绝对）不会发生事故或伤害。此外，在跨文化与跨地域的工程实践背景下，"安全"常常也会成为不同政府管理机构对于相关工程技术的准入标准，安全标准会因地域的不同而有所差异，如欧盟在转基因工程方面的安全标准常常要比美国要高。对于"安全"这一工程伦理原则意义的"揭示"，需要围绕工程师和工程伦理学家开展多主体的互动解释过程。

### 3.1.2　工程伦理实践中解释的内容

　　工程伦理学中解释的内容，主要包括伦理原则与道德规范、道德情感与道德行为、道德意义上的社会影响与实际后果这三个方面。

　　1. 伦理原则与道德规范

　　在工程伦理学体系中，伦理原则与道德规范占据着重要位置，它们是进行伦理推理与决策的理论基础。对伦理原则和道德规范的解释，包括在不同语境

---

　　① Hansson S. Safety engineering：practice ［A］//Mitcham C. Encyclopedia of Science, Technology, and Ethics（vol. 4）［C］. Detroit：USA, 2005：1674-1675.

下对伦理原则和道德规范含义本身的理解，以及对伦理原则和道德规范形成和演变过程的理解。工程伦理原则大致可分为两大类：一是工程职业共同体内部的伦理原则，包括对雇主的忠诚、对自身工作的诚实态度、职业自治及知情同意等；二是工程职业共同体遵循的社会伦理原则，包括公平、正义、对公众负责、不伤害及维护公众福利等。工程伦理的道德规范是伦理原则在工程语境下的具体化，是在一定情境下对工程师行为道德意义上的具体要求。由于工程师一方面从属于专业学会，另一方面可能从属于企业或社会组织，道德规范常常包含两方面内容：一是专业学会的行为准则，如最早的行为准则是由美国土木工程师学会（ASCE）于 1914 年采用的[①]；二是（雇主）企业或社会组织的规范，如大型跨国公司对工程师行为的道德要求。工程伦理原则与道德规范是在一定历史时期形成的，因而也可能存在局限性。如果人们对这些伦理原则与道德规范的理解趋于僵化，就可能成为一种摆设，限制工程活动的顺利发展。已有的伦理原则与道德规范还包含模糊的地方，内部条款之间可能存在着冲突。[②]开展有效的解释将有利于反思伦理原则与道德规范的前提与背景，促进对相关原则与道德规范的理解。

工程伦理学中有关伦理原则和道德规范的解释，可以从一些比较系统的教材中找到范例和素材。这些教材一般是在开篇介绍伦理思想的基本理论，然后以不同伦理原则为主题系统论述其在职业传统中的应用。例如，米切姆与莎伦·杜瓦尔（R. Shannon Duval）合著的《工程伦理学》[③]，旨在为工科学生提供简明而易于掌握的伦理决策方法，其中第三章介绍了义务论伦理学、后果论伦理学与美德伦理学等三种基本伦理学理论，而后分别以诚实、忠诚、责任、知情同意等伦理原则作为各章节主题，对工程伦理原则开展详细阐释。

2. 道德情感与道德行为

工程伦理学实践对伦理情感与道德行为的解释，包括对道德情感与道德行为本身性质和特点的理解，以及对道德情感与道德行为在不同工程环境中具体表现的理解。在工程实践语境下，道德情感主要包括工程师表现出的道德良知、道德想象力、道德期望等因素。其中，道德想象力是工程伦理实践关注的重要研究对象，也是工程师在职业意义上"道德完整性"的基本要求之一。而

---

① 维西林，冈恩. 工程、伦理与环境 [M]. 吴晓东，翁端译. 北京：清华大学出版社，2003：56.

② 迈克·W. 马丁，罗兰·辛津格. 工程伦理学 [M]. 李世新译. 北京：首都师范大学出版社，2010：55.

③ Mitcham C，Duval S. Engineering Ethics [M]. Upper Saddle River，Prentice Hall：2000.

对于以道德想象力为核心的其他道德情感因素，传统的职业伦理学视角的工程伦理实践并未引起足够重视。

道德想象力既是一种美德，也是一种能够予以实践的"技巧"。道德心理学认为，这种技巧主要是用于维系德性，而不是学习具体的伦理规则系统。作为道德想象力的一部分，道德敏感性能够敏锐地识别具有道德意义的情境。[①]道德想象力能够使解释主体（实践者）以不同于职业伦理的推理方式予以考虑，重新架构伦理情境，思考可能存在的其他"非显而易见"的方案。按照美国哲学家杜威的理解，存在着两种道德想象力：一种是移情投射，另一种是创造性地发掘情境中的种种可能性，而且这两种想象力是"同时运作的"的，或者说是同一个过程的两个方面。就前者而言，道德想象力就是"设身处地的想象"，即想象地把自己放在他人处境，并且想象地从其视角出发感受其处境。当然，设身处地并非丢弃自己，而是必须把自身一同带入这个他物的处境中，只有这样才能真正实现设身处地的意义。就后者而言，则是指想象力扩展了人们的感知，使其超越了直接面对的当下情境，"构成了对我们所应对的环境的一种延伸"。[②]"道德"的参与，不仅进一步拓展了对这种可能性创造性发掘的视域范围，还促使我们以"有限的理性"尽可能准确地预测据此行为所可能产生的后果，从而使我们的行为选择在更为广阔的比较性视域中进行。工程伦理实践中的道德想象力不是自然形成的，而是需要经历一个不断养成的过程。这中间需要通过工程伦理实践中解释的主体和客体不断地相互作用，在具体的案例情境中澄清和深化对工程伦理原则和道德规范的理解，激发道德想象力，产生道德情感上的共鸣。

与道德情感相关，道德行为主要包括工程师在实践中表现出的具有道德意义的行为，这类行为是工程师道德情感的外在表现。工程伦理实践中的解释关注三类行为：一是日常行为，对这类行为的道德反思意在判断行为本身是否具有道德意义，是否体现了一定的伦理原则或道德规范；二是责任行为，即在一定岗位上履行符合伦理原则与道德规范要求的责任的行为，不实践这类行为将会招致责备或者处罚；三是善举（good work），即"高于或超出了伦理原则与

---

① Huff C, Frey W. Moral pedagogy and practical ethics [J]. Science and Engineering Ethics, 2005, 11 (3): 389-408.

② 斯蒂文·费什米尔. 杜威与道德想象力——伦理学中的实用主义 [M]. 徐鹏, 马如俊译. 北京: 北京大学出版社, 2010: 101.

规范所规定的道德行为"①，追求个体在道德行为意义上的超越，追求道德的完整性。当然，除工程师个体行为之外，部分工程伦理学家还关注对组织行为做出道德反思。这三类行为都需要结合具体工程实践情境予以充分解释，才能使工程技术人员深入理解并将其内化于心，落实在行动上。

在探讨道德情感与道德行为之间的相互关系方面，塞尔的行动哲学及有关"行动与因果关系"的研究将提供有益的哲学基础。②塞尔将行动与意向性连接起来，指出行动通过心理因果联系使意向性得到满足，这为深入研究道德情感与道德行为之间的关系开启了新的思路。工程伦理实践中解释的最终目的之一，是使道德情感与行为决策能够达到"知行合一"：道德情感的丰富有利于实践负责任的行为甚至是善举，负责任的行为及善举的日常实践反之有助于丰富和完善道德情感。

3. 道德意义上的社会影响与实际后果

工程伦理实践中对道德意义上的社会影响及其实际后果的解释，包括在道德意义上工程实践活动的正负两方面的社会影响的解释，以及从伦理角度对工程实践的实际后果的解释。这里不仅需要对具体的工程伦理现象做出道德反思，也需要关注工程实践对政策、舆论和社会风尚的影响。

工程并非是在实验室受控条件下进行的试验，而是以人为对象的社会规模的试验。一项工程项目还具有以下的"社会试验"特征：它们是在部分无知的情况下实行的，具有不确定的结果，要求监测和反馈，要求取得那些受影响者的知情同意。然而，职业伦理学对工程实践在道德意义上的社会影响与实际后果并未足够重视。尽管部分工程伦理学教科书关注工程的环境伦理问题，然而其主要目的仍然在于从工程职业共同体内部对相关问题做出解释，而并不是关注工程实践在社会化过程中产生的实际影响。大多数工程伦理学理论都将公众福祉，视为工程实践的最终目的，然而对于什么是公众福祉，以及工程实践如何影响公众福祉，却未有明确说明。因此，对工程实践的社会影响与实际后果做出充分解释，将有助于充分理解工程实践对于公众的具体影响途径，进而通过社会认识意义上的反馈机制使得工程实践更加民主化，更符合社会道德的要求。

有关工程实践在道德意义上的社会影响及其实际后果的解释，是相关工程

---

① 查尔斯·哈里斯等. 工程伦理：概念与案例［M］. 丛杭青，等译. 北京：北京理工大学出版社，2006：20-22.

② 盛晓明，吴彩强. 行动，因果关系和自我［J］. 浙江大学学报（人文社会科学版），2007，37(3)：143-150.

伦理原则、道德规范、道德情感与道德行为解释的进一步发展。这种解释有利于促进工程师对于相关伦理原则与道德规范的理解力与实践能力，有利于培养工程师完善的道德情感，也有利于完善工程师的负责任的道德行为。

### 3.1.3　工程伦理实践中解释的语境

工程伦理实践中的解释，是在职业语境、技术语境和政策语境中展开的，这些语境有些时候也可能有所交叉。

1. 职业语境

传统工程伦理实践中解释的语境，是以工程师日常实践活动为主的职业语境。据哈里斯等考证，术语"职业"和它的同词源词的早期含义，涉及承诺一种生活方式的意愿行为。① 根据《牛津肖特词典》，其形容词"公开声称的（professed）"最早的含义，涉及一个人对宗教秩序的立誓活动。因此，职业人员是"公开声称"成为某一特定类型的人，承担特殊的社会角色且伴随严格的道德要求。哈里斯等进一步概括了"职业"的基本特征：其一，进入职业通常要求经历一段长时间的训练，这种训练具有理智的特征；其二，职业人员的知识和技能对于广大社会的幸福是至关重要的；其三，对于职业准入制度的规定，因为职业通常具有垄断性或近似于垄断性；其四，在工作场合中，职业人员通常有一种不同寻常的自主权；其五，职业人员声称他们通常受到具体化到伦理规范中的伦理标准的支配。② 在工程伦理实践中解释的职业语境中，工程师处于职业背景与商业背景的共同影响下。因而，工程师的伦理困境常常来源于职业自治（professional autonomy）与商业利益（business profits）之间的冲突。工程师在意识到所从事的工程活动可能会对公众带来潜在的风险时，他应当如实地向公众（客户）或其他监督部门披露，还是为了保护商业利益而对风险有所隐瞒？具有现代商业特点的职业语境，为工程伦理实践中的解释提供了重要背景。工程伦理实践中的相关解释既要考虑工程师在职业背景下对伦理原则与道德规范的理解与实践，考虑与公众（客户）之间的伦理关系，也要考虑商业组织环境对于其自身的影响，包括组织文化对于工程伦理实践中解释的影响，对于如何处理与雇主及其他工程师之间伦理关系的影响。在面临职业自治与商业利益之间的冲突时，充分考虑工程伦理实践中解释的职业语境显得尤为

---

① 查尔斯·哈里斯等. 工程伦理：概念与案例［M］. 丛杭青，等译. 北京：北京理工大学出版社，2006：6-7.

② 查尔斯·哈里斯等. 工程伦理：概念与案例［M］. 丛杭青，等译. 北京：北京理工大学出版社，2006：7-8.

必要。工程师在面对是否应该向公众或其他监督部门如实披露工程活动可能的风险时，可能会表现出犹豫不决，甚至明哲保身，逃避责任，这时人们简单地指责工程师缺乏工程伦理意识和社会责任感是不够公允和妥当的。毕竟工程师处于一定的职业岗位上，要考虑到这种选择与其职业切身利益的关系，考虑到职业环境对其可能产生的压力，需要在这样的背景下选择工程伦理实践有效性的可能路径。工程伦理实践中解释的职业语境，有助于深入到工程师的具体职业实践活动中去，加深工程师、工程伦理学者和公众之间的相互理解。

2. 技术语境

工程是一项技术性活动，它由发明、设计、生产、管理、测试及销售等诸多环节组成，如图 3.1 所示。①

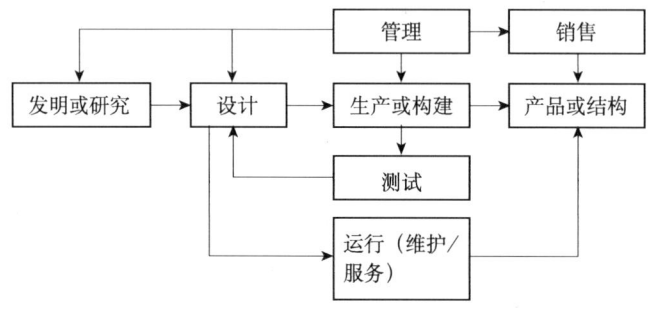

图 3.1　工程过程

技术语境是以往工程伦理学研究尚未引起足够重视的一种解释语境，它主要关注以工程设计为核心的具体工程实践。在工程活动前期，研发工程师首先构建出新的技术原理和程序，以便设计工程师设计出新装置的原型（prototype）。而生产工程师则对设计工程师提供的原型做出修改，以便于生产制造。测试工程师将修改后原型的测试结果反馈给设计工程师，以便设计工程师进一步修改原型，如此循环以满足设计要求。负责运行、维护的工程师需要根据设计工程师提供的意见对最终产品进行校核。此外，设计还需要考虑生产、市场、维护及用户使用等方面因素。米切姆认为，"有关人造物的设计构成了工程的本质，因为只有设计才能建立、规划独特的工程架构，设计将整个工程活动联结成了一个整体"。② 美国学者丹尼尔·巴布科克（Daniel Babcock）认为：

---

① Mitcham C. Thinking Through Technology：the Path between Engineering and Philosophy［M］. Chicago：The University of Chicago Press，1994：216.

② Mitcham C. Thinking Through Technology：the Path Between Engineering and Philosophy［M］. Chicago：The University of Chicago Press，1994：147.

"设计是最能够体现工程师工作内容的活动。"①

以工程设计为核心的技术语境，将为工程伦理实践开拓出新的解释视域。工程伦理实践中的解释要考虑工程实践过程，特别是工程设计对工程伦理解释可能产生的影响，如人工物在社会接受过程中所表现出的政治或伦理意义。工程伦理实践中的解释需要考虑与工程相关的维护与服务阶段，将公众（用户）的意见包含在工程伦理实践的解释之中，进而考虑公众（用户）意见与价值观对于工程实践的影响。工程技术系统内在环节的紧密联系，会对工程实践活动产生一定的影响，部分事故或灾难甚至源于工程技术系统内在的复杂性。此外，工程技术系统的复杂性也使"工程责任"的形态发生了变化：从个体责任转变为工程职业共同体不同成员之间的"共同责任"。在这种技术语境下开展工程伦理实践中的解释活动，能够使工程职业共同体各方成员及时了解工程实践活动中的新情况、新问题，及时进行必要的伦理反思，为进行合理决策打好基础。

3. 政策语境

关注政策语境，是工程伦理的实践有效性视角区别于传统的工程职业伦理学视角的另一重要特点。这一语境主要关注工程实践对于社会的政策意义及其对公共生活的影响，包括"在全球化语境与社会语境下理解工程方案的广泛影响"。② 近年来，一些技术伦理学家和 STS 学者所开展的工程"伦理、法律与社会影响"方面的研究，是关注政策语境的代表性工作。对应于关注工程师个体道德决策的"微观伦理学"，关注政策语境的工程伦理学也被称为"宏观伦理学"。③ 工程伦理实践中解释的政策语境，主要关注以下两方面内容④。

其一，工程师在设计活动中常常会有意或无意地在工程人工物中"嵌入"一定的价值要素，进而对其他社会安排、社会实践、社会关系、意义和制度等都产生一定影响。此外，与工程活动相关的其他社会群体的部分价值观，以及工程设计活动所处的地方性文化背景中所蕴含的价值要素，也会对工程设计活动产生一定影响。

① 丹尼尔·L. 巴布科克，露西·C. 莫尔斯. 工程技术管理学 [M]. 金永红，奚玉芹译. 北京：中国人民大学出版社，2005：198.

② Herkert J. Engineering ethics and public policy [A] //Herkert J, ed. Social, Ethical, and Policy Implications of Engineering [C]. Piscataway：IEEE Press，2000：145-146.

③ Herkert J. Ways of thinking about and teaching ethical problem solving：microethics and macroethics in engineering [J]. Science and Engineering Ethics，2005，11（3）：373-385.

④ 朱勤，王前. 社会技术系统论视角下的工程伦理学研究 [J]. 道德与文明，2010，（6）：119-124.

其二，工程伦理的实践一方面受到来自管理层或行政结构的影响，另一方面受到来自研发机构之外的其他社会群体的制约。与工程活动相关的政策要考虑到各相关利益群体之间关系的恰当平衡，考虑政策的可行性及不同阶段可能产生的后果。工程伦理实践中解释的政策语境，要求将解释活动延伸到相关的政策制定者和管理者，并且使社会公众能够从政策评价的角度介入解释活动，影响解释活动的结果。

综上所述，工程伦理实践中解释的语境由职业、技术与政策等相互作用而形成，如图3.2所示。在工程伦理实践中的解释的语境下，技术作为中介沟通了职业语境与政策语境之间的关联。职业语境与技术语境相互作用，共同塑造了工程职业共同体内部的解释语境；而技术语境与政策语境相结合，也建构了与其他社会共同体相关的宏观社会语境。通过工程设计（技术语境），工程师的日常实践（职业语境）能够对公共生活产生一定的影响，因而具有政策意义。反之，其他社会共同体通过公共对话与参与设计，对工程师职业道德的实践也施加了一定的影响。

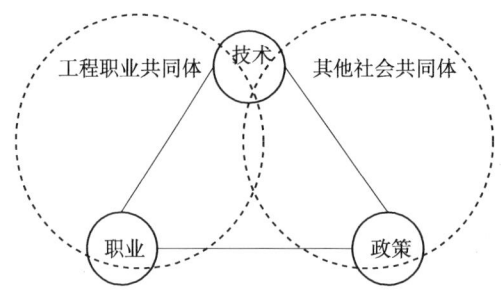

图3.2　工程伦理实践中解释的三重语境

对于工程伦理现象的传统解释进路，往往只关注三重解释语境中的某一种或两种，而缺乏对于三种解释语境的"整体互动性"理解。仅仅基于其中一种或两种解释语境，常常会产生对工程伦理现象和问题的较为片面的理解。这里以2011年我国发生的"7·23"温州动车组追尾事故为例：该事故发生后，起初铁道部及上海铁路局给出的事故调查结论是，温州南站信号设备存在设计上的缺陷。而温州南站技术人员对新设备关键部位性能不了解，没能够及时发现并有效地临时处置设备出现的问题，从而引发追尾事故。由此可以看出，铁道部及上海铁路局对于事故的解释语境主要以"技术语境"为主（强调信号设备的设计缺陷），也涉及"职业语境"（技术人员能力有缺陷，疏忽大意）。后来，国务院组织调查组对事故原因重新进行调查。在一定意义上，国务院调查组颠覆了铁道部和上海铁路局的最初调查结果，认为最初调查结果忽视了组织、政策及管理方面的原因。国务院调查组认为,"通号集团"所属"通号设计研究院"在设备研发过程中组织管理混乱。而"通号集团"作为甬温线通信信号系统总承包商,履行管理责任不善,从而使得信号设备产品在存在严重设计缺陷和重大安全隐患时仍被采用。而铁道部在组织设备招标、技术审查及运行监测时违反相关政策规定,从而致使存在问题的设备仍然在温州南站上道使用。[①]与铁道部及上海铁路局的调查结果相比,国务院调查组的报告对于事故的解释增加了"政策"解释视角,且认为在这一案例中"政策"解释语境比"技术"及"职业"解释语境更具决定性地位。有关这一案例的解释,政策语境与技术语境、职业语境相互影响、相互作用,从而"生成"了对于这一案例相对较为全面的解释。

## 3.2 工程伦理实践中的解释模式

传统工程伦理学的职业伦理学研究进路,坚持一种"职业视角"的解释模式,就是在不改变已有伦理原则的前提下,针对职业需求解释具体的伦理问题,使解释成为已有职业伦理原则在工程实践中的应用。职业视角的解释模式倾向于关注以工程师个体道德决策为主的微观解释环境,对工程师所处社会历史环境及其与道德决策之间的互动关系关注不够。与之相对应,一些 STS 学者提出了"社会视角"的解释模式,更多考虑工程实践中伦理问题的社会文化背景,根据新情况、新问题提炼新的伦理原则。但这方面研究成果往往限于理论层面,对工程技术人员的直接影响效果不明显。而且,社会视角的批判过于零碎,且尚未形成稳定的体系,在其内部存在着不尽相同甚至相互冲突的观念,缺乏实际而可靠的操作性。对这两种解释模式的长处和不足,都需要做进一步的具体分析。

### 3.2.1 "职业视角"的解释模式

"职业视角"的解释模式从工程师的职业实践出发,立足工程伦理实践中解释的职业语境,"关注工程师对于职业守则的道德承诺,倡导通过理想化的案例或者情境'训练'学生,使其能够对伦理困境产生敏感性,并最终能够摆脱伦理困境。此外,这种模式还将揭发看成是保证工程师能够'忠于'守则的

---

① 国务院"7·23"甬温线特别重大铁路交通事故调查组."7·23"甬温线特别重大铁路交通事故调查报告.新华网.[2011-12-28].

关键手段之一"。① 自美国土木工程师协会（ASCE）的伦理规范诞生以来，伴随近现代工程实践的职业化进程，"职业视角"解释模式趋于成熟。尽管在其内部存在着不同的解释进路，然而从整体上来看依然具有共同特征。② 埃迪·康伦与亨克·赞德福特概括了"职业视角"解释模式的主要特征。在他们看来，"职业视角"的解释模式专门关注个体工程师，认为伦理决策由个体工程师做出，工程师的伦理决策可能与其所在组织的利益与目标发生冲突。从而，工程师常常面临着伦理困境：要么做出一项伦理决策并做出个人牺牲，包括被解雇或者由于揭发而被起诉；要么做出一项决策以保护自身利益。此外，"职业视角"的解释模式常常在伦理守则的框架内分析与解释伦理情境，并通常假定这些伦理守则是指导个体工程师伦理决策的主要思想资源。因此，这一解释模式隐蔽地假定在应用于具体案例时，伦理守则足够清晰且不相互冲突，从而使得单个的解释主体在具体情境下能够予以应用。

如果伦理守则需要予以辩护或进一步阐释，"职业视角"的解释模式倾向于向传统道德哲学求助。这部分与传统道德哲学发生关联的道德参与者，常常局限于有限的范围之内，如工程师与雇主或管理层之间的伦理冲突关系，而较少考虑与更多行动者参与情形相关的伦理问题。"职业视角"解释模式常常假定，总是能够以一种令人满意的或正确的方式解决伦理问题，而这种解决方案最终由那些直接面对伦理问题的工程师加以选择和操作。

"职业视角"解释模式注重以案例或假设情景为基础，目的在于培养工程师在具体环境下处理伦理问题的能力。运用案例对工程伦理原则与道德规范进行解释，目的是使得工程伦理原则与道德规范有其"发生语境"，进而能够使其他参与解释者获得道德体验。经过长期积累，"职业视角"的解释模式已成功地建构了多个经典案例。在试图对工程伦理原则与道德规范进行解释时，如果不具备现成的事实案例，往往采用虚拟情节。哈里斯等主编的《工程伦理学：概念和案例（第三版）》书后所附的 70 个案例，很多都是采取虚拟情景的解释方式。③

"职业视角"解释模式坚持"预防为主"的解释框架。这一解释框架相信，

① Colby A，Sullivan W. Teaching ethics in undergraduate engineering education ［J］. Journal of Engineering Education，2008，97（3）：327-338.

② Conlon E，Zandvoort H. Broadening ethics teaching in engineering：beyond the individualistic approach ［J/OL］. Science and Engineering Ethics（2010-05-14）［2011-01-03］.

③ 查尔斯·哈里斯，等. 工程伦理：概念与案例 ［M］. 丛杭青，等译. 北京：北京理工大学出版社，2006：229-278.

通过预见尚未引起注意而可能导致伦理危机的问题，可以预防此类危机的发生；作为职业人员，为了预测其行为的可能后果，特别是可能带来重大伦理问题的后果，工程师必须能够前瞻性地思考问题；工程师必须能够有效地分析这些后果，并判定在伦理上什么是正当的。① 由于现代技术社会系统本身的复杂性，"职业视角"的解释模式在解释工程师个体责任时，常会遇到解释困境，如无法确定责任主体或将责任主体确定为某个工程师个体。因此，一些工程伦理学家开始在解释过程中，引入"组织责任"和"团体中的责任"。②

"职业视角"的解释模式以职业语境为主，同时融合商业与社会语境。其中，工程师与客户、雇主与经理等方面的关系构成了解释的商业语境，此时工程伦理与商业伦理甚至与办公室政治密切关联。工程师与公众的关系构成了解释的社会语境，是政策语境的一部分。在"职业视角"的解释模式看来，"利益冲突"是工程师伦理困境最为主要的表现形式之一。它广泛存在于工程师在职业实践中与不同利益相关者的互动关系中。对利益冲突问题的解决，必然涉及运用不同伦理资源对各种利益关系之间做出解释，进而通过权衡选出相对优越的方案。因此，有关利益冲突问题的讨论实际上暴露了"职业视角"解释模式自身的局限性。

### 3.2.2 "社会视角"的解释模式

近年来，"职业视角"解释模式逐渐受到 STS 学者与技术哲学家的广泛批判。与此同时，也促进了工程伦理实践中解释模式的另一种替代形式——"社会视角"解释模式的形成。"社会视角"解释模式将社会学、历史学、组织文化、人类学、民族志、政治学等研究视角引入工程伦理实践中的解释环节，强调社会背景对于工程伦理的解释中的意义说明、发掘与重建的影响。与"职业视角"解释模式相比，"社会视角"解释模式尚未形成体系化与概念化的特征。即便是在"社会视角"解释模式内部，也尚未形成如"职业视角"那样系统化的理论体系。然而总体而言，它们彼此之间依然存在着"家族相似性"。工程伦理案例是现代应用伦理学教学实践的重要方式，也是工程伦理实践中解释环节的重要手段。在"社会视角"的解释模式看来，"职业视角"的解释模式的案例研究方法论存在以下三方面问题。

---

① 查尔斯·哈里斯，等.工程伦理：概念与案例［M］.丛杭青，等译.北京：北京理工大学出版社，2006：11.

② 查尔斯·哈里斯，等.工程伦理：概念与案例［M］.丛杭青，等译.北京：北京理工大学出版社，2006：24-27.

其一，大多数案例采用的都是假设情景，这种假设情景本身具有反讽意味：尽管"职业视角"模式的支持者声称，假设情节是为了更加"有效地"培养学生的道德敏感性与解决伦理困境的能力，然而大量假设情景的应用使学生在面临真实困境时倾向于机械地套用模式化的情景，反而体现出"低效率"。应当承认，现实解释语境要比假设情景更复杂。现实背景既为解释者寻求可替代方案提供了现实资源，也使其解释能力能够真正得以提高。

其二，为了训练学生在案例中"应用"伦理原则解决道德困境问题的能力，"职业视角"的大多数案例常常将叙事情节简单化，剔除与伦理原则和道德规范主题无关的材料。案例的展开常常呈现"戏剧化"特征，情景中的工程师面临着简单的、非此即彼的二元伦理困境。

其三，大多数案例都是"灾难性案例"，以至于克莱恩戏谑地将相关课程称为"工程灾难"而不是"工程伦理学"。部分学生甚至抱怨："这类案例的解释很有趣，但是我不太可能卷入'挑战者号'等案例之中，所以这类案例对我而言都不适用。"① 灾难性案例尽管描述的是"工程实践"，然而在一定意义上"远离"了工程教育所关切的"日常实践（everyday practice）"。

"社会视角"解释模式在案例阐释的方法论上，反对"职业视角"解释模式的简单化叙事结构，重视运用社会科学的"深层描述"还原工程实践的真实背景，强调"社会背景"对于丰富工程伦理案例理解的重要意义。从解释学角度来看，解释的文本因为解释语境的不同，其所能够被予以揭示的意义可能会迥异。美国学者诺曼·邓金（Norman Denzin）也认为，所有解释性的研究都是以深度描述为基础，没有它，便不可能有真正深刻的理解。② 因此，对于社会背景的详细阐释，有助于丰富解释内容的意义，寻找解决伦理问题的可替代性方案，进而做出智慧的决策，最终提高工程伦理的实践有效性。

受研究者学术背景的影响，"社会视角"的解释模式致力于一种注意力的转变：从以责任主体为中心的个体主义进路转向关注组织文化（包括工程师职业组织文化，即"工作场所日常事务"）、过程及其社会历史背景。从"社会视角"来看，工程师进行决策的能力往往受制于其所在的公司或组织文化。③ "社

---

① Kline R. Using history & sociology to teach engineering ethics [J] . IEEE Technology and Society Magazine，winter 2001/2002：17.

② 诺曼·K·邓金. 解释性交往行动主义：个人经历的叙事、倾听与理解 [M]. 周勇译. 重庆：重庆大学出版社，2004：58.

③ Lynch W，Kline R. Engineering practice and engineering ethics [J] . Science，Technology & Human Values，2000，25（2）：210.

会视角"的解释模式将组织文化看成是"孕育"工程风险进而影响组织行为的一个场域。与工程伦理相关的原则、道德规范、道德情感、道德行为、社会影响及实际后果只有放在组织背景之下,才能获得更加丰富的意义,对解释内容有更加全面而深刻的理解。强调组织背景对于工程伦理实践中解释的作用与其实践有效性相关,能够使工程师意识到在组织中所从事的日常工作具有产生各种伦理后果的可能性,通过对工作场所日常事务,以及工程师工作所处历史语境与社会语境的详细分析,在工程伦理的解释中加入对社会宏观伦理问题的关注。① "社会视角"对于宏观伦理学的关注,实际上是将政策语境结合到工程伦理的解释环节之中,致力于在工程伦理实践中包含与工程师相关的公共政策讨论。

"社会视角"的解释模式对"职业视角"的解释模式进行了寻根究底的追问:在伦理学意义上,工程的最终目的是什么?"职业视角"解释模式认为,通过工程师的负责任行为,以及对工程伦理原则与道德规范的遵守,就能够达到工程的伦理目的,这实际上也是对工程职业化内在合理性的辩护。"职业视角"解释模式将工程的伦理目的内在地包含于职业手段之中,却使得伦理目的在职业手段之中"消失"了,以职业为"手段"最终成为了以职业为"目的"。而"社会视角"解释模式则认为,工程的最终目的是——"工程师在履行其职业责任时,应当将公众的安全、健康和福利放在首位""工程师创造产品和工艺,以改进食品生产、居住条件、能源、通信、交通运输、卫生健康以及防止自然灾害——并且增进我们日常生活的方便和美观"。② 因此,"社会视角"解释模式实际上是希望工程伦理实践中的解释回归工程的伦理目的自身,自觉思考工程实践能够建构何种社会。

詹姆森·韦特莫尔(Jameson Wetmore)与黛博拉·约翰逊(Deborah Johnson)等的工作还体现出"社会视角"的解释模式的其他特征。在他们看来,工程实践所处的技术社会系统(sociotechnical system)有其复杂性。正如孙和喆所言,"只有当知道技术是如何影响社会和人的价值时,有关科学和工程的社会责任才能很好地被认识"。③ "职业视角"的解释主张的技术中性论与

---

　　① 　Conlon E, Zandvoort H. Broadening ethics teaching in engineering: beyond the individualistic approach [J/OL]. Science and Engineering Ethics(2010-05-14)[2011-01-03].

　　② 　迈克·W. 马丁,罗兰·辛津格. 工程伦理学 [M]. 李世新译. 北京:首都师范大学出版社,2010:1.

　　③ 　Son W. Philosophy of technology and macro-ethics in engineering [J]. Science and Engineering Ethics, 2008, 14:409.

黑箱论，认为工程实践的技术过程是一个黑箱，工程设计等技术因素很少在工程伦理的解释中被予以考虑，更不必说社会因素对于技术的建构作用。"职业视角"解释模式的技术观在一定意义上是技术决定论的，潜在地认为作为专家的工程师及其技能具有决定性作用。约翰逊提出的"技术社会系统理论"反对这种技术决定论，认为技术与社会是相互塑造的，不能把技术看成是纯粹的"物质对象"，技术应当是汇集人和物的社会技术系统，因而是负载价值的。[①]约翰逊的技术社会观对工程伦理实践中的解释产生了新的影响。按照约翰逊的观点，工程师在其所建构的世界中的权力、影响与随意性都是有限的，他们是在面对一系列压力、利益与价值的条件下改造自然界。对于一个给定问题，不存在一项客观上绝对好的设计。相反，工程师需要根据一系列标准与价值观念，从各种可能方案中选择相对好的一个。因此，工程师的每一项决策都不是"超然"决策，都具有其伦理意义与价值内容，工程师通过工程设计影响着社会的伦理价值系统。工程师的日常实践受到商家、法律制定者、管理者、消费者群体、法官及其他社会群体的影响。工程师不能完全为技术及其后果负责，部分责任应由其他社会行动者承担。

从工程伦理的解释视角来看，韦特莫尔与约翰逊在"社会视角"解释模式方面的独特贡献在于，将技术的社会影响的语境引入工程伦理的解释，在工程实践的微观视角与其宏观社会背景之间建构一个具有互动关系的桥梁。"社会视角"的解释模式丰富了工程伦理实践中解释的"视域"，为工程伦理的解释提供了新的方向与内容，如图 3.3 所示。然而它也存在不足之处，如过分强调组织背景的解释意义，忽视工程师个体在道德决策中的重要作用，使工程师的决策责任被缩小或免于考虑；过分强调社会宏观背景对于伦理解释的意义，忽视对传统伦理学理论资源的批判利用，造成了"继承"与"建构"之间的断裂。

### 3.2.3 "适中"的解释模式

通过对"职业视角"和"社会视角"两种模式的辩证分析，下面提出一种"适中"的解释模式，探讨既能够吸收两种模式的优点，又避免其各自局限性的解释路径。"适中"的解释模式不仅是"职业视角"与"社会视角"两种模式的批判性的综合，同时也包含着这两种模式在工程伦理的解释中的"视域融

---

① Johnson D, Miller K. Computer Ethics：Analyzing Information Technology［M］. Upper Saddle River：Prentice Hall，2009：13-18.

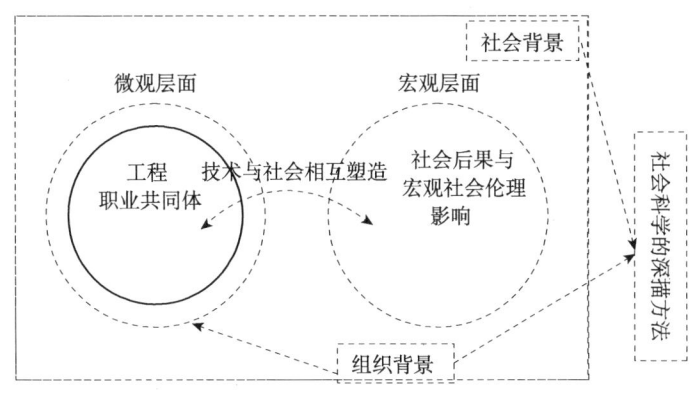

图 3.3 社会视角解释模式

合"过程。"职业视角"模式需要将既有伦理原则放在更广阔的社会文化背景下加以审视，发现其中存在的问题，进而做出符合"当下语境"的必要调整，增强伦理原则对现实问题的解释力。这样才能充分理解伦理原则自身的实践意义，避免工程灾难或事故的再次发生。而"社会视角"模式需要将工程伦理现象的解释与工程实践具体情况相联系，促进伦理学家对于工程实践具体情况的了解，形成对于工程实践准确而客观的认识，增强工程伦理实践中的解释对于解决现实问题的指导意义。

"适中"解释模式在思想特征上类似儒家的"中庸之道"或亚里士多德的"中道"。所谓"中庸"或"中道"，并不是在两个极端之间简单选取一个中点，而是在两者之间选取一个最恰当点，并坚持走下去。在亚里士多德看来，"一切有识之士都在避免过多和过少，而寻求中间和选取中间，当然不是事物的中间，而是对我们而言的中间"。选择这一最恰当的点并不只是注重在其"量"的意义上，而是更强调在"质"的意义上的恰如其分。亚里士多德还将这种"中间性"看成是一项评价标准：如若一切科学工作都是这样完成的，那么它们就必须瞄准中间，并把它当做衡量其成果的标准。[①] 因此，"适中"原则对于工程伦理的解释的方法论意义在于，在两种解释模式之间选择一个最恰当的点，本身要有更为开阔的视域，更恰当地把握工程共同体之间和工程实践活动各要素之间的多方面关系。在方法论意义上，"适中"的解释模式强调在进行工程伦理实践中的解释时，应在以下几方面体现"适中"要求。

1. "继承"与"建构"关系的适中把握

对于以往的伦理学资源，"职业视角"强调的是"继承"：将各种已有的伦

---

① 亚里士多德. 尼各马科伦理学 [M]. 苗力田译. 北京：中国人民大学出版社，2003：15.

理原则和道德规范视为开展工程伦理实践中解释的基础，将工程伦理的解释过程理解为伦理学已有思想资源的应用过程。美国学者史蒂文·卢坡尔（Steven Luper）将道德原则在情境中的应用称为"最低水平的道德推理"，而相对应的"较高水平的道德推理"则需要"在推理中修改和评价道德原则本身"。① 与之相对应，"社会视角"强调的是"建构"，重视在社会背景下通过"深层描述"建构新的道德理解，因而以往的伦理学资源并未得到很好利用。用美国学者拉福莱特的话来说，即"没有理论的实践缺乏指导，它成为对具体环境回应的一种不牢靠的混合物"②。

"继承"与"建构"之间关系的"适中"把握，在于强调对已有伦理学思想资源的批判利用，在道德推理中融合"继承"与"建构"，实现"较高水平的道德推理"。"继承"与"建构"的融合，是在具体语境下批判理解已有的伦理资源，在实践中对已有的伦理原则和职业道德规范进行反思，进而在更为开阔的社会背景下对相关伦理原则与道德规范进行适当调整，从而提高工程技术人员的道德推理能力、道德直觉与道德想象力。

2. "限定"与"还原"关系的适中把握

在处理解释内容的方法方面，"职业视角"解释模式坚持"限定"方法，也就是限定在"职业语境"内，将与解释内容相关的结构要素抽象出来，使结构趋于简单化（如将复杂案例抽象为单一的道德规范冲突），进而有助于解释者掌握，使其易于用现有资源做出相应道德决策。相对于"职业视角"解释模式，"社会视角"的解释模式主张"还原"的方法。这种"还原"不完全等同于现象学"还原"，而是强调将被"限定"方法排除在外的因素，特别是被"不予考虑"的社会冲突因素"还原"出来，获得在社会语境下的全面理解。

"职业视角"解释模式将解释语境限定为以工程师日常工作为中心的视域，关注工程共同体内部的道德结构，排除与解释内容"看上去"不相关的要素，使对于解释内容的理解绝对化、简单化与理想化，很难揭示事件或经验的内在意义及其社会影响。在以社会学、人类学等为主干的社会科学影响下，"社会视角"解释模式倾向于将事件之间的关系看成是由"社会合力"而不是个体决策所维系起来的，因而关注与道德结构相关的社会影响因素。"社会视角"的解释模式往往在工程活动之外解释和评价工程伦理问题，较少关注工程师在工程共同体中的具体实践行为，往往对与工程师日常实践相关的工程伦理解释和

---

① 史蒂文·卢坡尔. 伦理学导论［M］. 陈燕译. 北京：中国人民大学出版社，2008：15.
② 休·拉福莱特. 伦理学理论［M］. 龚群译. 北京：中国人民大学出版社，2008：485.

决策缺少亲身体验和深入了解。

　　"限定"与"还原"关系的适中把握，是寻找"职业视角"和"社会视角"之间的恰当观察点，一方面超越"职业视角"的局限性，同时对工程技术人员的职业体验和伦理实践有准确的了解和把握；另一方面，吸收"社会视角"的背景优势，使之与工程实践活动密切联系起来，避免脱离工程实践流于空泛的倾向。"限定"与"还原"关系的适中把握，强调在了解工程师在工程共同体中行为实践的基础上，通过"还原"方法将原先被忽视的社会要素和背景还原到解释语境之中，进而拓展原有的"限定"视域，形成新的视域。只有这样，以工程师实践活动为基础的工程伦理的解释，才能够在还原之后的开阔视域中充分而合理地展开，真正发挥其实践有效性。

　　3. "个体"与"组织"关系的适中把握

　　"职业视角"的解释模式以个体道德责任为叙事对象，分析围绕工程师个体道德决策为主线的道德责任困境，忽视了工程师所处的组织背景对相关工程伦理解释和工程技术人员道德决策的影响。"社会视角"的解释模式则偏重组织背景对工程师道德决策的影响，甚至将其视为影响工程师道德决策的决定性因素。

　　"个体"与"组织"之间的"适中"把握，强调在进行工程伦理的解释时将两者有机地结合起来。"个体"负责任行为的障碍常常来源于组织压力，而一个好的组织环境通常也能够使"个体"主动地负责任，因而不能将个体的道德决策从组织文化的影响中孤立出来。个体行为只有置于具体的组织背景下，其意义才可能被揭示出来。恰如在日常意义上，将一张纸放在箱子中似乎并不包含特殊的意义，而在政治组织背景下就意味着"投票"。然而，强调"组织"的重要影响作用，并不是坚持组织文化决定论。相反，过分强调组织的影响作用常常会"湮没"工程师个体的角色责任，将一切工程伦理后果解释为组织文化内在的"不可抗力"，进而忽视工程师在道德决策中所能够起到的重要作用。

　　"个体"与"组织"之间的"适中"解释，强调对相关伦理问题进行制度伦理学意义上的考虑。通过厘清制度对于维系个体行为与组织文化之间关系的重要作用，进而影响制度环境，使工程师负责任行为成为可能。只有充分的制度保障，才能使"职业视角"的解释模式所强调的职业道德规范得以付诸实践。这也是罗波尔所说的"工程伦理学需要制度的支持"，否则将会"导致伦理协调发生困难以致无效"。①

---

　　① 罗波尔. 工程伦理学需要制度的支持［A］// 王国豫，刘则渊. 科学技术伦理的跨文化对话［C］. 北京：科学出版社，2009：157-158.

4．"微观"与"宏观"关系的适中把握

"职业视角"解释模式坚持"微观视角"，其工程伦理实践中的解释基于工程职业共同体内部以个体为对象的微观道德决策机制。戴维斯认为，每一种技能都包含了某种程度的微观视野。一个鞋匠在几秒钟内所讲述的有关鞋的事情，常常要比我（普通人）花费一星期琢磨出来的东西多。然而，微观视野的不足之处在于，它对更为一般性层面上的事物看得不够清楚，特别是工程职业共同体在公共生活中的作用，以及技术的宏观社会政策等。戴维斯认为，这就是微观视野所付出的代价：当鞋匠关注他人的鞋子时，就会错过对人们言行的关注。①

与"职业视角"解释模式的"微观视角"相比，"社会视角"的解释模式坚持"宏观视角"。宏观视角的优势在于，能够从社会整体意义上看到工程活动的社会影响，从而能够对工程伦理问题做出相对客观的评价。然而，其不足之处在于，过于宏观的视角，常常会忽视工程师群体内及其与其他共同体成员之间互动关系的重要作用。在戴维斯看来，"社会视角"的解释模式尽管能够开辟新的视角，然而仅仅依赖于它是不现实的，也是不具备实践有效性的：在工程实践中，我们常常不是坐等将来某个时候解决方案的到来，而是需要作为工程师个体在眼下几小时甚至几分钟内马上做出决策。②

"微观"与"宏观"之间的"适中"把握，强调工程伦理实践中的解释是两种不同视域之间的转换与融合。微观的道德决策最终会产生一定的社会影响，而宏观层面的约束力也会影响微观道德决策，或通过组织文化而对微观道德决策产生间接影响，工程实践需要"全面地思考，局部地操作（thinking globally，act locally）"③，需要意识到技术被嵌入在社会语境下，能够对社会产生一定影响而同时又受到社会因素的制约。技术作为一项中介，将工程设计的微观决策与宏观的社会政策联系在一起。

5．"忧虑"与"达观"关系的适中把握

"职业视角"解释模式往往持有忧虑甚至悲观的态度，主张"通过预见尚未引起注意的不同种类的可能导致伦理危机的问题，我们可以预防这类危机的发生"。④ 这一模式的好处在于，能够在出现负面伦理后果前积极地做出前瞻性

---

① Davis M. Explaining wrongdoing [J]. Journal of Social Philosophy，1989，20（1/2）：74-90.

② Davis M. Engineering ethics，individuals，and organizations [J]. Science and Engineering Ethics，2006，12（2）：230.

③ 朱勤. 米切姆工程设计伦理思想评析 [J]. 道德与文明，2009，1：91.

④ 查尔斯·哈里斯，等. 工程伦理：概念与案例 [M]. 丛杭青，等译. 北京：北京理工大学出版社，2006：11.

的思考和预防。然而不足之处在于，其内在属性往往使人们由"避免出现具有负面伦理后果的现象"转向"避免工程师犯错"，导致对工程师持批判态度，不利于工程师接受工程伦理学解释，甚至也使得工程师因为希望避免犯错而"顾虑重重"。由于工程实践本身的复杂性往往又使得很难做出准确预见，过度关注负面效应使得工程伦理学成为"灾难伦理学"。

"社会视角"的解释模式相信，工程技术能够最终提高人类生活的质量，因而应当鼓励工程师发挥道德想象力，利用工程技术创新改善人类生存环境，因而对工程伦理发展的前景往往持理想化的达观态度。英国学者 W. 理查德·博温（W. Richard Bowen）建构了一种基于志向进路的解释模式，并提出了相应口号：我（工程师）在这儿，你需要帮助吗？[①]

"社会视角"的达观态度在总体上是合理的，其中一个重要原因是它所包含的实践哲学特征，能够很好地"包容"不同利益群体的声音，有效地促进以工程师和伦理学家互动关系为主线的解释参与者之间的对话，使之共同为一项伦理任务开展商谈与合作。而只有在有效对话的语境下，有效的解释与合作才成为可能。同时，也强调需要在"忧虑"与"达观"之间保持一种"适中"：既需要主动地思考如何运用工程技术积极地改变世界，也需要在工程实践中运用道德想象力对可能发生的问题保持适度的忧患意识和敏感性。

通过对以上五对范畴之间"适中"关系的阐释，揭示了"适中"解释模式的基本特征。"适中"解释模式的意义和价值还在于侧重对解释内容的辩证分析，强调在解释过程中不同视域的融合。"适中"解释模式除了需要清楚地说明解释内容的意义，还需要建构一种能够培养工程师伦理解释能力和道德直觉的社会环境，使得工程伦理解释环节能够逐渐内化到解释者行动之中，成为一种美德。在此基础上，强调工程伦理实践中的解释最终能够与具体工程实践相结合，为工程实践的操作环节服务，进而为促进工程伦理实践在操作层面上的有效性奠定基础。

## 3.3　工程伦理实践中解释的方法

工程伦理实践中解释的方法，包括解释"文本"的准备、解释"文本"的处理、解释的优化和解释的评价四个环节。

---

① Bowen W. Engineering Ethics：Outline of an Aspirational Approach［M］. London：Springer-Verlag，2009：11-12.

### 3.3.1 解释"文本"的准备

解释学所理解的解释对象是"文本"。"文本"的形式由古希腊罗马时期经典作家的著作，拓展为一般写作文本及口语，又在19世纪德国历史学派那里从语言表达扩展为一般（历史）行为。① 在工程伦理学意义上，解释的"文本"主要是指一系列与工程实践行动相关的具有道德意义的事件（events）（案例），其中涉及不同个体、组织、器物、制度等多方面构成要素，以及各构成要素之间的复杂关系网络。准备解释"文本"，意味着将具有道德意义的工程活动事件从大量工程实践活动中提取出来，从工程伦理的视角加以审视，使之成为了解和掌握工程伦理的素材。解释"文本"的准备包括以下三方面工作。

1. 确定基于道德想象力的研究主题

解释与工程实践相关的道德事件，首先需要确定其研究主题，即揭示待解释的工程事件在一般意义上属于何种性质的伦理问题，蕴含何种道德意义。这一行动的内在动力源于解释主体和客体的道德想象力。具有道德想象力的解释主体往往习惯于运用批判的、历史的思考方式，而且常常以个人的经验积累为基础，特别是关注伦理解释的以往经验，以及生活中的道德直觉，以此作为影响解释客体的先决条件。

解释主体和客体的道德想象力决定着他们的"视域（horizon）"。在伽达默尔看来，"视域"原意指的是"从一个特殊立场出发所能看到的一切"。② 如果视域有限，就会只重视视域以内的东西，而忽略视域之外事物的价值。因此，解释主体和客体的视域直接关系到有关研究主题的确定，影响到整个"文本"准备过程，甚至对整个解释过程都会产生影响。工程师有其自身"视域"，因而在选择解释研究主题时往往倾向于关注工程共同体内部的伦理冲突与困境。而以社会学家为主的STS学者开展工程伦理的解释，往往从组织及社会影响等层面出发而选取研究主题。因此，"视域"上的差异从研究主题选择开始便影响着整个解释过程，而"职业视角"与"社会视角"解释模式之间的差异与分歧也由此产生。确定研究主题的视域，不仅需要关注"职业视角"解释模式中通常予以考虑的工程师与管理者之间的冲突，也需要关注"社会视角"解释模式强调的组织文化对于道德决策的影响，尽可能广泛地包括其他可能被"忽视"的议题。

---

① 马茨·艾尔维森，卡伊·舍尔德贝里. 质性研究的理论视角：一种反身性的方法论 [M]. 陈仁仁译. 重庆：重庆大学出版社，2009：63.

② 帕特里夏·奥坦伯德·约翰逊. 伽达默尔 [M]. 何卫平译. 北京：中华书局，2003：42.

## 2. 确定解释的相关事实材料

用于工程伦理实践中的解释的相关材料，主要来源于解释主体和客体的亲身经历与感知、媒体报道、他人口述、研究报告（学术论文）、解释主体和客体作为"局外人"的直接观察等。由于不同解释主体和客体在"视域"上的差别，常常会对相关事实材料持不同看法，在确定事实材料对于研究主题的相关性时意见不一。因此，如何确定解释的相关事实材料，就成为准备解释"文本"的关键问题。

解释主体需要在纷繁复杂的事实材料中，挖掘与研究主题相关的内容，使之体现工程伦理意义，成为有待解释的初始"文本"。最初的选择可能过于简单化，而后，需要将最初"文本"重新置于相关事实材料之中，检查其完备性，寻找可能被遗漏的要素。如此循环往复，相关事实材料的内部关系会随着解释主体"视域"的拓展而不断被发现，此前曾被"遮蔽"的材料会不断补充进来。解释主体视域的拓展，通过解释活动带动解释客体视域的拓展，相关事实材料的价值和意义就会在解释过程中逐渐显现出来。

比如，当考察燃料电池中充当阳极的含镍化合物的安全问题时，由于这一化合物在实验室剂量水平上可能对人体并无明显伤害，在实验室中无需特别考虑其影响。然而，在考虑燃料电池的产业化问题时，设计人员就需要思考这种化合物会不会对可能长时间、大剂量与之接触的车间操作人员产生明显影响。因而设计人员需要查找相关事实资料，并将其包含在解释"文本"之中。假设研究成果表明，这种化合物在长时间、大剂量接触的条件下可能会对操作人员造成明显影响，设计人员就应该向相关技术决策和管理人员及公众进行必要的解释，创造必要的条件，寻求新材料以取代这种含镍化合物。解释的"视域"并不总是静止不变的，伴随"视域"的扩大，"看似无关"的材料很可能要被包含在解释"文本"之中。

## 3. 初步评价解释"文本"

在开展工程伦理实践中的解释之前，解释主体需要对解释"文本"本身进行初步评价，以保证解释"文本"的可靠性和价值。在初步评价解释"文本"时，解释主体至少应当思考以下几个基本问题：它们有没有生动地阐述事件的经历？它们是不是建立在深度描述的基础之上？它们是否将对于现象的了解都交代清楚了？它们的叙事结构连贯吗？逻辑上存在矛盾吗？其他社会共同体能否提供其他可能有价值的材料？经过初步评价的解释"文本"，如果被认为是有价值的、有助于工程伦理实践的，才能够进入"文本"的处理阶段。否则，还需要重新选择主题，重新挖掘相关事实材料，做好相应准备。

### 3.3.2 解释"文本"的处理

解释"文本"的处理主要是解释主体主导的，但需要根据解释客体的接受情况进行必要的调整，所以这种处理实际上是解释活动过程中主客体相互作用的结果。解释"文本"的处理大体经历以下几个环节。

1. 对解释者"成见"的批判理解

海德格尔认为，每一种解释都建立在前有（fore-having）的基础上，即为了理解某物，总得先行具有这个东西，我们不可能理解不是我们整体世界的东西。每一种解释都包含前见（vorurteile），理解总对先行具有的东西采取某种切入点。此外，每一种解释都包含前概念（fore-conception），即在每一种理解中，已经有了关于如何思考这个事物的决断。[①] 伽达默尔强调，我们不应当随意地从关于某物的一个特殊的先入之见（preconception）开始，也不应当让我们的先入之见不受检验，应当意识到"成见（bias）"的存在。自启蒙运动以来，成见一直被认为具有否定意义。然而，伽达默尔则试图为成见正名，认为成见既有否定方面（有问题的成见），也有其肯定方面（生产性的成见）。占据解释者意识的前见或前见解（vormeinungen），并不是解释者自身可以自由支配的。解释者不可能事先就把那些使理解得以可能的生产性的前见（die produktiven vorurteile）与那些阻碍理解并导致误解的前见区分开来，这种区分必须在理解过程本身产生。[②]

在工程伦理的解释环节，解释主体和客体同样应意识到前理解与成见的存在，并在解释过程中逐渐予以批判地理解。这种成见常与其自身成长经历、学术背景、对相关事件解释经验的积累、所处群体（组织）的公共道德，以及个人业已形成的角色道德观等因素相关。例如，在对一项工程事故的解释中，人文主义者、社会批评家和激进运动者常将有关"工程师不负责任"形象的预设无意识地带入解释过程中来。然而，"有问题的成见"很难在解释之初被解释者意识到，只能伴随理解过程的开展，以及"文本"意义的逐渐"澄明"而有所洞察。与此同时，他们本身所具有的"生产性的成见"（如对于工程事故所处社会背景因素的细致观察）同时也被带入理解之中，这将会对工程师有关工程事故的理解做出有益补充。伴随着解释和理解过程，有关工程事故的"有问题的成见"与"生产性的成见"才能逐渐被分离开。

---

① 帕特里夏·奥坦伯德·约翰逊. 伽达默尔 [M]. 何卫平译. 北京：中华书局，2003：34-36.

② 汉斯-格奥尔格·加达默尔. 真理与方法：哲学诠释学的基本特征（上卷）[M]. 洪汉鼎译. 上海：上海译文出版社，2004：382.

前理解或成见是任何理解得以可能的条件，然而，这并不意味着理解不能批判，而是要求解释主体和客体认识到自身的处境。还有一个值得注意的问题是，解释主体常常认为解释客体的前理解或成见与自己是完全相同的，以为这是一件不言而喻的事情，其实这也是一种前理解或成见，而且往往是有问题的。由于工程伦理问题的专业复杂性和跨学科性，解释主体和客体的前理解或前见之间很可能差异甚大，因而更需要自觉地反思这种差异，以保证解释活动的实践有效性。

2. 组织背景下微观决策的伦理解释

组织背景下工程师的微观决策，是解释"文本"要处理的下一个环节。作为工程实践活动的重要主体之一，工程师决策一直都是工程伦理实践中解释关注的焦点。对于工程伦理现象的解释，常常集中于对工程师个体的日常行为的道德阐释、辩护与批判。"适中"的解释模式强调需要适中把握"个体"与"组织"之间的关系，将两者在解释过程中有机地结合起来。

开展工程师微观决策的伦理解释，首先要仔细分析工程师在何种意义上可以成为道德决策的主体，从元伦理学层面明确"负责任"的条件、前提与边界①。工程师成为承担责任的道德主体，一般需要满足这样几个基本条件：其一，道德主体必须充分地拥有其思考能力，在参与行动时能够对道德推理做出回应；其二，导致一定后果的行动必须是自愿的，而且道德主体知道或可能已经知道事件的后果；其三，行动者的行动在因果关系上造成了一定的后果，道德主体的行动与产生的伤害之间必须存在着一定的因果关系。当行动者以某种方式违反了某种道德规范时，就会导致负面后果。对工程师微观决策的伦理解释，就是要考察工程师是否满足以上条件，是否可以从工程伦理角度做出针对其个人的恰当的评价。

在工程共同体背景下开展微观决策的相关伦理解释，还应注意组织背景可能对工程决策产生的影响。工程师在设计等方面的决策，通常是在知识不完备或存在部分不确定性的语境下做出的，他们的工作通常局限于具体项目或产品设计的一部分。在工程职业共同体之中，官僚机构的存在常常会对工程师决策产生一定影响。在某些时候，做出关键决策的是管理人员而不是工程师。即使在重大技术问题上，管理人员也可能推翻工程师的决策。而且管理人员一般说

---

① Doorn N, Fahlquist J. Responsibility in engineering：toward a new role for engineering ethicists [J] . Bulletin of Science, Technology, and Society, 2010，30（3）：222-230.

来控制着工程师的工作机会，很多工程师渴望能够走向管理岗位。[①] 在高度复杂的技术组织中，各种因素非常紧密地联系在一起，从而使事故的发生具有不可预见性、不可避免性及难以理解性等特征。在组织背景下对工程师决策开展伦理解释时，需要充分意识到技术组织内在复杂性可能存在的影响。

考虑到以上这些影响，并不是在伦理解释中为工程师决策"开脱责任"，而是强调解释者应该根据以上情形，客观地评价工程师应承担的道德责任，既要关注工程师应当承担的必要责任，又要关注其能够承担哪些责任并做得更好。解释主体也需要对解释客体客观地评价组织文化与制度的不足，完善的组织文化与制度是促成并保障工程师道德行为的关键。

### 3. 工程实践宏观社会影响的伦理解释

在组织背景下微观决策的伦理解释基础上，需要进一步对工程实践的宏观社会影响做出伦理解释。"职业视角"的解释模式尽管已经意识到公众价值的重要性，然而对于工程实践宏观社会影响相关概念的意义并不清楚。对于一项工程设计，工程师所面对的"公众"主要包括哪些人群？"公众利益"对于他们而言意味着什么？工程设计会不会有"长期的影响"？"影响的程度"如何？存在"代际的不公正"吗？通过对于这类概念的解释，能够帮助工程师获得开放性的实际理解。

解释工程实践的社会影响及实际后果，既需要考虑其物质性的方面，同时也需要考虑其非物质性的方面。前者主要是指社会层面上由于工程技术的失败、灾难与事故带来的人身、财产方面的实际伤害，后者主要包括工程技术给公众带来的非物质性影响，包括在自由、人性、心理、精神状态、性别、身份认同、文化传承等方面的影响，后者的影响常常不易被察觉和评估。

在开展工程实践宏观社会影响的伦理解释时，需要注意技术作为一种中介在联系"职业语境"与"政策语境"之间的重要作用。这种意识不仅有助于形成有效而充分的工程伦理的解释，而且会为有效的工程伦理的操作奠定理解的基础。技术作为一种"中介物"，能够"参与"构成一种可能语境，从而限定了存在于其中的人的行为和意识。美国学者温纳在《人造物有政治么?》一文中，以纽约公园大道上的天桥为例论述了工程技术参与了种族主义价值的建构。[②] 无论是"职业视角"解释模式还是"社会视角"解释模式，都天然地认

---

① Harris C, Pritchard M, Rabins M. Engineering ethics: overview [A] //Mitcham C. Encyclopedia of Science, Technology, and Ethics [C]. Detroit: Macmillan Reference, 2005: 630-631.

② 设计师通过天桥的高度设计，限定通过大桥的车辆，进而限定了通往长岛的人群。大桥的高度很低，只能允许私人驾驶的汽车通过，而乘坐双层巴士的低收入人群往往因为高度的限制无法通过.

为技术发展的合法性与合意性（desirability）是理所当然的，技术是由人所制造的满足人意图的工具。① 因此，开展工程实践宏观社会影响的伦理解释，需要注重对于工程技术本身的批判。这种批判能够使工程职业共同体内部的微观决策（设计决策）与工程实践的宏观影响（使用中的社会后果与实际影响）联系起来，在"微观"与"宏观"之间保持"适中"。

4. 互动解释中的"视域融合"

在从微观和宏观角度进行解释"文本"的处理之后，需要反思解释主体与客体互动解释中的"视域融合"问题，这是工程伦理实践中的解释实现其有效性的一个重要方面。伽达默尔的"视域融合"概念是指当前视域同过去视域相结合的状态②，它是解释者与文本作者之间的"视域融合"。工程伦理实践中的解释主体和解释客体不仅仅是工程师，还应当包括工程伦理学家、公众、政府管理者等其他共同体。工程师与工程伦理学家等其他社会共同体共同为工程伦理学解释意义的生成贡献力量，因此需要解释主体和解释客体之间的相互理解与"视域融合"。伽达默尔将其称为"某种开放性"——"这种开放性总是包含着我们要把他人的见解放入与我们自己整个见解的关系中，或者把我们自己的见解放入他人整个见解的关系中"③。理解不是心灵之间的神秘交流，而是共同意义之间的分有。

工程师与其他解释者之间的"视域融合"，要将自己的"生活体验"带入理解之中，达到彼此之间生活背景的"融合"。工程伦理实践中的"适中"解释模式，就是要将 STS 学者对于社会背景的敏感性带入工程师对职业实践的体验之中，反之亦然。"视域融合"有助于在解释与理解的过程中容纳不同的伦理思想资源，容纳多种伦理思想资源的适当视域，使解释主体和解释客体从多个不同侧面解释和理解相关道德现象，丰富工程伦理实践中解释的意义域。这些伦理思想资源能够帮助解释主体和解释客体从伦理道德上把行为的相关特征分离出来，能够在那些可得到帮助的地方得到帮助。④ 例如，在解释一项化学工程设计项目可能给其周围公众带来的影响时，除了包含功利主义、道义论、契约论等常见伦理思想资源之外，如有必要，运用女性主义伦理学就可以探寻

---

①　Son W. Philosophy of technology and macro-ethics in engineering［J］. Science and Engineering Ethics，2008，14：407.

②　帕特里夏·奥坦伯德·约翰逊. 伽达默尔［M］. 何卫平译. 北京：中华书局，2003：44.

③　汉斯-格奥尔格·加达默尔. 真理与方法：哲学诠释学的基本特征（上卷）［M］. 洪汉鼎译. 上海：上海译文出版社，2004：347.

④　休·拉福莱特. 伦理学理论［M］. 龚群译. 北京：中国人民大学出版社，2008：481.

当地女性对于该工程项目的独特体验，理解当地女性与工程技术之间的微妙关系，进一步深化有关工程设计宏观社会影响的伦理解释。如果当地居民具有独特的文化背景与宗教信仰体系，运用与之相适应的地方性文化资源和宗教伦理资源，也会为工程伦理实践中的解释带来更加细致而深刻的理解，更加符合当地公众的生活体验。

5. 拉开"解释距离"

解释"文本"处理的最后一个环节，是在看待解释活动的结果时避免认识的停滞或僵化，注意拉开"解释距离"，不断进行反思和调整。伽达默尔在论及历史意识的特点时指出，历史文本所处的语境与当下解释者所处的现实语境之间的距离，即"时间距离"，并不是妨碍理解的鸿沟。多年后，当他反思《真理与方法》时，他注意到除了时间外，还有其他类型的距离也有着与时间距离相同的功能。① 所有这些类型的距离统称为"解释距离"。拉开"解释距离"势必带来解释视域的扩大，能够在更开阔的背景上观察和思考问题。通过与文本之间拉开一定的距离，有助于"过滤"成见中的生产性部分与有问题的部分。

在进行工程伦理实践中的解释活动时，无意识的成见常常会被带入解释过程之中（如"对于工程师形象的假定"的成见）。如果将解释文本及其相关判断暂时先搁置在一边，隔一段时间重新回到解释过程当中，部分无意识的"有问题的成见"往往会被清晰地暴露出来，从而有助于进一步修改相关判断。解释主体和客体的注意力常常会无意识地聚焦于文本的微观叙事结构之中，忽视了文本所涉及的更为广阔的社会历史背景。在这种情形下，解释者需要与工程伦理的相关事例情节在视域空间上拉开一定距离，或者说"拉远解释者眼睛与解释文本之间的距离"，使文本在其社会历史背景下呈现出新的意义。在解释一项工程事故的发生时，既需要关注具体细节的解释，也需要在这项工程事故发生的社会语境中观察社会因素对于事故发生的可能影响，考察历史因素是否构成其原因的一部分，比如在历史上是否发生过类似的事件？当时是怎么处理的？历史意识遮蔽了哪些因素？这些因素对于事故的发生是否存在影响？哪些影响因素是受到历史性建构的？通过拉开"解释距离"，可以为解释的优化提供有启发性的思路。

### 3.3.3 解释的优化

从实践有效性的视角来看，整个解释过程应当包含解释优化的阶段。解释

---

① 帕特里夏·奥坦伯德·约翰逊. 伽达默尔［M］. 何卫平译. 北京：中华书局，2003：39.

不能简单地止于对意义的获取，而且应当批判地反思解释的过程，以提高进一步解释的实践有效性。解释的优化体现在以下几个方面。

1. 对伦理原则与道德规范的反思

在解释过程中，涉及对相关伦理原则与道德规范的利用。实用主义伦理学的观点极具启发意义："当我们的世界发生变化时，我们发现那种适合于原有环境的东西不再有益于我们在新环境的生存。没有一套标准能够给我们关于在所有的环境中我们应该如何行动的单有一种解释的回答。"① 因此，伦理原则与道德规范需要在其解释过程中接受批判性的反思。这种批判性反思一方面可以明确伦理原则和道德规范使用的前提、边界与条件，另一方面也能够对其自身展开批判，完善其在具体语境下的意义阐发，并根据不同使用语境调整其相关内容，增强其解释力。在马丁与辛津格看来，"一个得到论证的职业准则，将既考虑职业的公共善，也考虑社会框架与机构背景。随着这些因素发生变化以及随着职业的发展，伦理准则也要修改——准则不是铁板一块"②。1932 年，两个工程师因违反准则中关于禁止公开批评其他工程师的规定而被美国土木工程师学会（ASCE）除名，但这两位工程师的行为，在揭发一起与洛杉矶县大坝建筑有关的严重贿赂丑闻中起了重要作用。后来，在 1996 年 11 月 10 日修改的伦理守则中，该条款已经被修改为"工程师不得恶意地或虚假地、直接地或间接地伤害其他工程师的职业声誉、前景、实践或就业，或者随意地批评他人的工作"③。在工程实践中，原先的道德规范受到了批判性审视，并被设定了道德行为的解释前提、原则与条件——在保护公众这一最高道德目的的前提下维护职业声誉。

2. 道德理想的完善

工程伦理实践中的解释的主要功能，并不是指责工程师及避免他们犯伦理错误，而是要倡导工程师道德理想的不断完善。通过反思整个解释过程，应该思考一项工程在伦理层面如何能够做得更好，而不仅仅是追究谁应当在什么意义上承担道德和法律责任。这一过程，既是对工程师自身道德实践能力的优化，也是对于整个工程实践活动质量的优化，使工程伦理实践中的"解释"能够服务于"操作"，从而最终能够影响工程实践结果。英国学者博温认为，"工

---

① 休·拉福莱特. 伦理学理论［M］. 龚群译. 北京：中国人民大学出版社，2008：480.

② 迈克·W. 马丁，罗兰·辛津格. 工程伦理学［M］. 李世新译. 北京：首都师范大学出版社，2010：53.

③ 迈克·W. 马丁，罗兰·辛津格. 工程伦理学［M］. 李世新译. 北京：首都师范大学出版社，2010：49，348.

程师把工程实践外在的善（财富与工程人工物）看成是实践的真正目的（人类福利）"①。工程师对于道德现象的解释需要以人类福利为旨归，理解如何利用其"上手"的工程技术，富于创造性地为追求公众福利服务。

哈里斯等将工程伦理学的理想进路思考划分为两个方面："善举"与"普通意义上的积极工程"。在工程伦理实践中的解释的优化阶段，对道德理想的完善也应当包括这两方面。所谓"善举"，主要是指那些优秀的、利他的道德行为，并且在大多数情况下具有一种"自我牺牲（self-sacrifice）"的意味，有时也是指那些超越了职业要求的模范行为。例如，在 20 世纪 30 年代末期，通用汽车公司的部分工程师利用他们自己的业余时间发明了汽车用的"密闭式前大灯"，极大地减少了夜间驾驶所发生事故的数量。② 与"善举"相比，"普通意义上的积极工程"显得更加日常化与普通化，主要是指工程师在其日常职责以内通过自觉的、创造性的努力为人类福利贡献力量，把自己的本职工作做得更好。例如，从事某项核电站设备安全设施装配的设计工程师，在理解其所处技术条件之后，有意识地运用其创造力，尽最大可能地保证核电站设施的安全。这方面的要求可能超出工程师本职工作的责任和义务要求，但应该成为道德理想的目标，引导他们伦理境界的不断提升。

3. 培养道德想象力

道德想象力与道德敏感性是解释主体和解释客体自身解释能力的重要组成部分，两者的培养将有助于优化解释主体的解释能力、解释客体的接受能力，以及解释的效率。在工程伦理实践的解释环节，道德想象力的培养有助于选择富有创见的伦理解释主题，敏锐地发现与解释主题相关的材料；对于工程伦理现象或案例叙事结构有丰富的想象力，能够从总体上把握情节展开的因果关系；通过工程伦理现象或案例的分析，能够发现创造性的解释模式与替代性方案；对于工程职业共同体所在的技术背景与职业背景有敏感认识，能够广泛地想象工程实践在宏观层面上的伦理影响。

作为解释的一项优化步骤，解释主体和解释客体（特别是工程师）道德想象力的培养主要依赖以下三种途径：其一，工程伦理解释过程中无意识的自发途径。工程师通过对相关道德现象的仔细分析与解释，其道德想象力在一种无意识的情形下自发地形成起来。尤其是在职业实践中，通过在具体案例解释感

---

① Bowen W. Engineering Ethics：Outline of an Aspirational Approach［M］. London：Springer-Verlag，2009：12.

② Harris C，Prichard M，Rabins M. Engineering Ethics：Concepts and Cases［M］. 4th ed. Belmont：Wadsworth，2009：15-17.

知工程技术系统内在的复杂性与紧密联系，工程师会逐渐培养起其自身对于工程技术风险的敏感性。[①]　其二，有意识地自我审视与提问。在解释过程中，工程师通过有意识地自我审视与提问，能够进一步培养其道德想象力。其三，交往理解。在解释过程中，工程师通过与工程伦理学家等其他解释者之间的互动解释，使得其道德想象力通过"换位思考""移情"等交往形式而得以丰富起来。通过这一步骤的反复实践，道德想象力能够融合成为解释者自身的一种"内在美德"，进而在工程伦理解释实践中自觉加以应用与不断完善。

### 3.3.4　解释的评价

在解释过程的最后，需要对整个解释过程进行评价，以便从整体上把握工程伦理实践中解释的效力，为进一步提高工程伦理解释的有效性奠定基础。工程伦理学解释的评价应包含以下几方面标准。

1. "适中"解释模式的把握状况

前面提到，所谓"适中"的解释模式，是在五对特定范畴之间保持一种"适中"关系，这种"适中感"的把握贯穿整个解释过程。解释过程涉及多元主体和客体，工程师、工程伦理学家、政府管理者、政策制定者、公众都有可能参与到互动解释过程之中。对于一项解释活动的评价，谁来把握这种"适中"程度？是从事"职业视角"解释的工程师，还是从事"社会视角"解释的社会学家或 STS 学者？

比较而言，工程伦理学家在实践有效性模型中的独特中介地位，能够较好地帮助把握这种"适中感"。无论是纯粹的工程师角色还是纯粹的社会学家或STS 学者角色，由于其自身视域的局限性，都很难在"职业视角"与"社会视角"之间做出适中把握。工程伦理学家是作为一类特殊人群而存在于工程共同体之中的，荷兰学者尼尔克·多恩（Neelke Doorn）与杰西卡·法尔奎斯特（Jessica Fahlquist）将其称为"局内人（insider）"。[②] 他们一方面能够有效地在多元解释主体之间协助建立有效的对话机制与秩序，能够帮助公众中被忽视的弱势群体的利益表达；另一方面，由于其处于工程共同体之内，了解工程实践活动的具体情况和工程师的亲身体验，能够较好地把握"职业视角"与"社会视角"之间的适中。因此在解释方面，工程伦理学家的作用在于开启解释主体

---

①　Harris C. The good engineer: giving virtue its due in engineering ethics [J]. Science and Engineering Ethics, 2008, 14: 153-164.

②　Doorn N, Fahlquist J. Responsibility in engineering: toward a new role for engineering ethicists [J]. Bulletin of Science, Technology, and Society, 2010, 30（3）: 222-230.

和客体更大的视域，他比从事"职业视角"解释的工程师及从事"社会视角"解释的STS学者的视域更广，更可能够提出新的问题。所谓"工程伦理学家"，是在"功能意义"上而非在"职业意义"上而言的。一旦工程师或社会学家胜任工程伦理解释活动"交往中介"的职能，其角色也就转换为工程伦理学家。

2. 互动解释中主体和客体之间的相互理解程度

工程伦理解释主体和客体的多元互动性，决定了在解释过程中需要各方面之间的相互理解。按照伽达默尔的说法，相互理解能够使得解释文本的意义这种东西"显露出来"与涌现出来，而这种东西自此才有存在。[①] 因此，互动解释中主体和客体之间的相互理解程度与解释的实践有效性密切相关。所谓"相互理解"，主要是指能够将自己有关伦理议题的观点清晰地表达出来，并用能够将共同理解和掌握的语言与他人分享；同时，能够将他人的观点置于自身的视域之中，对其加以理解，并做出理性的回应，使自身观点的意义在他人的背景中呈现出来。解释主体和客体之间的视域通过彼此之间的互动，能够最终融合在一起，形成相互理解的启发机制。

3. 工程师道德决策中的"知行合一"程度

道德决策中的"知行合一"，强调解释主体和客体能够使伦理意识与职业行为内在地统一起来，使对于工程伦理现象的解释与具体工程实践操作结合起来。一方面，一定的伦理意识、伦理知识及相关伦理解释，需要外化在工程师的日常职业实践之中；另一方面，工程师日常的行为实践要能够有助于伦理意识的养成、伦理知识的增长，以及相关伦理解释的不断完善。

中国传统哲学比较强调实践重于理论的建构，通过不断地"践行"而使得伦理意识转化为习惯。例如，荀子所谓"知之不若行之"，王夫之所谓"行可兼知，知不可兼行"，认为道德实践比道德知识本身更重要。[②] 作为工程伦理实践中解释活动的一部分，工程师在其职业实践中应当成为一类"有心人"，不断反思融合"知"与"行"的途径，将"知"与"行"完美地结合起来。

4. 解释与具体工程实践的结合程度

解释与具体工程实践的结合程度，是指解释是否具有一定的指导意义和政策意义，是否能够为制定相关的行为规范和政策提供理论基础。这意味着通过一系列解释实践，能够对工程事故、灾难发生的伦理方面的原因做出合理解

① 汉斯-格奥尔格·加达默尔. 真理与方法：哲学诠释学的基本特征（下卷）[M]. 洪汉鼎译. 上海：上海译文出版社，2004：387.

② 方立天. 中国古代哲学问题发展史（下）[M]. 北京：中华书局，1990：724-725.

释，并能够有利于制定相关行为规则和政策，避免类似事故再次发生。工程伦理实践中解释的目的是总结以往经验，将过去、现在和未来相关联，这也是伽达默尔意义上对于"传统"的重视。工程伦理的解释与具体工程实践的结合，能够将积极的社会价值通过工程设计、操作和使用活动阐释出来。

5. "进化解释"与解释的开放性

对于一个具体的工程伦理解释对象，不同的解释者常常会得到不同的解释与理解成果，如何对其加以评价？这就需要将这几种解释成果重新带到解释的初始阶段，伴随着解释过程的再次开启，对这几种解释成果重新予以审视与比较，并观察分歧产生的可能原因，是由于解释过程中方法的误用，还是解释资源与相关素材的遗漏，抑或是职业局限性和偏见的影响？通过一系列比较观察，能够对工程伦理实践中的解释成果不断加以完善。因而，工程伦理实践中的解释是一个"进化"的过程。通过不断"进化"，解释成果本身受到检验，解释方法系统自身也不断完善。工程伦理实践中的解释也是一个开放的过程，它使得解释成果与解释方法体系本身都能够在不断完善过程中，更好地发挥其实践有效性。

综上所述，工程伦理实践中解释的"适中"模式，是一种以解释学、现象学、实践哲学及商谈伦理学为理论基础的实践模式。下面用图示对其系统性和具体步骤之间的关联性加以描述，如图 3.4 所示。

## 3.4　案例："'挑战者号'航天飞机失事事件"的多重解释

"'挑战者号'航天飞机失事事件"（以下简称"'挑战者号'事件"）在美国社会生活中曾经产生过巨大影响。无论是"职业视角"解释模式还是"社会视角"解释模式，都曾对这一案例做过详细解释。两种模式之间的争论，最初也是围绕这一案例而展开的。下面通过比较"职业视角"解释模式与"社会视角"解释模式对这一案例的不同解释，进一步深化对两种模式的理解。从"适中"的解释模式出发，对"职业视角"与"社会视角"两种模式进行评析，并对该案例做出相应的解释。

### 3.4.1　工程伦理学中的经典案例："'挑战者号'事件"

从解释学的视角来看，一项案例文本的书写不可避免地包含着作者的成见。在当前欧美工程伦理学案例教学与研究领域，坚持"职业视角"解释模式的工程伦理学学者对"'挑战者号'事件"做了长期的案例研究，已经成功应

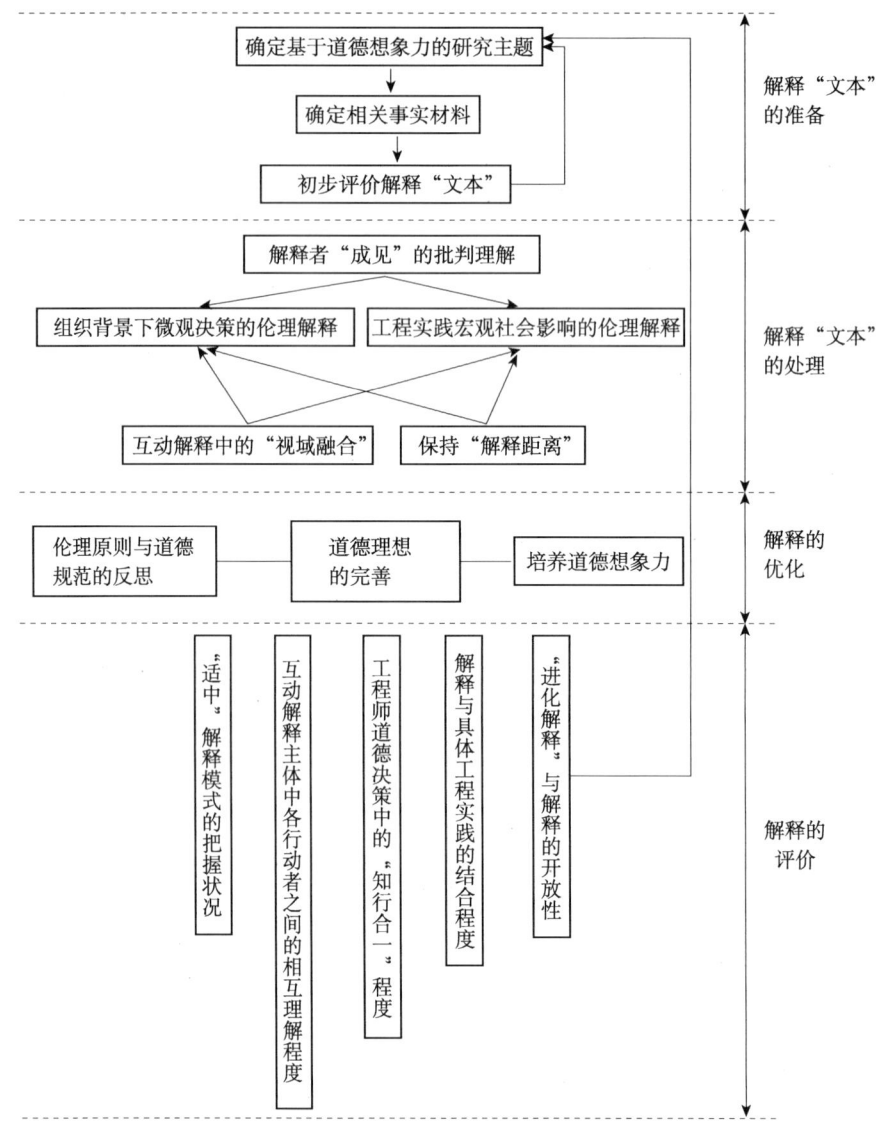

图 3.4　解释有效性模型

用在工程伦理学的案例教学过程之中，产生了较大的社会影响。相比之下，"社会视角"解释模式对于该案例的研究尽管有其新颖之处，然而对于文本本身的阐释有些冗长，比较缺乏系统性。鉴于哈里斯等所著的《工程伦理》一书在国际工程伦理学界的重要影响，下面主要援引该书对"'挑战者号'事件"案例的阐述。

"挑战者号"发射前的 1986 年 1 月 27 日夜晚，莫顿·瑟奥科尔（Morton

Thiokol）公司与马歇尔航天中心的电视会议充满紧张气氛。莫顿·瑟奥科尔公司的工程师们建议不要在第二天早上发射，这个建议是以工程师们对 O 形环在低温下密封性能的担忧为基础的。O 形环是火箭推进部之间密封装置的一个部分。如果丧失了太多的弹性，那么它们就不可能起到密封的作用。结果是炽热气体泄漏，点燃储仓内的燃料，导致致命的爆炸。首席工程师罗杰·博伊斯乔利（Roger Boisjoly）非常熟悉 O 形环的所有相关问题。一年多以前，他就潜在问题的严重性提醒过他的同事。尽管技术证据尚不完整，但却有迹象表明：在温度和弹性之间存在着某种相关性。虽然在温度相对较高时密封圈存在着渗漏，但最严重的渗漏是在 53 华氏度时发生的。据估计，此次发射时外部环境温度在 26 华氏度，O 形环的温度将为 29 华氏度，这比先前任何一次发射温度都要低很多。

航天中心质疑莫顿·瑟奥科尔公司不能发射的主张，莫顿·瑟奥科尔公司要求暂停会议，以便让其工程师和经理们有时间去重新评估他们的主张。没有莫顿·瑟奥科尔公司的同意，航天中心将不能发射；而没有经理们的同意，莫顿·瑟奥科尔公司也不会主张发射。

瑟奥科尔的高级副总裁杰拉尔德·梅森（Gerald Mason）知道国家航空航天局（NASA）迫切需要一次成功的飞行。他知道，瑟奥科尔公司需要与NASA 签订一份新的合同，而不发射的主张也许不利于新合同的获得。最终，梅森感觉到，工程师们的数据并不是结论性的。对不能安全地发射的准确温度，工程师们并不能给出任何确切的数据。由于在温度和弹性之间不存在明显关联，工程师们担忧 O 形环存在着隐患的意见，可能过于保守。

不久，与航天中心的电视会议就恢复了，会议必须做出决定。梅森对监理工程师罗伯特·伦德（Robert Lund）说："收起你那工程师的姿态，拿出经营的气概。"于是，先前的不发射主张发生了逆转。

这一改变使博伊斯乔利颇为沮丧。他认为，在这种情况下，收起工程师的姿态是不妥当的，工程师的身份令他自豪。作为一位工程师，他认为他有义务提出最好的技术判断，并且去保护宇航员在内的公众的安全。所以他向瑟奥科尔公司管理层指出了存在的低温问题，做了抗议发射的决定的最后努力。他疯狂地试图说服公司管理层坚守最初的不发射主张，但是，无人理睬他的抗议。瑟奥科尔的经理们推翻了最初的不能发射的决定。

第二天，发射后的第 73 秒，"挑战者号"爆炸了，夺去了 6 名宇航员与 1名随行中学教师的生命。尽管只有 7 人在其中丧生，但这无疑是一场灾难。成千上万的人见证了这一事件，一些人在发射场地附近，更多的人通过电视而获知。①

（以上案例的基本情节主要摘自：〔美〕查尔斯·哈里斯等. 工程伦理：概念与案例［M］. 丛杭青，等译. 北京：北京理工大学出版社，2006：1-2.）

### 3.4.2 "职业视角"的解释：职业语境下的个体道德决策

从解释方法上来看，"职业视角"解释模式的理论内核是"职业"与"职业化"，其解释语境以工程师为主体的"职业语境"，其解释资源是以专业学会伦理守则为主要框架。因此，下面以"职业视角"解释模式的理论内核、解释语境及解释资源为基本框架，对其有关"'挑战者号'事件"的解释工作加以评述。

1. 职业、职业人员与工程师职业责任

"职业"是"职业视角"解释模式开展解释实践的逻辑起点，一切解释实践围绕这一概念开始。由于技术教育的专门性，局外人（outsiders）很难评价职业成员的资格。职业人员被准许从事较高程度的"自治"，以决定其职业成员资格标准。② 由于工程职业自治机制的存在，工程师作为职业人员在社会中往往需要具有比其他非职业人员更高的行为规范标准，许多工程职业学会等都具有约束其成员行为的"伦理章程"，而几乎所有的伦理章程都强调"将公众的安全、健康和福利放在首位"。作为工程师，博伊斯乔利应当为包括宇航员在内的公众的安全、健康和福利负责。他的职业判断认为，这次的O形环不可靠。在职业意义上，工程师被看做是公众利益的"忠实维护者"。工程实践所涉及的专业知识，使得普通公众很难获知工程技术可能给其带来的广泛影响，工程师有义务帮助公众了解工程技术的正负两方面社会影响。尽管博伊斯乔利并没有能够阻止这场灾难的发生，然而其最后向管理层抗议发射的努力，依然尽其最大可能地践行了其职业责任。作为工程师的博伊斯乔利通过践行"揭发"义务，本应该能够有效地阻止灾难的发生。在"职业视角"解释模式看来，最终灾难的发生并不是源于博伊斯乔利践行职业责任的不足，而是管理人员并没有作为一个"道德的职业人员"积极听取博伊斯乔利的工程职业判断。因此，践行职业责任是有效阻止工程消极后果产生的必要手段。从这一案例可

---

① Unger S. Controlling Technology：Ethics and the Responsible Engineer［M］. 2nd ed. New York：John Wiley & Sons, Inc. , 1994：91.

② Mitcham C, Duval S. Engineering Ethics［M］. Upper Saddle River, Prentice Hall, 2000：48-49.

以看出,"职业视角"解释模式的基本思路是:职业→职业人员→职业自治→职业伦理章程→职业责任行为→职业实践中践行负责任行为→避免工程实践的消极后果→服务公众与社会。

2. 工程师个体的道德决策困境

从"职业视角"的解释模式来看,"'挑战者号'事件"的另一项主题是工程师个体在职业实践中面临的道德决策困境。博伊斯乔利作为工程师,在意识到 O 形环可能给航天飞机发射带来隐患时,面临着来自雇主与职业双方面的道德压力。一方面,根据职业伦理守则,他需要为包括宇航员在内的公众的安全、健康与福利负责;另一方面,他同时也需要忠诚于其雇主。然而,这两方面显然存在着冲突:出于对公众负责的义务,他需要向管理层通报他所掌握的相关信息及其专业的技术判断,告知在低温下发射可能带来的风险,甚至设法阻止在低温下发射。出于忠诚于雇主的考虑,他需要考虑到公司的经济利益。因为他的揭发,可能会耽误航天飞机的按期发射,不利于获得新的合同,进而极大地损失公司的经济利益。此外,因为揭发 O 形环给莫顿·瑟奥科尔公司带来的经济损失,可能会使博伊斯乔利丢失自己现有的工作。由于管理层一般说来比作为雇员的工程师具有更大的决策权,企业中的很多工程师都期望自己能够被提升至管理层,进而更好地实现自己的理想。由于阻碍发射,可能还会使博伊斯乔利丧失晋升机会。

在对以上各种利益冲突做出充分考虑之后,博伊斯乔利做出了最终的决策:努力地劝说管理层听从自己的工程职业判断。在"职业视角"解释看来,工程师个体道德决策困境是工程伦理学解释的主要任务之一,也是工程师在职业实践中最可能面临的问题。在处理个体道德决策困境时,依据职业伦理章程,应当把"将公众的安全、健康和福利放在首位"这一原则深深地置于脑中。[①] 博伊斯乔利较好地遵守了职业伦理章程,这种"英雄行为"应当被视为职业实践的典范。

3. 职业工程决策与管理决策之间的伦理冲突

从"职业视角"解释模式来看,这一案例还表明了工程职业实践中常见的工程决策与管理决策之间的伦理冲突问题。这一问题在瑟奥科尔高级副总裁杰拉尔德·梅森对监理工程师罗伯特·伦德的那一经典语句中得以体现:"收起你那工程师的姿态,拿出经营的气概。"[②] 在需要做出一项决策时,到底是以工

---

① 以(美国)全国职业工程师学会(NSPE)工程师伦理守则为例:在 6 基本准则中,第一条是"将公众的安全、健康和福利放在首位"。

② 这句话的英文原文为:take off your engineering hat and put on his management hat.

程师的职业工程决策为依据，还是以管理层的管理决策为依据？

哈里斯等对这两种决策模式进行了区分："恰当的工程决策"应该由工程师做出，或从工程的立场做出；而"恰当的管理决策"应该由管理者做出，或从管理的立场做出。[①] 前者是因为它包含了需要工程专家意见的技术事务，服从于工程章程中的伦理标准，尤其那些要求工程师保护公众健康和安全的标准。后者是因为涉及与组织的生存状况相关的因素，诸如成本、计划、营销、员工士气和福利，该决策并不会强迫工程师（或其他职业人员）做出有悖于他们的技术实践或伦理标准的违心的妥协。哈里斯等对于两项决策之间的区分，以保护工程师工程决策地位为目的。在两种标准处于实质性的冲突时，管理标准不能超越工程标准。在组织中，工程师的职业地位及其荣誉是不可侵犯的，在特殊情况下具有超越企业管理架构约束的意义。因此，"'挑战者号'事件"发生的原因之一是工程决策未受到应有的重视，管理决策"不恰当地"凌驾于工程决策之上。

### 3.4.3 "社会视角"的解释：组织文化与社会语境下的工程实践伦理

与"职业视角"解释模式不同，"社会视角"解释模式更加强调组织文化与社会语境的主导意义，并将因果关系解释为组织文化与社会背景等方面因素的"社会力"塑造作用。在"社会视角"解释模式方面，美国哥伦比亚大学社会学系教授戴安娜·沃恩（Diane Vaughan）对"'挑战者号'事件"所做的解释工作最具代表性。下面以沃恩的解释工作为主，对"社会视角"有关"'挑战者号'事件"的解释工作做系统评述。

1. 历史民族志：描述研究在工程伦理学解释中的作用

沃恩工作的一项重要意义，是将社会学中的描述研究方法运用于工程伦理学解释之中，尤其是注意发挥历史民族志（historical ethnography）方法在搜集相关材料、准备解释"文本"方面的重要作用。所谓历史民族志，实际是指这样一种努力：从某事件发生之前创建的"文本"中探索一定的社会结构与文化，以便能够理解处于另一时间与地点的人们如何认识该事件所涉及的事物。沃恩运用历史民族志方法的目的，在于从因果解释关系上将过去与现在联系起来。具体而言，是从两大方面来解释在"挑战者号"发射前夕个体意义的建构、文化理解及行动：一是与之前相关决策之间的关系；二是与历史性制度、

---

① 查尔斯·哈里斯，等. 工程伦理：概念与案例［M］. 丛杭青，等译. 北京：北京理工大学出版社，2006：147-148.

意识形态、经济及组织等方面社会因素的关系。① 因此，沃恩将"'挑战者号'事件"的解释置于十分广阔的组织文化与社会语境之下，极大地拓宽了"解释视域"。沃恩在解释"文本"的准备过程中，包含了大量材料，包括美国国家档案馆保存的超过 122 000 页 NASA 文档、"'挑战者号'事件"调查报告（第1 卷、第 2 卷、第 4 卷与第 5 卷，其中，第 4 卷与第 5 卷包含了 2500 页的公众听证会证词）、美国众议院科学技术委员会的调查报告（3 卷本，包含两卷听证会证词）、与政府调查人员的访谈记录（160 人次）。这些丰富翔实的材料准备，是为了能够还原与描述事件发生的真实社会历史语境，使得建立在这一基础上的解释具有充分说服力。沃恩以历史民族志为基础的描述研究方法，潜在性地改变了"职业视角"解释模式的传统看法。在她看来，她所掌握的数据尽管不是全部的证据，然而却远远多于以往将这一案例解释为组织行为不端（organizational misconduct）的相关研究所掌握的材料，因而其研究更有说服力。

在林奇与克莱因看来，描述研究对于工程伦理学的重大意义在于，它破除了传统职业视角工程伦理学理解道德现象情节的简单化、理想化，还原了事件发生所处的真实社会历史语境。② 只有在这样的真实语境下，工程伦理学才是真正意义上的实践伦理学。缺乏社会历史语境的工程伦理学，则不具有充分的实践有效性。

2. "历史作为原因"：风险接受与"异常的常规化"

负责"挑战者号"事故调查的罗杰斯委员会（Rogers Commission）在调查事故原因时，主要集中于两个问题：其一，在"挑战者号"发射的前几年里，NASA 已经知道了 O 形环的问题。然而，为什么他们依然坚持发射？其二，在"挑战者号"发射前夕，除了工程师们的关切之外，NASA 的管理者是否认为在如此冷的天气条件下发射"挑战者号"是一个可接受风险？

沃恩认为，之所以 NASA 的经理们认为在如此冷的天气条件下发射"挑战者号"是一个可接受风险，是由于其风险评估方式使原先他们所发现的"技术偏差"被逐渐常规化了。③ 在最初航天飞机设计时，工程师们并没有事先预料到 O 形环的密封问题，因此在发射任务中遇到该问题，应当是设计规范的一个

---

① Vaughan D. Theorizing disaster：analogy, historical ethnography, and the challenger accident [J]. Ethnography, 2004, 5 (3)：321.

② Lynch W, Kline R. Engineering practice and engineering ethics [J]. Science, Technology & Human Values, 2000, 25：195-225.

③ Vaughan D. History as cause：Columbia and challenger [A] //Columbia Accident Investigtion Board (CAIB). CAIB Report (vol. 1) [C]. Washington, DC：National Aeronautics and Space Administration (NASA), 2003：196.

"反常事件"。然而在第一次发生类似问题之后，工程分析认为设计可以容忍这种毁坏。工程师们决定进行临时性的修补，接受这一风险并执行发射任务。自第一次决策之后，他们便建立了一个接受偏差而不是消除技术偏差的先例，随后发生的O形环失效也不再被看成是危险的标志了。自此之后，工程师与管理者甚至将更严重的异常现象包含在基本的工程经验之中，并且更广泛地包含了来自初始设计的更严重偏差。那些没有导致灾难性失败的异常现象，被看做是能够为调整未来飞行状况提供有效工程数据的来源。这些异常现象被"转化"为一种安全边界（safety margin），从而使工程师逐渐增加O形环毁坏次数与严重性的可接受程度。

O形环的失效问题在NASA的飞行准备检查中一次又一次地被"处理"了，但从来也没有被"彻底解决"过。在该事件中，工程分析是不完全的也是不充分的。工程师知道发生什么事情了，但不了解为何发生。NASA一直在做一系列小的修补，而O形环问题一直存在，直到事故发生。沃恩的民族志研究表明，在挑战者号发射之前，O形环问题在NASA"关键项目列表（critical items list）"上处于"第一重要性项目（criticality 1 item）"的位置，后来被降低为"第一重要性项目（多余的）（criticality 1 redundant）"，最后在发射当月，被清除出发射问题的报告系统。

这种对于风险可接受性逐渐积累及使误差正常化的过程，被沃恩称为"异常的常规化（normalization of deviance）"。历史性的积累导致了风险及不确定后果的不断增加，进而导致了事故的发生。正如沃恩所说，"历史是（事故的）原因"，而这一"历史"指的是NASA的组织文化史。

3. 组织结构的失败及其改变：组织结构变迁的重要意义

在沃恩看来，"异常的常规化"这一现象源于NASA组织文化自身存在的问题，"挑战者号事件"的发生原因是其组织结构失败[①]。NASA在有关成本、时间表及安全等方面存在着目标上的冲突，尤其是管理层与工程师团队对于风险的认知差异。NASA的官僚文化重视命令的约束、程序、遵守规则及"照本子办事"。规则与程序当然是协调的必要手段，但是它们常常也具有意想不到的负面作用，对等级制度与程序的忠诚替代了对工程师技术意见的听取。组织结构与等级制度阻碍了技术问题的有效沟通。传递危险的"信号"被忽视了，人们被沉默了，关于技术问题的有用信息与不同意见并没有得到足够重视。相

① Vaughan D. History as cause：Columbia and challenger［A］//Columbia Accident Investigtion Board（CAIB）. CAIB report（vol. 1）［C］. Washington，DC：National Aeronautics and Space Administration（NASA），2003：200-203.

反，在组织中传递的是这样一种信息：O 形环的失效并不是问题。

NASA 的组织结构将职责与责任转交给了承包商，增加了对于私营部门有关安全功能与风险评估的依赖性，同时降低了机构内部处理安全问题的能力。而且，NASA 的安全系统缺乏相应的资源、独立性、人事及权力，以便能够成功地利用其他观点去解决问题。各种安全部门之间相互重叠的职责与责任也破坏了建立相互制衡的可靠体系的可能性。

沃恩认为，由于组织结构的失败导致了"挑战者号事件"的最终发生，只有改变组织结构，才能有效地避免类似灾难事件的发生。沃恩并没有给出改变组织结构的具体策略与方法，只是提出了三点基本要求。首先，由于领导者"创建了文化"，他们有责任予以改变。上层的管理者必须为风险、失败与安全负责，需要对其决策给整个系统带来的影响保持一种警觉意识。其次，应当在仔细考虑组织结构变化可能给整个系统带来的影响和后果之后，才能具体地改变组织结构。最后组织结构改变的策略必须有助于风险信号清晰地、多样化地存在，并有助于发挥其优势。例如，让一些在组织中被边缘化的、无权力的代表"说话"，使他们所感知到的可能会传递风险信息的"信号"清晰地表达出来。①

### 3.4.4 "适中"的解释：在"职业视角"与"社会视角"之间

从以上的相关分析可以看出，有关"'挑战者号'事件"的解释，"职业视角"与"社会视角"两种解释模式近乎走向两个极端。

"职业视角"的解释模式将事故的发生最终归因于管理人员"不道德的算计"，即在"挑战者号"发射决策上只是估计公司的商业利益，而没有考虑到包含宇航员在内的公众的安全。而博伊斯乔利作为工程师恰当地践行了其职业道德责任，尽管最终未能成功影响发射决策，其道德行为较好地符合了工程职业伦理守则的要求，是"道德的工程师（ethical engineer）"的典范。

"社会视角"的解释模式将事故的发生主要地归因于 NASA 组织自身在组织文化、组织结构等方面存在的严重问题。事故的发生并不是出于"不道德的算计"，而是 NASA 的组织文化史对技术风险认知长时间持续影响的结果。在NASA 现有的组织结构下，"'挑战者号'事件"的发生是不可避免的。因此，问题的最终解决需要改变组织结构。

---

① Vaughan D. History as cause: Columbia and challenger [A] //Columbia Accident Investigtion Board (CAIB) . CAIB Report (vol. 1) [C] . Washington, DC: National Aeronautics and Space Administration (NASA), 2003: 203.

"适中"的解释模式主张在两种解释模式之间把握"最恰当的点",在两种解释模式体现出来的"五对范畴"之间保持一种恰当关系。因此,在系统评价"职业视角"与"社会视角"对于"'挑战者号'事件"解释工作的基础上,有必要从"适中"的解释模式视角尝试提出两个基本要求。

1. 拓展责任概念:责任作为一种道德品质

在"'挑战者号'事件"这一案例的解释中,"职业视角"与"社会视角"解释模式在有关负责任行为方面遭遇了分歧:到底需不需要有人承担责任?到底谁应该承担责任?

从"适中"的解释模式来看,"职业视角"的解释模式存在着一些缺憾。日本东京大学教授村田纯一(Junichi Murata)认为,"职业视角"的叙事手法只是一种"事后的觉悟"。如果严格地考察过去发生的情况,我们也会认为博伊斯乔利并没有真正理解 O 形环问题之所在。因为如果他真正理解温度与 O 形环弹性之间的确切关系的话,他完全可以在发射的很长一段时间之前,用一种更加确定的、更加具有说服力的形式予以表达,而不是在发射前一刻。[①] 此外,"职业视角"的解释模式最后也没有给出建议,即博伊斯乔利如何行动能够阻止这场灾难。"职业视角"解释模式基本上坚持的是一种预防伦理学,即以避免工程师犯错为目的。同样具有反讽意味的是:博伊斯乔利履行了作为工程师的负责任行为,然而灾难依然发生了。仅仅是在工程职业伦理守则条文下履行了工程师责任,就能够防止灾难的发生吗?

同样,"社会视角"的解释模式也存在着问题。这种模式认为,事情的发生与不端行为无关,而是组织文化与历史动力相互影响的结果,从而免除了对于管理人员与工程师责任的探讨,认为是组织结构而不是个体的不道德行为导致了事故的发生。这种"社会视角"解释模式带来的直接后果是,工程师无需任何责任——因为一切后果都源于组织因素。甚至在较为激进的观点上,认为关于工程师个体的职业伦理学无需存在。即便是改变了一种组织结构并引入了新规则,一定能保证新举措的实施带来好的环境吗?一定能够阻止灾难的发生吗?

因此,问题的真正意义并不在于谁应该负责或谁应该被责备,而在于应该负什么样的责任。如果在"职业视角"解释模式下谈工程师的"消极责任"——有责任避免犯错或犯错之后应该被追究责任,有时会很难确定单个主

---

① Murata J. From challenger to Columbia: what lessons can we learn from the report of the Columbia accident investigation board for engineering ethics [J]? Techne, 2006, 10 (1): 42.

体的责任。因此，工程师需要承担责任，但是应当拓宽对于责任概念的传统理解——从仅仅是在预防伦理学视域下谈"消极责任"拓展到包含理想伦理学视域下的"积极责任"。在这一意义上，工程师应当具有一种更加主动的"公民美德"。[①]公民美德观认为，在道德行动中，需要包含对于"他者"福利的关切，并认为每个人在与其他人发生社会联系时都需要关心和考虑其他人。因此，对于他人的关怀是每个公民的基本美德，责任应当作为一种道德品质而存在。就工程师而言，不仅需要遵守职业伦理守则中的道德原则与规范，避免犯错，同时也需要拓展责任这一概念的包含范围。除了传统意义上的"消极责任"，还有责任在参与改变不合理组织文化方面做出努力。不仅是工程师，而且组织中的每一个人，都应当主动地承担"积极责任"，在工程实践中保持"对于可能发生危险的敏感性"及"对于事故的合理畏惧"，这两者将是一个组织安全文化的重要组成部分。

2. "个人"与"组织"的统一：职业伦理守则实践的制度保障

从"'挑战者号'事件"还可以看出，对于职业伦理守则的实践本身会遇到一定的困难。博伊斯乔利对于"揭发"义务的实践，最终并没有起到应有的成效，管理层并没有接受他的观点。因此，从"适中"视角的解释模式来看，应当在"个人"与"组织"之间寻求一定的恰当关系，即个体负责任行为的实践需要有一定的组织与制度背景作为保障。

一方面，良好的组织与制度背景能够为工程师创造好的环境，能够保护其利益，免遭来自管理层的不公待遇。另一方面，良好的组织与制度背景能够形成一种好的组织伦理，鼓励工程师通过对组织文化与结构影响保持一定的敏感性，积极地表达自己的看法，而能够尽可能地避免灾难的发生。德国学者罗波尔认为，可以选举仲裁者或成立伦理委员会，为遇到困难的工程师提供帮助和支持；允许工程师成立企业内部的技术评估机构并使之成为一种重要的企业活动，使得个人责任有可能付诸实践。[②]因此，工程师个体职业伦理的实践需要与一定的组织文化及制度保障结合起来，"个人"与"组织"应当有机统一。

在"'挑战者号'事件"中，如果 NASA 具有鼓励工程师及时表达其对于风险信号感知的组织文化，具有能够使工程师积极、合理和顺畅表达自身意愿的制度保障，该组织就能够较早地发现 O 形环问题可能会带来的严重后果。毕

---

① Murata J. From challenger to Columbia：what lessons can we learn from the report of the Columbia accident investigation board for engineering ethics [J]? Techne，2006，10（1）：51.

② 罗波尔．工程伦理学需要制度的支持［A］//王国豫，刘则渊．科学技术伦理的跨文化对话［C］．北京：科学出版社，2009：162.

竟，工程师直接面对着工程实践，他们要比管理阶层能对于工程风险的"信号"更加敏感。在工程实践中，工程师日益积累的工程经验，往往包含着面向工程实践的道德想象力。这种道德想象力可以是自发的，可以来源于工程实践中的有意识的自我审视、提问，以及与他人的互动理解。良好的组织文化与制度保障，能够鼓励工程师在日常实践中有发挥其道德想象力的余地，能够促进工程师之间及其与管理层之间的互动理解，能够使工程师及早而敏感地发现工程风险的潜在可能性，并通过可靠而高效的渠道在组织中传播。因此，作为组织而言，应当建立一种机制以保证其具有"变革的弹性"：一方面，它允许并鼓励工程师参与组织结构的变革；另一方面，能够建立相应的风险防范机制，以便在事故到来之时实现及时的防范功能。

# 第4章　工程伦理实践中的操作

工程伦理实践中的"操作",是将伦理原则和道德规范与工程实践具体环节相联系的过程。以往的职业伦理学研究进路坚持"技术中性论",注重伦理观念和规范对工程技术人员思想的影响,但对工程实践的具体操作过程关注不够,而工程伦理的实践有效性恰恰体现在具体操作过程之中。工程技术人员只有在具体操作中理解并落实相应的伦理要求,才能有效发挥工程伦理的社会作用。工程伦理实践中的"操作"涉及操作的意义、模式和方法。华盛顿大学的"VSD项目"是这方面的一个典型案例。对这一案例的具体分析,有助于深入理解工程伦理实践中的"操作"的具体过程和机制。

## 4.1　工程伦理实践中操作的意义

工程伦理实践的"操作"不同于工程实践的"操作",然而两者之间存在着紧密联系:工程伦理实践中的"操作"需要在工程实践的"操作"中予以体现并获得实际效果。因此,理解与实现工程伦理实践中的"操作",需要将其置于工程实践的整个"操作"过程中加以考察。

### 4.1.1　"游隐喻"视野下的工程实践与工程伦理实践

现代工程技术管理学将整个工程实践的"操作"过程划分为上游、中游与下游这三个阶段,大体上对应于李伯聪教授有关工程实践过程的"三阶段"划分:计划阶段、实施阶段与用物和生活阶段。① 徐长山将整个工程实践过程划分为"四个阶段":规划阶段、设计阶段、建造阶段与使用阶段。② 他对设计阶段的概括,既包含了计划阶段的"规划设计",又包含了实施阶段的"项目设计"。这里所指的"设计",主要是指"项目设计",亦即针对实现人工物特定功能的具体设计环节,工程伦理实践中的"操作"主要体现在实施阶段的"项目设计"中。在"游隐喻"视野下考察工程实践与工程伦理实践,对理解工程伦理中"操作"的实践有效性具有重要意义。

---

① 李伯聪. 工程哲学引论——我造物故我在 [M]. 郑州:大象出版社,2002:89-388.
② 徐长山. 工程十论——关于工程的哲学探讨 [M]. 西安:西南交通大学出版社,2010.

1. "上游"：计划阶段

从工程哲学的视角来看，计划工作是工程实践的第一阶段。以"计划"为主要特征的"上游"阶段包括工程项目的论证、授权、资助、研发政策制定及预见性技术评估等内容，也有学者将"决策"包括在计划阶段之内。美国学者巴布科克等认为，"管理决策的制定是在两个或多个合理的备选方案之中做出自觉选择的过程，其目的是相对于不希望有的结果（成本），选出那个能生产最符合期望的结果（收益）的方案"①。因此，决策是连接计划阶段与实施阶段的关键环节，即在一定的条件约束下，通过对可能后果的预测性评价，从多种可能性方案中选出一种最优方案，将其交付实施阶段。

该阶段的工程伦理实践，主要表现在对工程技术后果的预见性伦理评价方面。其中，后果评价既要针对积极后果，也要针对消极后果；既要针对短期后果，也要针对长期后果；既要针对直接后果，也要针对间接后果。

2. "中游"：实施阶段

在"游隐喻"中，费希尔对"中游"概念的引入具有重要意义，"中游"阶段主要包括研究与开发（R&D）及其他具体实施过程。② "中游"阶段是实施研发议程的过程，其中工程设计与开发占据重要地位。在实施过程中，人们通过操作机器对原料（质料）进行加工。在实施过程结束时制造出相应的产品，达到工程活动的"直接目的"，即生产出合乎一定标准和要求的产品。③ 在美国国防部、NASA及NSPE等组织的相关定义基础上，巴布科克等概括了产品研发的几个基本环节：概念化、技术可行性分析、商业验证与生产准备、全面生产、产品支持与处理。④ 工程活动的实施阶段，还包括交通、通信、建筑等工程项目的设计和施工。

以工程师日常实践活动为核心，该阶段的工程伦理实践主要表现为"工程设计伦理"，然而该主题却时常被传统工程伦理学忽视。在荷兰学者普尔等看来，设计过程是伦理问题产生的关键领域，该过程将做出众多极为重要的技术决策。人工物的设计将决定其制造、使用和维护的方式，甚至包括其如何作为

---

① 丹尼尔·L. 巴布科克，露西·C. 莫尔斯. 工程技术管理学［M］. 金永红，奚玉芹译. 北京：中国人民大学出版社，2005：69.

② Fisher E, Mahajan R, Mitcham C. Midstream modulation of technology：governance from within ［J］. Bulletin of Science, Technology, and Society, 2006, 26（6）：485-496.

③ 李伯聪. 工程哲学引论——我造物故我在［M］. 郑州：大象出版社，2002：178.

④ 丹尼尔·L. 巴布科克，露西·C. 莫尔斯. 工程技术管理学［M］. 金永红，奚玉芹译. 北京：中国人民大学出版社，2005：200-204.

废弃物被抛弃的过程。① 工程设计阶段的伦理实践主要涉及职业责任（如设计过程中的知情同意、诚实、忠诚等伦理原则与相应规范的实践）；伦理价值的阐释、嵌入与表达；风险、安全与可持续发展问题；价值与利益冲突、权衡及博弈；设计的伦理标准，以及设计复杂性、理想化与建模方法的伦理反思。此外，还包括工作场所与操作人员自身安全的伦理问题。

　　3."下游"：用物和生活阶段

　　在生产过程结束时，人的目的还没有得到实现，消费、用物和生活的阶段是工程实践目的实现的阶段②，该阶段以往常被忽视。造物的目的是用物，它是在用物的过程中得到体现的。就一座大坝而言，蓄水、排水、灌溉、发电等功能是在其使用过程中予以实现的。大坝的使用需要其使用环境，需要水流及水势等条件的存在。缺乏这些条件，大坝就会成为一堆由钢筋、水泥等建筑材料混合而成的"无用物"，计划与实施阶段所预设的"节能与可持续发展"等价值就难以实现。在"游隐喻"看来，作为用物和生活阶段的"下游"阶段是对于人工物的"接纳"过程，包括使用者对于产品的接受、改进与排斥等不同态度。

　　"下游"用物和生活阶段涉及的工程伦理实践，是对人工物社会化过程的伦理反思。具体包括以下几方面内容。

　　其一，人工物使用对于用户道德情感与行为的影响评价。人工物投入使用后，会对使用者的道德情感与行为产生影响，经典案例是公路上的"减速坡"：它的使用，促使驾车者减慢速度以保障行车安全，同时阻止超速行驶的行为。③它的存在有助于影响驾车者的道德情感（需要意识到自身安全的重要性，同时需要关注附近其他驾驶者及行人的安全），同时也帮助塑造了驾驶者的道德行为（不违反有关驾驶速度的交通规则）。

　　其二，人工物使用的宏观伦理影响评价。人工物在社会中的使用也在宏观层面对整个社会产生伦理影响。英国学者娜塔莎·麦卡锡（Natasha McCarthy）以伦敦城市污水处理系统为例加以阐释。④ 在城市污水处理系统产生之前，由于居民饮用水被废水所污染，伦敦市遭受过霍乱的威胁。在英国国会的

---

① van de Poel I, Royakkers L. Ethics, Technology, and Engineering: an Introduction [M]. Malden: Wiley-Blackwell, 2011: 165-166.

② 李伯聪. 工程哲学引论——我造物故我在 [M]. 郑州：大象出版社, 2002: 297.

③ 朱勤. 技术中介理论：一种现象学的技术伦理学思路 [J]. 科学技术哲学研究, 2010, 27 (1): 101-106.

④ McCarthy N. Engineering: a Beginner's Guide [M]. Oxford: Oneworld Publications, 2009: 89.

政治家们对于污染问题束手无策时，工程师约瑟夫·巴泽尔杰特（Joseph Bazalgette）弄清了废水污染生活用水的源头，通过建立新的污水处理系统拯救了整个城市。作为人工物的污水处理系统，给伦敦市民的生活质量带来了积极影响。不可否认，有些人工物的使用也会给社会整体带来消极影响。

其三，"拆物"过程的伦理评价。工程哲学将工程实践过程看成是"造物"过程，然而有关人工物的"拆物"过程引发的伦理问题也应当引起重视。有些人工物在其"造物"过程中并未引起明显的污染，然而在"拆物"过程中却给环境带来了极大危害。当前，部分人工物的"拆物"过程甚至成为公共污染的重要源头，如电子计算机使用废弃后产生的"电子垃圾"。这些"电子垃圾"含有镉、汞、铬、聚氯乙烯塑料与溴化阻燃剂等多种有害物质，随意拆卸会使这些有害物质以人们预料不到的方式污染环境，影响民众的健康。①

### 4.1.2 从"科林格里奇控制困境"看"中游"的操作意义

自 20 世纪后半叶，西方兴起了大规模的"技术规制（technological regulation）"运动，涉及的主题就是"如何能够对技术发展进行有效的社会规制"，工程伦理实践中的"操作"可以看作技术规制运动的"当代形式"。在"游隐喻"视角下，工程实践中的"操作"与工程伦理实践的"操作"都具有一定的"时态性（temporal）"。既然工程伦理实践的"操作"贯穿于工程实践"操作"的三阶段，那么，在什么时段施加伦理"操作"才最为有效？

早期的技术规运动倡导对技术社会后果的规制。然而，技术一旦被社会所接受并成为社会生活的一部分，就很难对其社会影响进行全面规制，特别是很难意识到产生的次级影响，即便是开展了规制也很难改变已经产生的影响。技术规制的实践者们逐渐意识到，需要从对后果的关注转向技术发展的初期。然而，在技术发展初期，往往又很难准确预见技术可能产生的社会后果。因此，产生了著名的"科林格里奇控制困境"（Collingridge's dilemma of control）。它是由英国阿斯顿大学教授大卫·科林格里奇（David Collingridge）在《技术的社会控制》一书中最先提出的：在技术发展的早期，并不能预见其社会后果。当发现负面后果时，技术常常又已成为整个经济与社会网络的一部分，对于技术的控制极其困难。当改变容易时，不能预见改变的需要；当改变的需要很明显时，改变又变得很昂贵、困难及费时。② 这一困境预设了一个前提：对工程

---

① 彭平安，等．电子垃圾的污染问题［J］．化学进展，2009，21（3）：550-556．
② Collingridge D. Social Control of Technology［M］．London：Frances Pinter，1980：11．

技术发展进行控制时存在由能力（power）、知识（knowledge）与时间（temporal）三大因素构成的冲突。[①] 这一困境同样存在于工程实践的"操作"过程中。在工程项目初期，"能力"可以对计划中的实施方案、时间表、软硬件配置、材料选择等方面做出改变，却缺乏关于后果的相应"知识"；而在后期，尽管具备了对后果相关"知识"的了解，却缺乏"能力"，对于工程项目的改变往往会耗时耗力。下面以"科林格里奇控制困境"为切入点，对工程伦理实践中"操作有效性"的时态问题——"何时施加伦理操作最为有效"进行探讨，并阐释"中游"阶段对于工程伦理实践中的"操作"的独特意义。

1. 工程伦理实践中"操作"的"科林格里奇控制困境"

在工程伦理实践中，"科林格里奇控制困境"尤其体现在"上游"与"下游"的伦理"操作"之中。

在"上游"阶段，以往工程伦理实践中的"操作"的主要方式是技术伦理评估，如"议会式技术评估（parliamentarian TA）"。"上游"伦理操作的困境在于缺乏对工程实践后果的充足"知识"。美国国会技术评估办公室在运行20年之后黯然退出历史舞台，部分归因于"议会式技术评估"对后果知识的估计不足。[②] 在"上游"开展工程伦理实践"操作"主要面临以下几方面困难：一是对于未来预见的"成见"。工程伦理实践中"操作"的参与者由于缺乏有关未来的全面信息，有关未来预见的未知空间被其成见所填充。二是人工物的具体方案与潜在社会影响尚不明确。三是"下游"公众的意愿未能得到很好表达。部分可能会受到负面影响的群体的意愿，在"上游"阶段并未显现出来。

"下游"的工程伦理实践中的"操作"，是在人工物社会化过程中施加伦理影响，典型的如有关人工物的"伦理、法律与社会影响（ELSI）"研究。ELSI发展初期的基本思想，是对人工物在其社会化过程中产生的影响开展伦理、法律与社会等方面的综合评价，是对已经发生的社会后果的治理。与"上游"的操作模式相比，"下游"的操作模式更具有针对性，其治理意义更加明确。然而，其效果也存在不足：一是很难消除已发生后果所产生的影响；二是改变使用语境中的人工物需要高成本；三是工程技术消极后果产生的滞后性与历史性。工程技术实践对于社会的长期后果常常很被难觉察，长期后果可能影响到

---

① Liebert W, Schmidt J. Collingridge's dilemma and technoscience: an attempt to provide a clarification from the perspective of the philosophy of science [J]. Poiesis & Prax: International Journal of Technology Assessment and Ethics of Science. 2010, 7 (1/2): 55-71.

② Durbin P. Activist philosophy of technology essays (1989—1999) [EB/OL]. www.udel.edu/Philosophy/sites/pd/files/activist1.pdf [2011-04-23].

的（代际）社会群体更难以确定。

2. 工程实践"中游"的独特价值

与"上游"计划阶段以及"下游"用物与生活阶段相比，"中游"实施阶段有其重要意义。任何计划和方案都必须通过人的实践、通过人的实际操作（运作）才能变成现实。否则，所谓工程实践也就不再是真正的工程实践，而只能是一种设想或空想了。[①]

与"上游"相比，"中游"阶段具有更明确的操作目标。"中游"阶段逐渐形成了相对具体的方案，产生了初步的设计模型。此时，还会遇到在"上游"阶段尚未明确的更具体的（经济的、社会的、道德的……）约束条件。"中游"阶段取得的成果与计划目标更接近，工程师们需要根据最终用途做出更具体的构想，并对最终目标做出必要调整。同时，伴随工程设计过程的不断具体化，工程技术产品可能带来的社会后果逐渐被"解蔽"，这也为进行明确的伦理操作提供了机遇。尽管部分工程伦理问题与"上游"计划阶段初始方案的选择有关，然而一旦确定了初始方案，"下游"用物与生活阶段逐步显现出来的"未能预见的后果"在很大程度上都源于"中游"实施阶段的具体操作过程，"中游"阶段的决策影响着最终用户对人工物的使用。

与"下游"相比，"中游"阶段更具操作"弹性"，"中游"阶段人工物的属性尚存在可被再塑造的可能性。由于"中游"阶段是"上游"阶段计划方案的具体化，"中游"操作过程对于"上游"决策的放大，会使部分决策可能带来的弊端逐渐暴露出来。当这部分弊端处于工程师的调节能力之内时，工程师可以根据需求做出适当调整。反之，则需要重新回到"上游"阶段重新考虑初始方案的可行性。而在"下游"阶段，即便是承受着一定的变革成本与压力，也未必能够对工程技术的消极后果做出有效改变。

"中游"阶段是联系"理想的可行性"与"现实的可行性"的关键环节，是使"可行性"转变为"现实性"的中介。"中游"阶段的每一项决策都是在为"理想"走向"现实"作出努力，该过程是"多元性"发散过程与"有限性"收敛过程的统一。"中游"阶段对"上游"计划方案的具体化存在多元的可选择性，包括原材料及辅助材料、工艺及方法、数值模拟模型等的选择。多元可选择性也受到更具体化约束条件的影响，包括经济、社会、道德等多方面因素的影响。最终，工程师们从诸多可选择性中选出一种或多种替代方案。"理想的可行性"与"现实的可行性"之间的决策空间，为具有道德敏感性与

---

① 李伯聪. 工程哲学引论——我造物故我在 [M]. 郑州：大象出版社，2002：176.

道德想象力的参与者提供了机遇。

　　在"上游"阶段工程目的引导下，工程项目最终能否给社会带来有益的影响，与"中游"阶段人工物的"物质化"过程相关。因此，"游隐喻"的应用描述了"中游"实施阶段独特的伦理操作机遇。然而，基于"游隐喻"的中游治理模式并不是对"上游"与"下游"阶段的放弃。相反，一项工程伦理实践中的有效"操作"，需要将其置于"上游""中游""下游"相联系的背景下予以实践。"游隐喻"的应用更加强调三阶段之间的互动机制，它克服了万尼瓦尔·布什（Vannevar Bush）等的"线性模型（linear model）"，"游隐喻"并没有建立线性模式由科学影响社会的单流向。在"游隐喻"中存在多重的反馈循环，它们使整个流动过程的方向变得复杂化，如图 4.1 所示。

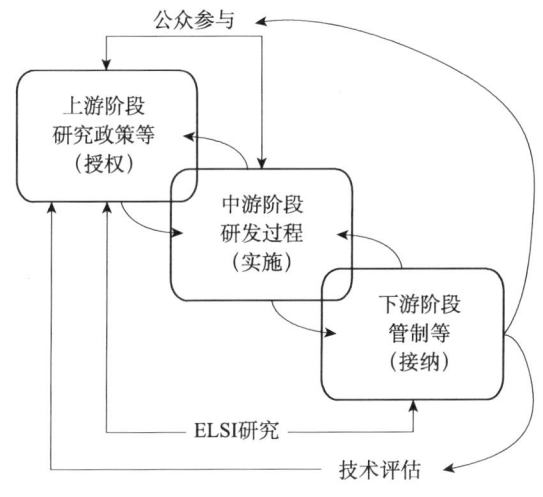

图 4.1　游隐喻

### 4.1.3　基于"中游"的"操作"：科学实践哲学的"介入主义"视角

　　由于"中游"阶段有其独特价值，工程伦理实践中的"操作"应以其为基础，通过与"上游""下游"两阶段的关联，对整个工程实践过程施加有效的伦理影响。因为所谓伦理意义上的"操作"，并非一般意义上的"伦理规约"，而是在承认工程实践过程"路径依赖性"的基础上，开展具有"反思性"与"灵活性"的"伦理调节（ethical modulation）"。工程伦理实践中的"操作"不是简单地对工程实践施加"外部影响"，而是强调伦理因素的"内在影响"。这种"内在影响"直面工程实践过程的内在结构，具有科学实践哲学意义上的"介入性"特征，更具有实践有效性。下面借鉴科学实践哲学的"介入主义"

理论，对以"中游调节"为基础的工程伦理的"操作"进行分析。

1. 工程伦理"操作"的"介入性"特征

传统哲学将科学理解为"既定的知识体系，一种认识自然的手段，或者说表象世界的方式。哲学家们的共同任务是观察，关注作为知识和命题集合的科学具有怎样的内在结构。表象主义（representationalism）的哲学范式一开始就把科学削减为认知事业，而完全撇开文化的、社会的维度"①。在现代科学实践的背景下，哲学研究需要从传统的"表象主义"走向"介入主义（interventionism）"。"介入主义"将科学看成是一项历史的、文化的实践活动，将科学的"旁观者立场"让位于"参与者立场"。"介入，意味着以某种方式投身于事件或者进程当中，并且这样的投身方式旨在对事件发挥影响。"② 科学实践不仅需要科学家的参与，而且需要物质性要素的参与和介入。科学家为了认识世界，首先需要介入世界，不仅介入物质世界，同时也介入"科学社会学的世界"。

与科学实践相比，工程实践的"介入性"更加突出。海德格尔有关现代技术特征的阐述反映了这一"介入性"："这种促逼之发生，乃由于自然中遮蔽着的能量被开发出来，被开发的东西被改变，被改变的东西被贮藏，被贮藏的东西又被分配，被分配的东西又重新被转换。开发、改变、贮藏、分配、转换乃是解蔽之方式。"③ 工程实践的"介入性"呼唤着工程伦理实践的"介入性"。

工程伦理实践中的"操作"的介入性特征，意味着工程伦理实践需要"介入"人工物内在结构的生成过程，特别是在以研发为主的"中游"阶段。"中游"阶段的工程结构设计，决定了使用语境中功能的实现。因此，如果能够打开研发过程的"技术黑箱"，理解人工物的内在结构及其对于功能生成的作用，就能够使工程伦理实践"介入"到人工物的结构设计之中，并通过结构设计的改变影响其社会功能的实现。这类问题是工程伦理实践中"操作"需要关注的核心问题，它们将直接决定工程伦理的"操作"的实践有效性。

2. 人工物建构的"伦理介入"

基于"中游调节"的工程伦理实践"操作"的主要任务，是在"中游"阶段实现工程人工物建构的"伦理介入"。早在1980年，温纳就提出了有关人工物的经典问题：人工物有政治吗？（Do artifacts have politics?）借用温纳的说法，同样也可以问：人工物有道德属性吗？（Do artifacts have morality?）下面

---

① 孟强. 从表象到介入：科学实践的哲学研究［M］. 北京：中国社会科学出版社，2008：3.

② 孟强. 从表象到介入：科学实践的哲学研究［M］. 北京：中国社会科学出版社，2008：201.

③ 海德格尔. 海德格尔选集（下）［M］. 孙周兴选编. 上海：上海三联书店，1999：934.

以荷兰工业设计行业的"珍爱一生（Eternally Your，EY）"为例，对此加以阐释。

EY 是一种生态设计（eco-design）方法。传统生态设计方法考虑的问题是如何减少生产、消费和废弃物中的污染。EY 考虑的核心问题是：大多数产品都是在远未完全损坏之前就已经被丢弃了，EY 应当致力于寻找延长产品寿命的途径。使用中的产品存在三种寿命：①技术寿命。产品已经损坏，再也不能维修。②经济寿命。由于新式样出现在市场上而过时。③心理寿命。产品再也不符合用户的偏好和品位。① 对于 EY 而言，心理寿命最重要。因此，产品可持续性设计的关键是如何延长其心理寿命。设计人员们寻找一类在使用时不引人注目，但却具有"磨损质量"的材料。例如，皮革产品会在使用一段时间后看上去更美，相反，闪耀发光的铬金属表面在第一次被划伤后看上去就像损坏了一样。设计师 Sigrid Smits 设计了这样的沙发：他将一种图案遮蔽于沙发的丝绒表面。随着沙发的使用，丝绒表面发生磨损，隐藏的图案得以"出场"，从而其心理寿命得以延长。由此可见，EY 内置了一种工程伦理实践理念：引导使用者珍惜它们，而不是过早地抛弃，这就是人工物建构的"伦理介入"。

3. 工程师职业活动的"伦理介入"

在人工物建构受到"伦理介入"时，工程师作为参与者，其职业活动过程也受到了"伦理介入"。这也是工程伦理实践中"操作"的目的之一，即如何能够使工程伦理教育与工程实践相结合。

传统工程伦理实践注重伦理原则与规范对工程技术人员思想上的影响，伦理教育与工程实践联系不密切，工程伦理实践中的"操作"将有助于弥补这一缺陷。在整个人工物建构的"伦理介入"中，工程师需要不断地对伦理原则与道德规范予以阐释、理解、表征与反思。比如，就一项绿色技术系统而言，在计划阶段，工程师需要参与理解与可持续发展、生态友好性、保护环境等相关的伦理原则，思考相关伦理原则如何通过设计渗入人工物的结构与功能之中。意义总是需要具体化和语境化的，抽象的伦理原则在人工物建构过程中被具体化，同时也被赋予新的意义，这将有助于工程师深入理解并实践伦理原则。工程师在整个过程中的自觉反思，也会使其逐渐自觉形成伦理意识，并贯彻在实际行动之中，进而使伦理原则和道德规范落到实处。

杜威在其著作中，主要提及了两种道德想象力："移情投射"与"创造性

---

① Verbeek P. Materializing morality：design ethics and technological mediation［J］. Science，Technology & Human Values，2006，31（3）：373.

地发掘情境中的种种可能性"。① 在工程师职业活动的"伦理介入"过程中，这
两种道德想象力都得到了提高。工程师需要从用户的立场出发，从用户的"眼
中"看待工程师自身及其行为。例如，工程师有关人工物的某项结构设计，在
用户看来可能会实现哪些功能？这些功能可能会产生哪些伦理意义？这些伦理
意义与结构设计所预设的意义是否存在距离？通过一系列反思，工程师会逐渐
发觉其所处情境中的"种种可能性"，既包含伦理意义的可能性，也包含技术
手段的可能性。

　　传统的工程伦理实践往往站在工程实践的外部，刻意地通过伦理规约约束
工程师的行为，这种做法的实际效果并不明显。工程伦理实践中的"操作"通
过"伦理介入"的过程，使工程师的负责任行为通过具体实践成为一种自发行
为，从而工程实践本身也成为一种具有伦理属性的"负责任创新"。在这一意
义上，工程实践与伦理实践本身是内在统一的。

　　我国学者孟强提出了"实践话语的悖论"：尽管科学本身是实践的，然而
实践哲学本身或者说科学实践话语确是理论性的。"科学实践哲学本身是非实
践的，介入主义本身是非介入的。我们并非科学家，并没有参与科学活动，而
仅仅是科学实践的观察者和解释者，是观众而非演员。"② 然而，这一悖论对于
工程伦理实践中的"操作"而言，却可以有另外一种答案：在工程伦理的操作
中，工程伦理学家不应仅仅作为工程实践的观察者和解释者参与工程实践活
动。工程伦理学家不仅是观众，更是演员。在工程设计之中，我们是发现或
"设计"好的选择方案的全身心投入的参与者，而不是超然的仅仅批评已由别
人做出选择的旁观者。③

## 4.2　工程伦理实践中操作的模式

　　工程伦理实践中的操作模式主要存在以下三个层面：第一个层面是基于道
德规范的"操作"。在以工程伦理学家与工程师为主开展互动解释的基础上，
根据工程实践的具体情形，工程师通过创造性地落实道德规范而实践负责任的
行为。第二个层面是道德直觉指引下的"操作"。在以道德规范为基础的长期

---

① 斯蒂文·费什米尔. 杜威与道德想象力：伦理学中的实用主义 [M]. 徐鹏，马如俊译. 北京：
北京大学出版社，2010：99.
② 孟强. 从表象到介入：科学实践的哲学研究 [M]. 北京：中国社会科学出版社，2008：228.
③ 迈克·W. 马丁，罗兰·辛津格. 工程伦理学 [M]. 李世新译. 北京：首都师范大学出版社，
2010：42.

实践基础上，工程师通过对伦理原则与工程技术本质的深层次思考，形成有关工程实践的道德直觉，工程师能够运用道德直觉做出道德判断并实践负责任的行为，这是对第一个层次的发展。第三个层面是追求道德物化的"操作"。伦理原则与道德规范被物化在工程实践的最终成果——人工物之中，从而产生更为广泛而深远的社会影响，这是对第二个层次的超越。

### 4.2.1 基于道德规范的操作

这一层次的工程伦理实践的操作模式，建立在对道德规范的理解之上。工程师通过参与工程伦理实践中的"解释"，获得有关道德规范的理解，他们带着理解的"前见"进入"操作"过程。

1. 行动中的伦理意识

工程伦理实践中的"操作"，首先需要工程师具有一定的伦理意识，在工程实践中能够意识到伦理问题的存在，将伦理决策从生活现象中抽象出来，意识到伦理问题所涉及的利益、价值、相关者等要素。在此基础上，能够在工程实践中自觉地解决伦理问题，落实道德规范。具有伦理意识的工程师会表现出道德敏感性，具有对自身实践行为的道德反思能力。只有意识到问题，通过理性分析，权衡相关利益，才能最终在实践中做出道德决策。

在基于道德规范的操作模式下，由于不同工程师伦理意识不同，对工程实践的道德意义感知程度也有所差异。有些工程实践行为的伦理意义较容易被工程师感知，面临的伦理决策也相对清晰，如化工工程师判断是否有责任报告因工厂管道腐蚀而导致的化学品泄漏。这类行为通常也可称之为"职业实践行为"。与之相应，另一类行为属于"日常实践行为"范畴，如 IT 工程师在设计网络游戏软件时考虑到青少年用户的身心健康。这类行为常常"看上去"与职业的道德规范无关，因而需要工程师具有深层次的道德敏感性，能够自觉反思日常实践行为，发现其"隐含"的深层道德含义。

在日常实践行为方面，工程师之所以表现出缺乏伦理意识，一方面源于对工程实践缺乏清楚的整体结构认识，以至在思维过程中将其归结为无须反思的过程，将其职业实践看成完全是由绘图、订购原材料、与商家洽谈、修改图纸、调试程序、喝咖啡等日常行为构成的世界。工程师自身所理解的发现、分析与解决技术问题的过程，更像是一个"无缝结合"的意识之网，不包含任何非技术因素，很难自觉地地将工程实践与道德规范联系起来。因此，运用伦理意识思考工程实践，是使伦理意识"介入"工程师的生活世界，将日常生活实践作为"对象物"加以观察。只有找到工程师日常生活世界的"缝"，才能为道德规范的有效"介入"提供"入口"。

2. 道德规范在行动中的互动解释

基于道德规范的"操作",其本质是利用道德规范影响工程师实践行为,通过道德反思"增加他们以某些方式而不是以另外一些方式行事的可能性"。[①]正如美国伦理学家克里斯蒂娜·科尔斯戈德(Christine Korsgaard)所言,"伦理标准是规范性的。伦理标准不只是在描述我们实际调节行为的方式。它们还向我们提出了要求,它们能够命令我们、强迫我们,或建议我们、引导我们"[②]。以道德规范为基础的操作模式,建立在对道德规范的充分理解基础之上。对于道德规范的理解,包括需要理解其前提条件、适用范围(边界)、局限性,甚至包括道德规范的形成与演变史。

工程师与工程伦理学家在行动中的互动解释,为工程师在其职业实践中有效地落实道德规范提供了可能性。道德规范在行动中的互动解释,是工程伦理的"解释"环节向"操作"环节的自然延伸,并不完全要求工程师与工程伦理学家的"物质性到场",而是更多地需要两者在解释过程中的实际参与。工程师与工程伦理学家在现场之外的互动解释,同样也有益于其积极落实道德规范,工程伦理学家的参与形式由"身体在场"转化为"思想在场"。

3. 道德规范在实践中的创造性落实

道德规范在行动中开展互动解释的目的,是使得道德规范能够在工程师行动中进一步语境化。在伦理学意义上,工程师伦理守则常常是"义务论"的,所规定的内容是所有职业成员都要遵守的义务。"义务论"是对每个理性的行动者提出的实践要求,其"绝对命令"通常需要很高的道德标准,但往往缺乏对于道德规范实现的语境化描述。因此,道德规范在行动中的互动解释,为其创造性的落实提供了新的空间。

道德规范在工程实践中的落实大体可以划分为两类。一类是相对容易的选择,另一类是比较艰难的决策。在比较容易的选择条件下,一种价值明显优于其他价值,道德规范在实践中的落实主要体现在实践者本身的伦理意识上。此时工程伦理实践中的"操作"有效性,突出表现为道德规范作用的持久性。这一持久性,久而久之亦成为具有平常性的习惯,类似中国哲学中的"庸"。也

---

① Lichtenberg J. What are codes of ethics for? [A] //Coady M, Block S. eds. Codes of Ethics and the Professions [C]. Melbourne: Melbourne University Press, 1996: 95.

② 克里斯蒂娜·科尔斯戈德. 规范性的来源 [M]. 杨顺利译. 上海: 上海译文出版社, 2010: 9.

正如何晏注《论语》时所指出的："庸，常也。中和可常行之德也。"① 要保证这种持久性，需要工程师具备恒心、毅力和高度自律的精神。

落实道德规范的有效性，还可能面临比较艰难的决策，这一点上恰恰体现了落实道德规范的创造性，哈里斯等将其称为"创造性的中间方式（creative middle way）"。在工程实践中，从不同的道德规范出发，会得到不同甚至相互冲突的行动指令。无论是在日常生活还是工程实践中，知道什么是正确的常常并不困难，这在专业学会章程及其他相关道德规范中已经有所表明，而真正困难的是如何做正确的事。每一种道德规范都体现了一种或一类价值观，不同道德规范的冲突也是其代表的不同价值观的冲突。因此，艰难的决策需要创造性的中间方式。在这一方面，哈里斯等曾以现实案例对其可行性加以说明。

在 20 世纪末期，一些欧美大学曾使用尸体（包括儿童尸体）进行汽车碰撞测试，这一做法受到欧美社会及宗教群体的抗议，被认为是对人的不尊重。然而，德国海德堡大学提出使用尸体的基本理由在于：从汽车碰撞试验中得到的数据对于他们"建造 120 多种机械傀儡的工作是至关重要的，这些傀儡的大小被设计成从儿童到成人，这样可以模拟在汽车碰撞事故中人类的许多反应"。海德堡大学声称这些数据已经被用来挽救了许多人的生命，其中包括许多儿童的生命。②

在此基础上，美国人克劳伦斯·迪特洛（Clarence Ditlow）针对在汽车碰撞试验中是否可以使用尸体的问题，提出了以下三项标准。

（1）确信从这些试验中搜集来的数据是在用傀儡试验时所不能得到的；

（2）事先得到死者的同意；

（3）得到死者家属的知情同意。

这三项标准将功利主义与尊重人这两个不同的关注点结合了起来。标准一是功利主义的，它意味着通过使用尸体会得到一些仅仅使用傀儡得不到的收益（挽救生命和减少伤害）。标准二和标准三承认了尊重人——死者及其家属的重要性。如果我们只考虑成人，考虑到有足够的尸体提供试验，那么这种征得同意的要求似乎不会带来功利主义的损失。标准二排除了对儿童尸体的使用，因为他们还太小，不能够做出知情同意。这可能会导致一些功利主义的损失，因

---

① 转引自：晁乐红 . 中庸与中道：先秦儒家与亚里士多德思想比较研究［M］. 北京：人民出版社，2010：16.

② 就道德规范的知识而言，我们知道需要尊重人（包括尸体），同时我们也知道工程实践的目的是给人类带来福利（包括挽救更多的人的生命）。然而，如何在两者之间正确地做事而有效地落实相关道德规范，却是真正的困难所在。

为要判定儿童在碰撞事故中的反应，单单从成人身上得来的数据为基础也许是不可信的。然而，还有一个功利主义的考虑，即公众对使用儿童尸体这种做法的接受程度。①

综上所述，基于道德规范的工程伦理的"操作"，至少具有以下两方面优势：第一，明确的道德规范能够有助于理解工程师行为中"对"与"错"之间的差异，以一种简单和现成的形式协调工程师的行为；第二，道德规范作为一种行动纲领或框架，其在工程实践中的运用有助于增加道德经验与实践智慧。创造性地落实道德规范，带有一定的实用主义倾向，需要实践者具备关于道德规范使用的实践智慧。在实践过程中，以道德规范为核心的互动解释过程，能够拓展行动者的实践视域。通过分析不同道德规范的价值预设及其实际应用带来的可能影响，能够智慧地处理不同道德规范应用之间的潜在价值冲突，最终为工程职业实践做出合理的道德决策。

### 4.2.2 道德直觉引导下的操作

1. 道德规范在工程伦理实践层面的局限性

尽管道德规范试图为指引工程师的行为提供一种明确的行动纲领，然而，这种指引作用并不是在所有实践场景中都切实有效，"创造性的中间方式"也不能总是有效地解决问题。基于道德规范的工程伦理实践的操作模式存在以下几方面不足。

第一，缺乏对"中间道德状态"的判断。工程实践中的一些情形并不完全能够以绝对道德律令的形式予以判定，有时候存在着介于该做与不该做之间的"中间状态"，常常需要实践者本身运用实践智慧予以判断。在哈里斯看来，"异常的常规化"就是这方面的典型案例之一：在部分情形下，异常现象（anomalies）是可以被接受的，然而伴随着异常现象的不断发展，异常现象逐渐作为一种正常现象被接受，使整个工程操作系统超越了安全极限，最终酿成了灾难。② 因此，工程师需要判断哪些异常现象是在可接受范围之内的，从而能够节约成本；同时也要判断哪些异常现象超出了可接受范围，需要予以重视并开展相关研究，以阻止此类异常现象的发生。这一类具体要求，在基于道德规范的操作中并未明确规定。

---

① 以上案例叙述内容摘录自：查尔斯·哈里斯，等. 工程伦理：概念与案例［M］. 丛杭青等译. 北京：北京理工大学出版社，2006：75.

② Harris C. The good engineer: giving virtue its due in engineering ethics ［J］. Science and Engineering Ethics，2008，14：154-155.

第二，缺乏对工程师所处地方性情境的充分考虑。基于道德规范的操作模式，试图通过用具体的道德规范指引工程师的工程实践行为。然而，很难有足够的道德规范覆盖所有的伦理情境。如果工程师在其日常实践过程中遇到了其在"道德指南"中并未预先规定的情境，此时是否应当有所行动？应当如何行动？这种操作模式，常常缺乏对行动者个体所处地方性情景的充分考虑。正如黑尔所说，行动者必须基于难处理的处境来修改这些原则，使它们可以涵盖这一处境而不至于相互冲突。①

第三，缺乏对行动者个体内在道德能力的关注。在基于道德规范的操作模式中，道德规范所规定的往往是整个工程师群体的行为，缺乏对于行动者个体内在道德能力的关注。正如美国学者迈克·马丁所言，"个体承诺（professional commitments）激发、指引并赋予专业人员工作以意义。然而，这些承诺并未得到职业伦理学的重视。正如通常所理解的那样，职业伦理学由共有的义务和一部分困境所组成：责任限定了特定职业中的所有成员，当这些责任相互冲突时困境产生了。我致力于通过包含个体承诺而拓宽职业伦理学，特别是那些并不强制于某一职业所有成员的理想承诺"②。道德规范体系如果缺乏对于工程师内在道德能力的关注，最大程度上也只能保证工程师避免违反道德规范体系所规定的理想行为，而不能使工程师在遭遇道德规范体系之外的伦理问题时主动而有效地采取道德行动。

2. 道德直觉的重要意义

萨特指出："系统化的伦理原则在指导我们的行为上总的来说是无能为力的。最好的出路是彻底放弃这些准则，自由地、清醒地以及无悔地做出自己的选择。"③ 这种"自由的、清醒的以及无悔的自己的选择"，强调个人的道德直觉对于弥补系统化伦理原则不足的重要意义。美国罗斯霍曼理工学院教授海因兹·路根贝尔（Heinz C. Luegenbiehl）认为，工程师进行伦理决策主要依赖于三方面的资源：伦理理论、伦理守则与道德直觉。④ 在路根贝尔看来，工程师可以依赖的前两种资源是显性资源，而后一种则是隐性资源。一旦显性资源未

① 玛莎·纳斯鲍姆. 善的脆弱性：古希腊悲剧和哲学中的运气与伦理［M］. 徐向东，陆萌译. 南京：译林出版社，2007：39.
② Martin M. Meaningful Work［M］. New York：Oxford University Press，2000：vii.
③ 玛莎·纳斯鲍姆. 善的脆弱性：古希腊悲剧和哲学中的运气与伦理［M］. 徐向东，陆萌译. 南京：译林出版社，2007：39.
④ Luegenbiehl H. Teaching engineering ethics across national borders［A］//American Society for Engineering Education. Global Issues in Engineering Education. 2003 Annual Meeting of ASEE，June 22-25，2003，Nashville，Tennessee：ASEE，c2003.

能有效影响工程决策，以道德直觉为导引的操作模式往往会起到一定的替代作用，从而能够在有限的条件下影响工程师行为。

道德直觉在很大程度上依赖于工程师的文化背景，常常与其生活史密切相关。美国伊利诺伊大学教授杰夫·麦克马汉（Jeff McMahan）认为，道德直觉一般是关于一个特定行为或行为者的一个自发的道德判断。[①] 在工程实践中，道德直觉自发性的独特意义在于，在道德规范无效（低效）而又必须要做出伦理决策时，工程师往往要依赖道德直觉。道德直觉的培养将能够有效地影响工程师的伦理决策。道德直觉需要道德意义上的想象力，往往能够产生更加广阔的反思空间，使道德判断不拘泥于形式化的道德规范的束缚，从而能够建构出更加富有创新意义的决策方案。

道德直觉来源于工程师对其日常实践活动的深层体验，具有更加敏锐的道德洞察力（moral insights）。与基于道德规范的操作模式相比，道德直觉引导下的操作模式往往能更敏锐地觉察到工程系统内潜在的工程风险或灾难性事故。道德直觉的长期培养易于使工程师具有"道德习惯"，而只有拥有内在的实践规范的人才能成功地从事成熟的实践活动。美国穆斯金泽学院教授托德·莱肯认为，（道德习惯方面的）技能专长涉及一种行知（know-how），它并非是依据规则而采取的行为。当一个人获得了专长，他就超越了规则的运用和单纯去做具体情景所要求的事情。[②] 因此，道德习惯的形成，能够使工程师从容地应对复杂的实践语境，最终做出"自由的、清醒的以及无悔的自己的选择"。

3. 培养道德直觉：工程技术的深层体验与伦理原则的深度沉思

如果将直觉的来源视为"深切体验（deep experience）"，那么，工程决策中道德直觉的培养至少需要在两方面有所努力：其一，"沉浸"于日常实践语境之中，通过细致的观察与反思获得对工程技术系统的深层体验；其二，通过长期有关道德规范的实践，对伦理原则本身进行深度沉思，从而获得有关伦理原则的直观理解。

对工程技术的深层体验，主要是指工程师以其参与日常实践的长期经验为基础，深入体验工程技术系统的属性、特征与规律。这一过程有助于工程师深入而准确地把握工程实践细节，有助于深入了解工程技术系统本身的复杂性，从而能够就出现的新问题做出积极而有效的判断。经验丰富的技术工人，往往

---

① 杰夫·麦克马汉. 道德直觉 [A] //休·拉福莱特. 伦理学理论 [C]. 龚群主译. 北京：中国人民大学出版社，2008：108.

② 托德·莱肯. 造就道德：伦理学理论的实用主义重构 [M]. 陶秀璈，张弛译. 北京：北京大学出版社，2010：21.

要比普通工人更了解厂房机器运行的情况，更了解机器出现故障的可能原因。因而，他们也能够及时发现与排除故障，避免出现灾难性事故。这类技术工人所掌握的察觉技术风险的知识，常常很难用明确的形式表达出来，因而也被称为"隐性知识"。经验丰富的工程师往往也具备这类与直觉相关的隐性知识。当他们在处理日常工程实践中的问题时，往往可以敏锐地发现其中蕴含的道德问题，依靠的正是他们平常积累的相关隐性知识，这就是工程操作中的道德直觉，即哈里斯所说的"对于风险的敏感性"。

1983 年，日本技术哲学家星野芳郎在参观我国长春第一汽车制造厂时，对于工人的"现场凑合"现象感到难以理解：发动机组装线上有两名工人正在用锤子敲打，将飞轮镶入曲轴。这是因为飞轮的尺寸不对，无法组装，所以只好通过敲打硬将其装在曲轴上。星野先生很惊讶地评论道："这在日本叫做'现场凑合'，是在大量生产工艺中不允许的。飞轮的加工精度不好，应当返回加工现场，查明原因。"① 与工人对这一现象的"习以为常"相比，除了了解现代技术管理体系之外，星野先生的评论同样也体现出一种工程活动中的道德敏感性。

工程技术深层体验的第二个重要方面，是"有关技术的社会语境的敏感性"。工程师在体验工程技术细节的基础上，能够进一步理解工程决策所关联到的社会语境。这一方面需要工程师在其日常实践中将决策过程视为反思对象，仔细分析工程决策的每一环节可能影响到的社会语境，以及哪些社会因素可能影响工程技术变化。这一过程使工程师的视域进一步拓展，并将工程技术系统置于广阔的社会语境中加以考察。

培养道德直觉，还要重视对伦理原则的深度沉思。以道德规范为基础的操作模式，往往较为注重对具体道德规范的遵循和落实，较少反思道德规范背后的伦理原则。基于道德规范的操作模式的一项基本假定是：工程师只要遵循了道德规范，就能够有效地避免在工程实践做出不道德行为，进而能够避免灾难性事故的发生。这一"绝对遵从"的实践前提，自然使得工程师的视角变得趋于"微观化"，仅仅是关注某一项或某几项道德规范，而忽视了设置道德规范背后的伦理原则甚至更为广阔的视域——对于整个社会的道德感知。

工程师通过对伦理原则的深度沉思，能够获得对于有关公民社会道德感知的直接体验，如图 4.2 所示。直观体验所形成的道德直觉，能够弥补道德规范不能完全包含的部分情境，弥补道德规范互动解释过程中可能忽略的内容，最

---

① 星野芳郎. 技术发展的政治经济背景［M］. 刘玉劲，等译. 沈阳：沈阳出版社，1995：4.

终使工程师在日常实践中获得自由的道德选择。对于伦理原则的深入沉思，有助于帮助工程师形成道德直觉，切实体验到公众真实的生活经历，进而主动、有效和富于创造性地关心公众，从而使工程伦理实践中的"操作"不再只是运用道德规范，而是从根本上体现人文关怀。

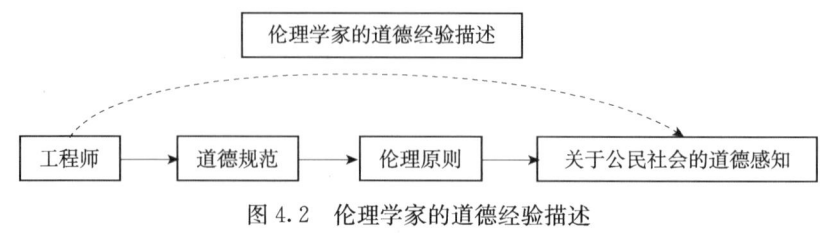

图 4.2　伦理学家的道德经验描述

### 4.2.3　追求道德物化的操作

前两种"操作模式"通过培养工程师的内在道德能力，达到对工程实践的有效影响。与之相比，尚存在着第三种伦理操作模式——追求道德物化的操作模式：工程师通过工程设计，将积极的伦理价值和道德规范嵌入人工物之中，使其在下游阶段能够对"美好社会"的塑造产生积极作用。与前两种操作模式致力于建构"道德完整的工程师"相比，这一模式更加注重建构"道德完整的社会"。

1. 脚本：人工物的道德意义的生成

追求道德物化的操作模式实际上是对传统工程伦理实践的拓展，即从关注工程师的"个体伦理学"转而包含工程实践的"社会伦理学"。这一操作模式的基本预设是，期待工程师通过人工物的设计，使其能够在使用过程中体现积极的道德意义，进而有助于建构理想的道德社会。因此，这一操作模式的理论前提是弄清楚人工物的道德意义是通过何种形式而得以存在的。

法国学者玛德琳·阿克里奇（Madeleine Akrich）与拉图尔所发展的"脚本"概念，有助于理解人工物的道德意义的动态生成机制。[①] 如同一出戏剧或一场电影一样，人工物拥有一种"脚本"，该脚本对所有涉及的行动者行为都做了规定。[②] 例如：

（1）减速坡，"要求"驾车者们慢速行驶，否则它将会损坏汽车的减震器；

---

① 阿里克奇除了使用 script 之外，同时还使用 scenario。事实上，两者的意义是相同的，彼此可以视为同义语，都是意指（电影、戏剧等的）剧情说明、脚本、（行动的）方案、纲要等。

② Akrich M. The de-scription of technological objects [A] //Bijker W, Law J. Shaping Technology/Building Society：Studies in Sociotechnical Change [C]. Cambridge：MIT Press, 1992：208.

（2）汽车要求驾驶者系上安全带，否则将拒绝启动；

（3）一个塑料咖啡杯具有这样的"脚本"——在使用后请扔掉我，而一个瓷杯则"请求"（在使用之后）予以清洗再次使用。

根据阿克里奇与拉图尔的观点，"脚本"是设计者"书写（inscription）"的产物。工程师预见用户将会如何与其所设计的产品发生互动，并有意或无意地将使用规定"写入"产品的物质形态之中。一项工程项目的设计、实施与使用，不仅需要实现一定功能，解决某些问题或提供某些服务，而且会对人的决策行为产生影响。工程伦理实践除了要关注工程项目的目的与后果之外，还需要关注人工物在使用过程中对道德意义的"塑造"作用。

工程师作为"道德脚本"的"书写者"，有其特殊的道德责任。以减速坡为例，工程师通过将"当你接近我时请放慢速度"这一"脚本""写入"减速坡之中，使得驾车者们在行驶到此处时有意识地放慢速度，以保证行人的安全。这一"书写"过程，是将安全、尊重他人、尊重生命等伦理原则有效地包含在人工物的功能实现之中。因此，当驾驶者行驶到减速坡时，将面临着一种道德决策：是放慢速度以保证行人安全与自身安全，还是不改变速度，对于自身和他人的安全置之不理？同时，这一过程也具有实践哲学意义：受"脚本"影响的驾驶者长期的伦理反思，久而久之也能够形成一种道德习惯。

2. 道德授权：人工物的道德意义的写入机理

在人工物内在"脚本"的基础上，人工物是如何发挥其作用并影响人的道德决策的呢？这就需要技术哲学家们将人工物的道德意义的影响机理概念转化为"技术中介"作用。拉图尔的"解释学的现象学"视角，关注技术作为一种中介如何调节人的行为和生活方式。从现象学视角来看，实践可以被看做是人类在其世界中的展现，人们与其所用的物之间存在着相互塑造的关系。因此，拉图尔认为，行为不仅仅是个体意向与社会结构的结果，而且也是人类物质环境的影响结果。在"行动者网络"中，人工物所扮演的角色不仅仅是一个实现其功能的参与者，而且还是一个积极而主动的行动者，它们能够影响其他行动者的行为决策。当"脚本"在起作用时，人工物是作为一种"物质事物"而不是"非物质事物"在调节人的行为。① 我们并不是因为用户手册里的规定而将塑料咖啡杯抛弃，而是因为在物质形态上，塑料咖啡杯在清洗过几次后将难以存在下来。人工物对于人类行为的影响是一种非语言学影响，它能够作为"物

---

① Verbeek P. Materializing morality: design ethics and technological mediation ［J］. Science, Technology & Human Values, 2006, 31 (3): 366.

质事物"发挥其社会影响，而不仅仅是信号或意义的承载者。

追求道德物化的"操作"可以分为两部分内容：一是操作者将道德意义以"脚本"的形式"书写"在人工物之中，这里称之为"道德授权"过程；二是在其使用语境中，人工物的道德意义的"实现"或者说是"展现"，这一过程称之为"转化（transformation）"。在拉图尔那里，"授权（delegation）"主要是指设计者"书写""脚本"的过程：设计者将具体的责任授权给人工物。拉图尔通过"门"这一案例的分析，建构了一个非人行动者被"授权"的模型。一个普通的门通过安装弹簧和合页，便被"授权"了一系列的义务和职责：保证人通过之后及时关闭；保护好屋内的隐私；使暖气或者冷气保留在屋内，而不至于流入屋外导致能源与资源的浪费……拉图尔甚至认为："我们不仅能够在传统意义上将力量'授权'给非人行动者，而且可以将价值、职责与伦理'授权'给它们。由于这种道德的存在，无论我们感觉自身多么邪恶，人类都能够伦理地行动。"[①] 通过对非人行动者的"道德授权"，道德规范与道德命令便在其所实现功能的机制中被具体化、程序化与可操作化。

"道德授权"过程连接了设计语境与使用语境，工程师在这一过程中需要完成对于人工物"技术中介"作用的设计，从而将价值、职业与伦理等因素通过人工物结构设计"物化"到人工物之中，形成伦理意义生成的"脚本"，如图 4.3 所示。这些脚本有待于在使用语境下予以"转化/转译"，解释成一系列具体的道德行动纲领。工程师实现"道德授权"的关键是，想象人工物在使用语境下可能或需要产生哪些伦理影响，从而将想象的内容反馈到实际工程设计之中。

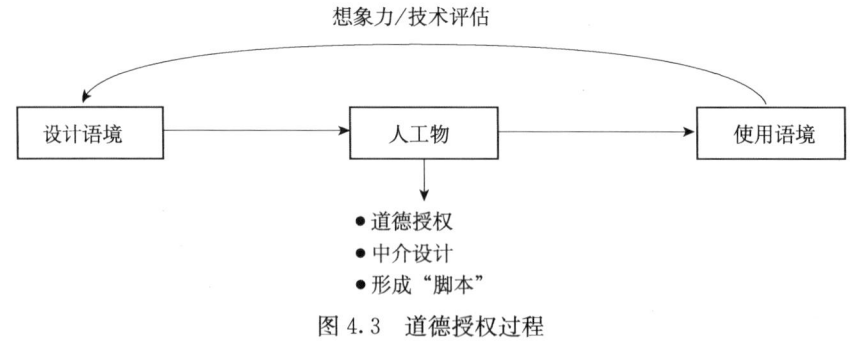

图 4.3　道德授权过程

①　Latour B. Where are the missing masses：the sociology of a few mundane artifacts ［A］//Bijker W，Law J. ed. Shaping Technology/Building Society：Studies in Sociotechnical Change ［C］. Cambridge：MIT Press，1992：232.

工程师的想象在经验层面上具有两方面基础：一是相关研究积累的数据与案例，这部分知识的可靠性来源于同行之间知识共享基础上的理解、交流、批判过程，以此促进知识的理论化与内化过程；二是工程师自身多年实践经验的积累，这部分知识更加体现其"个体性"特征。工程伦理学家在"道德授权"过程中的参与，也将有助于拓展工程师的想象空间，从工程伦理学家眼中"观察"自身。对于已经投入使用的人工物，还可以通过技术评估手段，将公众对于人工物的意见与态度反馈到设计语境之中，进而优化"道德授权"过程。作为工程伦理"操作"实践的一项重要内容，拉图尔的"道德授权"需要在民主的框架下予以反思。基于道德物化的操作模式在实践过程中不仅包含工程伦理学家的作用，也要引入公众参与。

3. 转化：人工物的道德意义的实现

人工物被赋予的道德意义要最终产生社会影响，除了书写道德意义的"授权"过程，还需要人工物的使用过程，从而人工物的道德意义才能得以"实现"。

拉图尔将行动程序赋予所有的"实体"，这些实体中既包括作为行动者的人，也包括非人的行动者。当一个实体与另一实体发生关系时，原先的行动程序转化为另外一种行动程序。追求道德物化的操作模式对责任的理解赋予了新的内涵，并且在观念上实现了转变：从关注工程师个体的过失责任转向赋予工程师主动承担的"积极责任"。工程师作为人工物"道德文本"的"写入者"之一，主动承担着参与建构社会道德体系的责任。这一转变来源于伦理学方法论上的"范式转移"："实践"替代了"职业"。正如美国学者特里·库珀（Terry Cooper）所言，"实践这一概念比职业更加具有建设性，它是用于发展规范性观点的一个更大的框架……很不幸，职业可能隐含着自我保护与自我夸大的意味，并且它还制造了家长式专家意见的形象"[①]。在实践的框架下，伦理问题才能够被更好地、积极地讨论，工程师才能免于成为被工程伦理学家广泛诟病的对象，而是成为"美好生活"的共同建构者。

拉图尔曾将整个人工物的道德意义生成、写入与实现的过程，比喻成文学作品作者与读者之间的互动关系。有学者担心："不像文学作品有如此多的评论家、批评家，技术专家所创造的机器正本却很少引起人们的重视。"[②] 拉图尔的比喻为我们思考基于道德物化的操作模式提供了新启示。在这一操作模式

---

① Cooper T. Hierarchy, virtue, and the practice of public administration: a perspective for normative ethics [J]. Public Administration Review, 1987, 47 (4): 321.

② 赵乐静. 技术解释学 [M]. 北京：科学出版社，2009：189.

中，工程师与工程伦理学家，甚至包括公众、管理者、立法者、政府机构等相关群体，都是人工物的"合作者"。工程一旦出现问题，公众首先想到的就是工程师需要负担责任，需要为工程的后果负责。无可否认，工程师作为"道德文本"的"写入者"，在对工程实践施加有效伦理影响方面具有极为重要的作用。然而，他也仅仅是"写入者"之一。对于工程师而言，需要承认工程师的重要地位，鼓励其更好地在工程伦理实践"操作"中发挥积极作用，为社会的道德建构起到关键性作用。

## 4.3　工程伦理实践中操作的方法

### 4.3.1　操作必要条件的设定

工程伦理实践的操作过程，首先应当始于"问题化"与"概念化"的步骤，即工程师应当在日常实践语境中将其所面临的决策概括成一个具体问题，并将这一具体问题所涉及的相关要素概念化。

1. 进入操作的"场景"

如果将工程伦理实践的操作过程看成是一幕剧的话，那么首先应当进入"场景"，这是指工程实践与伦理意义发生联系的过程。工程师进入操作的"场景"主要有以下四种形式：其一，工程师的工程决策明确包含伦理决策成分；其二，工程师被"卷入"到伦理决策之中，不进行伦理决策便无法进入工程活动的下一环节；其三，工程师在道德直觉的导引下，凭借道德敏感性意识到工程实践所"隐含"的伦理意义；其四，工程师有意识地运用伦理资源反思自身参与的工程实践。工程师进入操作的"场景"之后，便从单纯的"工具主义者"转变成为具有伦理意识的操作者。这一转变并不只是思维方式的变化，而且包含了实践者身份的改变。

2. 设定问题发生的背景

在工程实践中进行问题化与概念化，需要设定问题发生的背景，相当于设定舞台的"幕"。"幕"这一概念在现代伦理学实践中占据着重要地位，约翰·罗尔斯（John Rawls）曾在《正义论》一书中提出"无知之幕（veil of igno-rance）"这一概念①，主要是指只有参与决策的每个人在"无知之幕"的背后成为"无差异的个体"，才能真正做出符合正义原则的决策。在工程伦理实践

① 约翰·罗尔斯. 正义论［M］. 何怀宏，等译. 北京：中国社会科学出版社，1988：131-135.

意义上，"幕"的设置实际上是为工程伦理实践操作活动设定一种背景。而在"无知之幕"背后进行的工程伦理实践操作，不仅不现实而且也不可能。也正如李伯聪教授所言："'无知之幕'只适用于在原初状态中对正义原则的选择……一旦人们进入了工程伦理实践领域和研究工程伦理——特别是工程决策——问题，无知之幕就必须拉开（即抛弃），这是要面对和出场的就不再是'无差别的个人'，而是'有差别的个人'。"[①] 因此，进入操作"场景"之后，必须要考虑到可能发生工程伦理实践操作的具体背景，这一具体背景是工程伦理实践操作得以发生的"幕"。

"幕"的设置，不仅需要关注工程伦理实践中的"操作"所处的历史背景，还需要关注其现实背景；不仅需要关注其工程技术背景（包括职业背景），还需要关注其发生的社会文化背景（包括组织背景），如表 4.1 所示。

表 4.1　操作的背景

| 观察视角 | 具体背景 | |
| --- | --- | --- |
| 纵向维度 | 历史背景：工程实践活动的历史资料及类似的工程实践案例（这些案例的选取可用于下面基于道德直觉的"决疑法"判断） | 现实背景：工程实践所利用的现实资源，包括"此时此地"所关联的"地方性知识"与"个人知识" |
| 横向维度 | 工程技术背景（包括职业背景）：工程实践活动的技术原理及相关的工程技术规范，包括涉及的职业共同体背景 | 社会文化背景（包括组织背景）：工程实践发生所处的社会文化背景，包括与之相关的社会价值观体系，以及工程师所处职业共同体的组织文化背景 |

### 3. 利益相关者分析

之所以要拉开工程伦理实践操作的"幕"，实际上是承认工程伦理实践的操作过程所涉及不同个体（团体）之间的差异。李伯聪教授认为，在工程活动中出现的并不是无差别的统一的利益主体，而是存在利益差别的不同利益主体。因此，工程决策不应是在无知之幕后面进行的事情。在决策中应该拉开"无知之幕"，让利益相关者出场。[②] 在设置工程伦理实践操作之"幕"后，需要确定参与的"演员"。

英国学者安德鲁·弗里德曼（Andrew Friedman）和萨曼莎·迈尔斯（Samantha Miles）在《利益相关者：理论与实践》一书中，对"利益相关者"这一概念做了翔实的分析与研究。他们从公司治理的角度出发，认为利益相关者通常包含以下几类：股东、顾客、供应商与批发商、雇员、本地社区。

---

① 李伯聪. 工程伦理学的若干理论问题［J］. 哲学研究，2006，(4)：97.
② 李伯聪. 工程伦理学的若干理论问题［J］. 哲学研究，2006，(4)：98.

· 111 ·

除此之外，利益相关者还应当包括：利益相关者代表，如工会、供应商或批发商的同业工会；被认为是利益相关者代表的非政府组织；竞争对手；政府、管理者及其他政策制定者；非股东的金融家（债权人、债券持有人、债务提供者）；媒体；公众整体；地球的非人类方面（自然环境）；商业伙伴；学术界；前辈（特别是组织的建立者）和后辈；原型（archetypes）或者"文化基因（memes）"。① 工程伦理实践中操作的开展，首先需要明确工程实践与工程伦理实践的操作可能涉及的利益相关者。唯有如此，才能对工程伦理实践中操作所涉及的相关价值、观念、伦理原则、道德规范有较为全面的认识，才有可能理解发生"利益冲突"的潜在因素。在职业语境下，工程师在很多时候是被作为公司"雇员"参与工程实践的。此外，如果按照美国学者爱德华·弗里曼（Edward Freeman）的经典定义，将利益相关者广泛地理解为"能够影响（被影响）实现组织目标的任何团体或个体"②，那么在工程伦理实践的操作模型中，工程伦理学家不应当被作为"局外人"，而应当成为重要的利益相关者，从而"能够影响目标的实现"。

4. 描述具体问题

这一阶段的最后一个环节，是将工程师在其日常实践中所面临的情境进一步"问题化"：在掌握工程实践的发生背景及确定利益相关者的基础上，对工程伦理实践中操作所涉及的工程实践过程的阐释性理解，这一过程是开展行动的基础。这一环节至少需要达到以下三方面目的，它是工程伦理实践三种操作模式的共同基础：其一，情节化。对工程伦理实践操作所涉及的实践过程具有一种情节性理解，了解所涉及的人物、地点、事件的基本叙事结构。其二，问题化。将这一事件过程归纳为一个或多个基本问题，以便于进行相关道德判断。其三，概念化。对基本问题中所涉及的基本要素进行概括总结，涉及基本利益冲突（如雇主、顾客及公众之间的利益冲突）、伦理观念（如公正问题）、价值观念（如工程设计的可持续性观念）。

## 4.3.2 操作的程序

工程伦理实践中的操作并不强调一种模式一定优于其他模式，而是强调三种模式在具体操作过程中的综合运用和相互补充。当然，在不同阶段，操作者

---

① Friedman A，Miles S. Stakeholders：Theory and Practice [M]. Oxford，UK：Oxford University Press，2006：13-14.

② Freeman R. Strategic Management：a Stakeholder Approach [M]. Boston：Pitman Press，1984：46.

据其所处处境的差异，可能会将其中一种操作模式置于主导地位。

1. 基于道德规范互动解释的操作

工程师在成为一名合格工程师之前，接受过系统的工程教育。而其在职业生涯中，也受到职业道德规范的约束。因此，面对具体工程实践，工程师能够直接利用的首先是用以指导实践的规范性资源。道德规范主要有两种：外在规范与内在规范。如果一种道德要求或命令是由道德行为者之外的主体提出来的，这种规范就是外在的，如专业学会的伦理守则、受雇企业的伦理守则、社会公共道德，以及社会群体（公众）的规范性期望。如果一种道德要求或命令是由道德行为者自身提出来的，是出自行为者自身的理性或情感，这种规范性就是内在的，这就是通常所说的道德意识和道德情感。由于外在性道德规范本身都是对"个体实践者责任的集体性承认"①，是对不同政治与社会观点的实践者的统一规定，它们需要结合个体实践者（工程师）的内在规范加以进一步选择。

在确定了道德行为的相关规范性资源之后，工程师需要基于不同的伦理框架，在工程实践中对道德规范开展互动解释。对于同一个特定的规范或案例，不同个体的感知可能是不同的。因此，开展工程师与工程伦理学家之间的互动解释，能够对规范或案例本身有更好的理解，从而有可能提出更好的解决办法。开展互动解释，主要包含以下几方面内容：首先，工程师主要面临着什么样的道德问题？这一问题涉及哪些利益相关者？有没有遗漏常规分析所忽略的利益相关者？公众福利是否被置于最高位置？其次，这一问题主要涉及哪些道德规范？违反了哪些道德规范，尤其是专业学会与受雇企业中的伦理守则？不同道德规范背后的基本伦理原则有哪些？其具体意义如何？最后，在解释有效性的意义上，涉及的相关道德规范能不能较好地彼此相容？是否存在着不同道德规范之间的冲突？在这一问题上，能否找到"创造性的中间方式"？

在基于互动解释的规范性分析之后，作为行动者的工程师需要做出初步的道德行为决策，判断自己应当如何行动（做）。尤其需要指出的是，在初步制定相关道德行为决策时，需要考虑工程伦理学家及其他群体是否持异议。如果持异议，需要了解产生分歧的原因所在，是工程伦理学家本身对于工程技术知识的匮乏或误解，还是工程师忽视了工程伦理学家的关切，抑或工程伦理学家

---

① Unger S. Controlling Technology：Ethics and the Responsible Engineer ［M］．2nd ed. New York：John Wiley & Sons, Inc.，1994：106.

与工程师两大群体对于相同道德规范的理解存在差异。

此外，基于互动解释的规范性分析也有可能导致多种可能的解决方案。此时需要在不同的可能性方案中做出比较，选出相对来说最优的行为方案。在很难形成相对完善的初步道德行为方案时，工程师需要借助于另外两种工程伦理实践的操作模式。

2. 道德直觉指引下的操作

道德直觉指引下的伦理操作，是工程师在有关工程技术的深层体验与对伦理原则的深度沉思基础上，通过道德直觉有效影响工程实践的过程。道德直觉指引下的伦理操作主要包含以下三个层面。

道德直觉指引下的操作的第一个层面，是工程师运用道德敏感性在工程实践中发现、分析与解决问题的过程。然而，由于道德直觉过程本身的复杂性，工程实践中道德敏感性的生成过程一直缺乏深入研究。直观体验的素材首先是丰富多彩的现实生活。人们体验生活时，除了自觉运用逻辑分析的推理功夫以外，大多数时候是不自觉地接受尚未作逻辑分析的各种信息，引起不同的情感反应，产生不同的感受状态，作为知情意未加分化的整体认知结果记忆下来。工程师对于日常生活的深刻体验，有助于形成其在工程实践中的道德敏感性。道德敏感性是一种有效的道德反应能力，工程师凭借它能够具有敏锐的道德洞察力，发现工程实践中潜在的伦理问题，继而在直觉意义上做出有效的回应。这种回应常常是快速而及时的，其效率常常超越了传统意义上基于道德规范的伦理操作模式。道德敏感性在工程伦理实践的操作中的应用，包含以下三方面内容。

（1）对于工程技术系统风险的道德敏感性，包括对于工程技术系统的基本特点、运行规律、功能、属性、潜在风险等方面的深层体验。一旦工程技术系统（如大型核电系统）运行存在潜在风险及运行障碍时，能敏锐地加以觉察。

（2）对于工程技术组织文化的道德敏感性，能够敏锐地察觉其所处工程技术组织文化的微妙变化。有关这种微妙变化的体验，一方面能够发现组织制度可能给工程技术系统运行带来的潜在影响（如"'挑战者号'事件"中对于风险等级表的调整）；另一方面能够掌握组织文化变迁可能为伦理操作带来的潜在资源（如组织官僚结构的变化可能会影响工程师"举报"义务的实践效果），甚至能够解决工程伦理实践操作中的部分伦理困境（如利益冲突的问题）。

（3）对于"社会-技术"互动关系的道德敏感性，包括工程师日常生活背后的伦理意义，在"社会-技术"网络中一项工程决策所关联的广泛社会利益。这方面的道德敏感性能够使得工程师敏锐地察觉工程决策与社会影响之间的紧密联系。在给社会带来负面影响之前，通过调整工程决策有效地避免工程技术风险。

受道德直觉指引的操作模式的第二个层面，是道德想象力的运用。道德想象力的运用，更加强调一种"推己及人"原则，这就是杜威所说的"移情投射"。他认为，"作为一种直接的反映形式，移情是'道德判断的充满活力的模式'。采取他人的立场刺激我们麻木不仁的状态，这样就能洞悉他人的渴望、兴趣与忧虑，如同洞悉我们自己的"。杜威也指出，"这应该区别于将我们自己的价值与意象强加于他人而不尊重差异那种常见的误导性习惯"①。推己及人的道德想象，在中国哲学中也能够找到类似的思想印记。孟子所言，"老吾老以及人之老，幼吾幼以及人之幼"② 所抒发的就是这一类情怀。他在论及"四心"时，也曾谈到有人看见孩子掉进井里时，会自然地生出"恻隐之心"。③ 产生这种"恻隐之心"的前提，并不是精密的利益权衡或伦理论证，而是一种基于道德想象力的直觉意识。推己及人的道德想象力运用，可以在以下几个具体环节上付诸实践。

（1）在道德敏感性基础上，工程师可以开展杜威所谓的"戏剧排练"的道德反思形式，即（在想象中）对各种相互竞争的可能的行为方式的戏剧性预演……（它）是一种想弄清楚各种可能的行为方式像什么的实验……与公开尝试过的行为不同，这种"想象中尝试的行为"不是最终的亦非致命的，这种行为是可以挽救的。④ 从而，思维跑在结果前面，并预见到结果，由此避免了不得不接受已酿成的失败和灾祸的教训。

（2）在"戏剧排练"的情节中，工程师进入公众及其他利益相关者的角色，通过想象他们的日常生活史体验其道德生活经验，分析他们所关心和关联的利益与价值。

（3）进一步推断在某种可能性决策做出之后，公众及其他相关利益者可能会做出哪些反应，哪些反应是积极的，哪些是消极的。最终，在诸多可能的行为方式中，选择相对于公众和其他利益相关者而言最优的行为方式。

（4）从公众及其他利益相关者的眼中，想象其对于工程师自身及其所从事

① 斯蒂文·费什米尔. 杜威与道德想象力：伦理学中的实用主义［M］. 徐鹏，马如俊译. 北京：北京大学出版社，2010：99.
② 孟子·梁惠王上.
③ 孟子·公孙丑.
④ 斯蒂文·费什米尔. 杜威与道德想象力：伦理学中的实用主义［M］. 徐鹏，马如俊译. 北京：北京大学出版社，2010：104.

工程实践活动的道德评价。

推己及人的道德想象力运用是一个"根据可能性看待现实性"的过程。正如美国学者托马斯·亚历山大（Thomas Alexander）所言，"想象是行动的一个阶段……在这一阶段，与我们本身处境相关联的可能活动得以展现，由此就放大了当前的意义，并创造出可据以批判当前价值的语境，这样就解放了行为过程本身……想象是一个时间意义上的复合体，一种当前的操作，确立与过去的连续性，展望未来，以至于一个连续不断的活动过程可以显示出最丰富的意义并展开充满价值的可能途径"①。

道德直觉指引下操作方法的第三个层面，是基于"从案例到案例（case to case）"的"决疑法（casuistry）"的应用。所谓决疑法，是指依赖于分析单个独特的案例，并讨论其与范例（paradigm cases）及广泛原则之间的关系，其主要步骤包括诉诸直觉、与范例的类比及具体案例的评估。② 将决疑法引入伦理学实践的当代伦理学家，主要包括艾尔伯特·琼森（Albert R. Jonsen）、史蒂芬·图尔敏（Stephen Toulmin）、哈里斯及菲利普·赫林梅斯基。③

在工程实践中，工程师们单独运用道德规范往往并不能得到有关"如何行动"的清晰答案，很多时候存在模糊甚至两难的体验。决疑法应用于工程伦理实践操作，目的就在于致力于解决这一"操作障碍"。正如美国学者理查德·米勒（Richard Miller）所言，决疑法往往在以下几种情形下体现出其实践有效性：（道德）规则不清晰、冲突性的规则迫使我们走向相反的方向、我们必须确定"道德上有罪（moral culpability）"的程度。④ 因此，决疑法的使用是通过选择类似的案例，将其与当下存在的问题环境（problematic situation）相类比，通过诉诸直觉的反复类比，对存在问题的环境获得较为清晰的理解，对当下所处的工程实践环境做出评价和判断，最终决定如何行动。下面结合琼森、图尔敏、米勒及哈里斯等的相关工作，对工程伦理实践操作中决疑法的运用加以简单说明。

首先，在诉诸直觉的基础上，需要寻找与有待分析的事件（判决案例）相

---

① 转引自：斯蒂文·费什米尔. 杜威与道德想象力：伦理学中的实用主义 [M]. 徐鹏，马如俊译. 北京：北京大学出版社，2010：102.

② Bunnin N, Yu J. The Blackwell dictionary of Western philosophy [M]. Malden：Wiley-Blackwell，2004：101-102.

③ 前两者致力于将决疑法应用于生物伦理学与医学伦理学的实践，后两者注重将决疑法应用于工程伦理学的实践操作.

④ Miller R. Casuistry and Modern Ethics：a Poetics of Practical Reasoning [M]. Chicago：University of Chicago Press，1996：5.

关的范例。在这些范例中，那些公认是错误的案例被称为"否定范例"，那些在道德上被公认为是许可的案例被称为"肯定案例"。① 在这一过程中，需要对这些范例的相关特征进行描述，从而根据相互对立的特征将范例划分为否定与肯定两类。

一旦确定了肯定案例与否定案例的关键性特征，工程师就可以将其自身处境与那些范例进行比较。大多数情况下，工程师自身处境的相关特征往往处于两类典型范例之间，即处于"明显错误"与"明显可接受"之间。此时，需要根据直觉确定自身处境在两个极端之间的相对位置，是偏向"错误"还是偏向"可接受"。同时，还应当注意到哪些特征可能会比其他特征更为重要。

在此之后，观察在相关案例中行动主体是如何处理类似情景的，这将有利于发现所建构的方法体系与工程师处境是否相关，以及能否被利用。工程师从整体上考察掌握的所有信息，回到其自身处境的特殊性上，在比较自身处境与两个极端情形的基础上，运用实践智慧形成最终判断。当然，也正如赫梅林斯基所言，决疑法依赖于对话。② 在讨论案例之间的相似性、相关案例之间的共同特征、选择包含具有对立性特征的案例时，工程伦理学家与工程师之间的有效对话都有助于相关意义的澄清。

3. 工程师与工程伦理学家共同参与的道德物化

从方法上来看，工程伦理实践中操作程序的前两项步骤"内在地"指向工程活动的职业实践。与前两项步骤对应，工程伦理实践操作的第三项步骤——道德物化强调将积极的伦理价值通过工程设计"内化"在人工物的物质形态之中。从实践有效性视角看，前两项步骤更加注重有效地影响工程师的职业行为，进而有效地培养道德人格上完整的工程师；而道德物化更加注重有效地影响工程设计，继而通过人工物功能设计建构更加道德的社会。因此，在前两项步骤的基础上，工程伦理实践中的操作能够直接落实到物质层面，从而使得工程伦理的实践有效性更加彻底。

道德物化首先需要阐释相关伦理价值，即需要广泛地理解有待写入的伦理价值。比如，工程人工物的设计需要体现哪些伦理价值？这些伦理价值的普遍

① 这一阶段需要不断地运用类比方法，琼森将这一阶段称为"道德分类学（moral taxonomy）"。Jonsen A. The Abuse of Casuistry：a History of Moral Reasoning [M]．Berkeley：University of California Press，1988：44.

② 菲利普·赫梅林斯基．案例分析与工程伦理：当代国际化职业实践的传统资源 [A] 朱勤译．// 安延明，王前．应用伦理学的新视野——2007 年"科技伦理与职业伦理"国际学术研讨会文集 [C]．北京：人民出版社，2008：163.

意义是什么？在当下人工物的设计语境中，它的具体意义可能包含哪些？从工程学与伦理学两种不同知识传统来看，这些伦理价值的意义是否具有内在的关联性？当前的理解是否存在冲突？这些意义冲突是否有利于在工程设计的语境下来理解伦理观念本身？

在对伦理价值开展互动阐释之后，需要对技术中介进行预见与分析。技术中介除了实现其功能外，还能够对用户的意识与行为产生一定影响，进而对伦理决策产生一定影响。技术中介的预见与分析，发生在有关人工物的设计语境与使用语境的联系之中。工程师需要将伦理价值的阐释结果带入技术中介的预见与分析之中，进而思考伦理价值在人工物中的物质表征形式。费尔贝克认为，技术中介的预见与分析主要有两种途径：一是设计者的想象（imaginations of designers）；二是扩充的建构式技术评估（augmenting constructive technology assessment）。①

所谓"设计者的想象"，是指设计者致力于想象他们所设计的人工物对于使用者行为的影响，反思相应的伦理价值将以何种形式被予以呈现，从而能够将相关的预见内容反馈至设计过程之中。

所谓"扩充的建构式技术评估"，是指在传统建构式技术评估基础上，将人工物的技术中介作用巧妙地整合在系统内（图4.4）。② 与设计者的想象相比，扩充的建构式技术评估是更为系统的中介预见与分析策略。"扩充的建构式技术评估"实际上扩充了传统意义上建构式技术评估的考虑范围。除了需要将用户、利益集团、公司、政府及其他利益相关者的评估反馈到设计语境之中，还需要将人工物的中介作用的评估结果反馈到设计语境之中，从而能够将人工物伦理价值的实现效果的评价反馈到设计过程中，进而开展相关的优化，完善工程伦理实践中操作的效果。

技术预见与分析过程，同样也是工程伦理学家与工程师共同参与的过程。一方面，工程伦理学家需要帮助扩展工程师的道德想象空间，特别是想象人工物在使用语境中对于社会的广泛伦理影响；另一方面，工程伦理学家的参与，也将有助于批判地认识反馈至设计语境的道德评价结果是否广泛地包含了所有的相关利益者及其利益。

当前，通过道德物化开展工程伦理实践操作的途径主要有两种：一种是价

① 朱勤. 技术中介理论：一种现象学的技术伦理学思路 [J]. 科学技术哲学研究，2010，27（1）：101-106.

② Verbeek P. Materializing morality：design ethics and technological mediation [J]. Science, Technology & Human Values, 2006, 31 (3)：377.

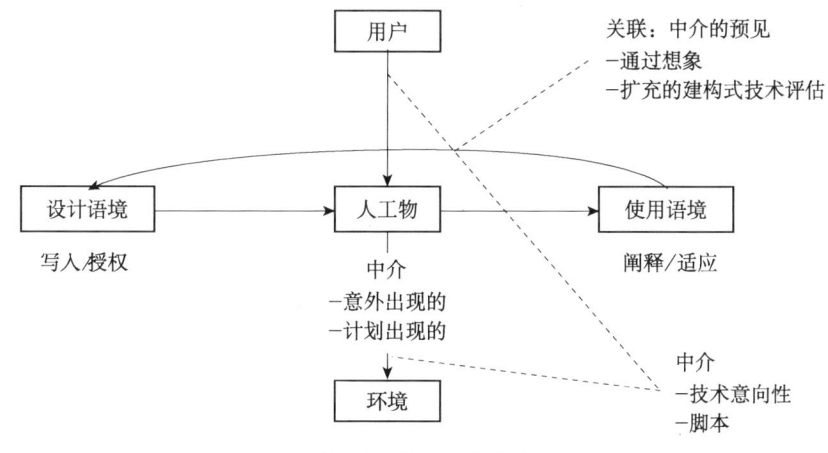

图 4.4　技术中介分析

值敏感设计（VSD）；另一种是劝导技术（PT）。

　　VSD 是一种设计方法，其目的在于在整个设计过程中，以深刻理解伦理原则为基础广泛地包含人类价值。作为一种新兴设计方法，VSD 正逐渐引起国际学界的广泛关注。工程伦理学家们对这一方法的影响占据主要地位，一些欧美学者倾向于将其看成是一种"伦理技术"。VSD 不仅是一种设计技术，而且也是通过工程技术手段体现伦理价值的技术，属于工程伦理实践的操作的范畴。VSD 以追求道德物化的操作模式为主，同时在实践中融合基于道德规范的操作模式与以道德直觉为导向的操作模式。20 世纪 80 年代末 90 年代初，美国华盛顿大学教授巴特亚·弗里德曼及其同事最初发展了 VSD。VSD 是一种假定设计过程并非中性的技术伦理学方法，它假定设计过程是负载伦理的，是道德相关的，并且那些道德上的相关考虑对人工物世界的塑造产生了影响。

　　PT 也是一种新兴的技术设计方法。它致力于通过"劝导（persuasion）"和社会影响，而不是通过强迫的方式，改变用户的态度与行为。[①] PT 作为一种设计理念，最初来源于美国斯坦福大学教授福戈的工作。"劝导技术"是一个涵义非常广泛的术语，它指代任何能够鼓励人们做某些事情的技术，如系上安全带或是将中央空调下调几个度数，"减速坡"与"具有安全提醒功能的安全带"都属于 PT 的范畴。PT 所传递和表达的是一系列的伦理价值，它通过影响使用者的态度与行为，进而能够使人们以积极的、符合道德的形式对社会与自然界产生影响。

---

　　① Fogg B. Persuasive Technology：Using Computers to Change What We Think and Do ［M］．New York：Morgan Kaufmann，2002：1.

福戈是在计算机技术的基础上发展 PT 的，他的目标主要是"设计、研究和分析那些用来改变人们的态度和行为的交互式计算机产品（interactive computing products）"。他区分了七种类型的 PT：第一，"简化"（reduction）技术。它通过使复杂的事情简化而使人们愿意去做该事情。第二，"隧道"技术。它预先设定好一个行动程序，一旦你启动了该程序，就必须按照既定步骤一步一步地走下去，就像进入一个隧道一样，必须按照隧道的方向行进。第三，"量体裁衣"技术。心理学研究表明，有针对性的信息比普通信息能够更加有效地影响人们的态度和行为。因此，在设计时应该注意个体的差异。第四，"建议"技术。在恰当的时机给出相应的参考建议将使劝导更加有效。例如，在住宅区或校园里放置一个"速度监控告知与雷达追踪"装置，能够及时监测汽车的速度并显示在电子屏幕上，同时显示此处的限制速度，司机就可以知道他目前是否超速，以便减少发生交通事故的几率。第五，"自我监测"（self-monitoring）技术。它能够使人们及时地调整自己的态度和行为，以实现预定的目标和结果。第六，"监控"（surveillance）技术。这是能够及时了解他人的技术，商场、银行、公司等场所安装的监控摄像头就属于这类技术。第七，"调节"（conditioning）技术。它通过对一种行为进行奖励来达到对该行为的强化。① 这些 PT 的实施，在赋予特定的伦理价值的条件下，都具有通过道德物化开展工程伦理实践操作的意义。当然，也需要注意，PT 如果被用于不道德的目的，也可能产生负面的社会影响。另外，PT 毕竟是设计者通过道德物化的途径施加给使用者的，这样会使道德物化的效果取决于设计者的道德水准，同时限制使用者的自由选择空间。因此，通过道德物化开展工程伦理实践操作，需要不断进行实践有效性的评价。

### 4.3.3　操作的评价

工程伦理实践中操作环节的有效性评价，可以从以下几方面效果加以判断。

1. 是否有助于道德规范与道德实践之间保持"反思平衡"？

工程伦理实践中一项有效的操作，应当有助于批判地理解工程实践的道德规范，使操作者在实践中不断阐释道德规范，获得对于道德规范在具体情境中的深刻理解。工程师在充分理解道德规范的基础上，能够进一步明确道德规范的适用范围。当工程实践环境的变化造成道德规范不再适用时，往往能够对道

---

① 张卫，王前. 劝导技术的伦理意蕴 [J]. 道德与文明，2012，(1)：102-106.

德规范有所更新甚至重新建构。

因此，工程伦理实践中有效的操作，要求道德规范与道德实践之间存在着"反思平衡（reflective equilibrium）"。香港大学教授刘彦方（Joe Lau）与陈强立（Jonathan Chan）认为，道德规范与道德实践之间的"反思平衡"可以模式化为以下循环过程，如图 4.5 所示。① 借用罗尔斯的概念，工程实践中的反思平衡实际上是一种实践哲学：通过道德规范的在道德实践中的不断应用、预测、检验与修正，使其能够达到与工程实践中人们所考虑的道德判断相接近的状态。此时，道德规范才具有真正意义上的实践有效性。

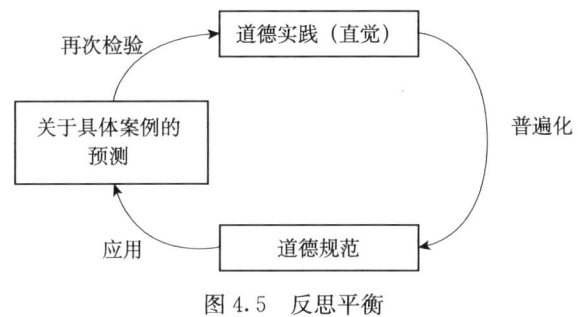

图 4.5　反思平衡

**2. 是否有助于培养工程师的道德实践能力？**

工程伦理实践中一项有效的操作，还应当有助于培养工程师的道德实践能力，这种道德实践能力是工程师的"实践德性"。具体而言，工程师的道德实践能力主要包括：道德实践智慧，即工程师能够运用实践智慧，确定在具体工程情境下如何行动才是符合道德的；道德敏感性，即在工程实践中，工程师能够形成一种敏锐的洞察力，具有对工程技术系统特质和风险、工程技术组织文化，以及工程技术社会语境的道德敏感性；道德想象力，即运用想象力体验公众及其他社会群体的道德感受，从其他社会群体的视角反思与评价工程师自身实践行为的道德意义，在设计语境中想象人工物设计可能在使用语境中存在的技术中介作用，"创造性发掘情境中的种种可能性"②，从而寻找出智慧的操作方案；道德习惯，即工程师能够将符合道德的实践行为常态化为一种习惯，从而使得在工程实践中的负责任行为成为一种由内而外的"自发行为"。

---

① Lau J，Chan J. Reflective equilibrium［EB/OL］．（2004，05，11）http：//philosophy.hku.hk/think/value/reflect.php［2011-08-12］.

② 斯蒂文·费什米尔. 杜威与道德想象力：伦理学中的实用主义［M］．徐鹏，马如俊译. 北京：北京大学出版社，2010：99.

3. 人工物的设计是否有利于建构美好社会？

有关工程伦理实践中操作的评价，还需要考察人工物设计能否有利于建构美好社会。在这一方面，米切姆与大卫·穆尼奥斯（David Muñoz）倡导的"人道主义的工程（humanitarian engineering）"是较为新近的一个范例。

米切姆与穆奥尼斯认为，人道主义的工程是运用积极的同情心，巧妙地利用科学来规划自然资源，使其能够满足人们的基本需要——特别是那些无权力的、贫穷的及被边缘化的人们。[①] 在工程实践中，一般意义上的工程师也许会提出这样一个问题：我如何才能最有效地发电？而"人道主义的工程师"往往会问：我怎样才能帮助减少贫困？与其他工程师相比，人道主义的工程师会更多地在技术卓越、经济可信性、伦理完整与文化敏感性之间寻求平衡。[②]

因此，人工物的设计能否有利于建构美好社会，至少还可以包含以下几方面内容：人工物设计能否有利于帮助使用者形成道德的意识与行为？人工物设计能否有助于形成符合道德要求的消费文化？人工物设计能否有助于有效地解决一定的社会伦理问题，如贫困、地区发展不平衡、环境污染等？人工物设计能否有助于促成民主的、道德的社会氛围与制度，能够使被边缘化的、弱势的群体发出声音？

4. 是否全面考虑利益相关者的价值诉求？

最后，评价工程伦理实践中的操作，还需要思考工程伦理操作是否全面考虑了利益相关者的价值诉求。在实践有效性意义上，"全面"这一原则含义较为丰富。这里包括：①是否尽可能多地包含了利益相关者群体，是否存在被忽视的利益相关者，特别是那些处于弱势地位的、无法发出自身声音的利益相关者？②是否尽可能全面地考虑到利益相关者的所有价值诉求？不仅是包含物质层面的价值，还应当包含精神层面上的价值（自由、尊严与平等）。③是否在整个工程实践过程（上游、中游和下游阶段）都包含了对于利益相关者价值诉求的考虑？④是否考虑了工程实践所涉及的不同文化背景、族群、国家语境所造成的价值差异或冲突？

总体看来，工程伦理实践中的操作方法是融合基于道德规范的操作、道德直觉指引的操作与追求道德物化的操作等三种模式的综合操作体系，它融合了操作必要条件的设定、操作的程序及操作的评价等三部分内容。为了能够从整

---

① Mitcham C, Muñoz D. Humanitarian Engineering [M]. Breinigsville：Morgan & Claypool Publishers，2010：35.

② Humanitarian Engineering Program. What is humanitarian engineering? [EB/OL] (2011，07，20) http：//http：//humanitarian. mines. edu/ [2011-08-18].

体上把握工程伦理实践操作的方法体系，下面对整个操作方法体系的内在关系进行描述，如图 4.6 所示。

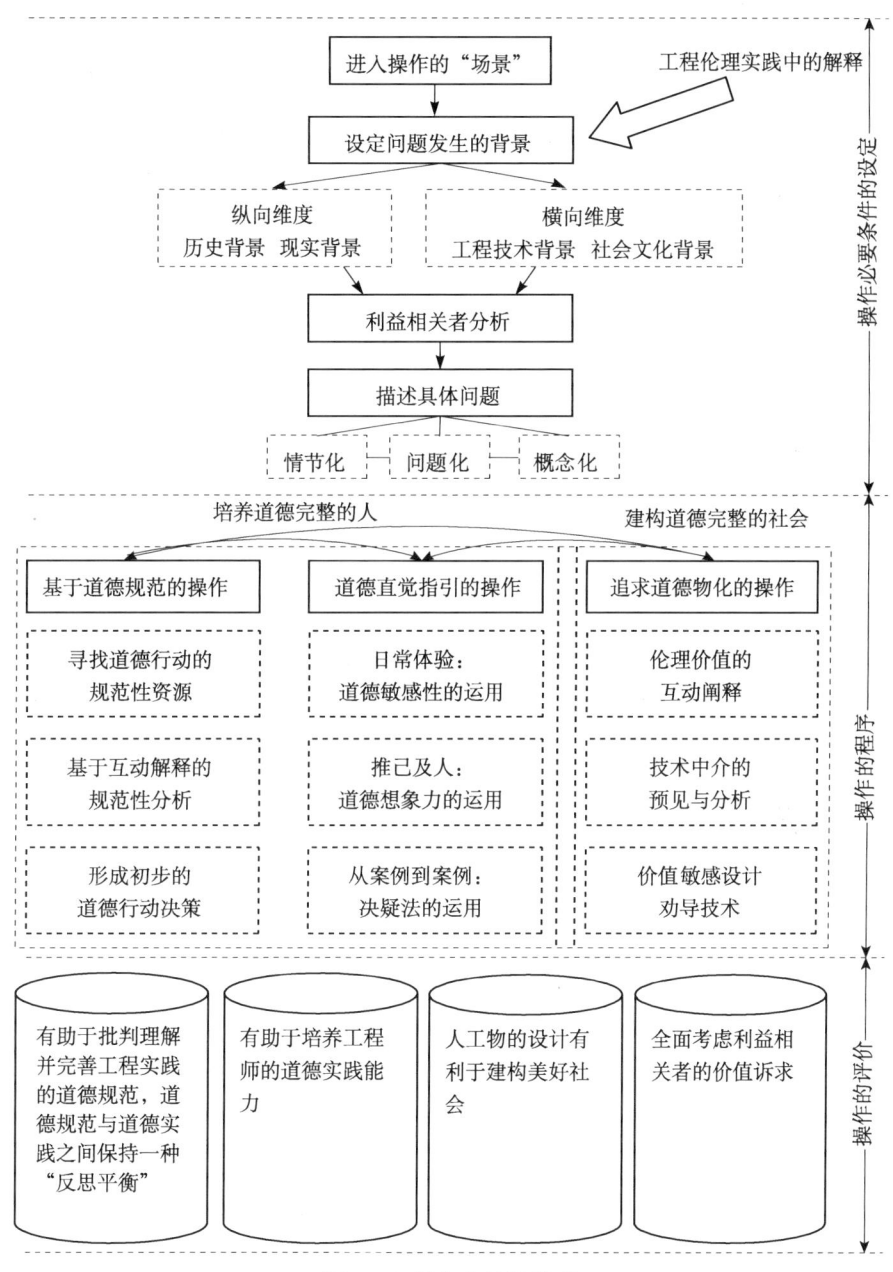

图 4.6 操作有效性模型

## 4.4 案例：华盛顿大学的"VSD 项目"

### 4.4.1 巴特亚·弗里德曼的 VSD 实验室

VSD 作为一种工程技术设计方法，在欧美学术界和企业界产生了极大影响。在华盛顿大学信息学院计算机科学与工程系，巴特亚·弗里德曼及其同事建立了 VSD 研究实验室。VSD 主要关注一系列与人类美好生活、人类尊严、公正、福利与人权相关的价值，它将设计系统及接口（interface）设计者，与思考和理解利益相关者价值的人群联系在了一起。VSD 要求扩大判断技术系统质量的目标与标准，以便能够包含那些促进人类繁荣的技术系统。在操作模式上，VSD 以追求道德物化的操作模式为主。

尽管该实验室以计算机科学与工程系为基础，然而从合作者网络来看，该实验室呈现出鲜明的跨学科特征。从人员构成看，除来自华盛顿大学信息学院、计算机科学与工程系的学者之外，还有来自美国西雅图太平洋大学数学系、加拿大英属哥伦比亚大学图书馆、信息与档案学院的学者，该实验室培养的博士研究生来自华盛顿大学政治学系、产业与系统工程系、土木与环境工程系。从外部合作者来看，既包括独立视频艺术家，还包括微软公司、英特尔公司等产业界人士、哈佛医学院的研究人员。部分工程伦理实践家也参与了实验室项目，其中包括荷兰 3TU 技术伦理研究中心的工程伦理学家、弗吉尼亚大学计算机伦理学家黛博拉·约翰逊，以及纽约大学计算机伦理学家海伦·尼森鲍姆（Helen Nissenbaum）。VSD 作为一项具有鲜明伦理意义的工程实践，需要多学科专家之间的共同合作与对话，从不同学科背景对相关伦理价值进行充分的互动阐释。

VSD 实验室的主要研究方向，是信息与计算机系统设计。近年来，VSD 实验室获得了多方面的项目与经费支持，如近期的美国国家自然科学基金会项目——"跨学科研究：移动设备个人隐私与安全：考虑人类价值的新框架与技术"。VSD 在整个设计过程中从道德哲学角度考虑人类基本价值，如隐私、安全、信任、人类尊严、身体与心理健康、知情同意、知识产权等。因此，VSD 与计算机（工程）伦理学密切相关。而且，它是一种更加注重实践的计算机伦理学，试图通过工程实践使得这些伦理价值在社会中予以实现。

VSD 实验室的研究项目主要包括以下五种。

（1）微软 CodeCOOP 项目：通过 CodeCOOP 组件系统的设计，使工程师能够建构一种进行信息分享与交流的电子社群。通过这种电子社群，工程师的责任伦理意识及其对社会价值的关注力得到增强。

（2）人——机器人互动：研究机器宠物如何能够更好地影响学龄前儿童的道德发展。

（3）城市模拟：UrbanSim 是一种大尺度的模拟系统，它模拟了 20 多年来的城区发展。其目的在于帮助公众与地方政府从更加长期后果的角度，在有关交通与土地使用等问题方面做出更加有根据的决策。由于公众在参与决策时总是带有对一系列价值因素的强烈关注，如平等、可持续性、环境保护、财产权等，该软件将有助于从系统层面对这些伦理价值因素做出回应，特别是不同相关利益者在具体工程问题上的价值冲突。

（4）在线的知情同意：在传统意义上，网络浏览器的 Cookies 有时候会在用户不知情的前提下记录用户的使用习惯，建立用户档案甚至跟踪用户的在线行为。通过重新设计以 Mozilla 等为代表的开源浏览器，使得网络浏览器技术能够更好地保护公众隐私。

（5）网络浏览器安全与人类价值：在技术、哲学、社会科学等领域专家合作的基础上，对网络浏览器的设计方法重新进行反思，设计出对于道德和社会价值敏感的安全浏览器。

### 4.4.2　VSD 的基本特点：工程伦理实践的操作视角的反思

1999 年 5 月 20~21 日，巴特亚·弗里德曼在华盛顿大学组织召开了一次工作会议，其目的一方面是就 VSD 的基本概念、方法、基本特点等与其他研究者、合作者达成共识，另一方面则是在明晰当前 VSD 挑战的基础上，为 21 世纪的 VSD 实践设定研究议程（research agenda）。1999 年 8 月 23 日，巴特亚·弗里德曼发布了该会议的报告《价值敏感设计——信息技术的一项研究议程》。下面针对该会议报告中提出的 VSD 基本特点，从工程伦理实践操作的视角加以反思①②。

（1）以积极的影响设计为导向：VSD 以影响信息技术设计早期及整个设计

---

① Friedman B. Value-sensitive design: a research agenda for information technology ［EB/OL］. (1999, 08, 23) http://www.vsdesign.org/outreach/pdf/friedman99VSD ＿ Research ＿ Agenda.pdf ［2011-08-19］.

② Friedman B, et al. Value senstive design and information system ［A］//Zhang P, Galletta D. Human-Computer Interaction in Management Systems: Foundations. New York: M. E. Sharpe, 2006: 348-372.

过程为导向，其总体目标是在这些系统被付诸使用之前提高信息系统的质量。

（2）将对于人类价值的批判性分析引入工程设计过程：VSD 致力于将对人类价值的分析带入设计过程，特别是在思考设计与工程方法论方面。因此，在操作模式上，VSD 以关注中游阶段的道德物化为主。

（3）扩大人类价值的范围：VSD 扩大了价值产生的领域，不仅包括工作场所的价值，还致力于包含教育、家庭、商业、在线社区及公众生活等领域的价值。其中，VSD 特别关注具有道德意义（moral import）的价值因素，有关这类价值因素的道德意义将围绕伦理学基本理论（义务论、后果论与美德论）而展开。因此，VSD 的开展需要建立在对于价值因素的道德意义阐释之上。

（4）区分可用性与具有伦理意义的人类价值：并不是所有的高度可用的系统都支持伦理价值。例如，即便是在可用性上，一个计算机系统得到了很高的分数，然而基于隐私的道德价值基础，人们依然会发现这一系统在社会上不能被广泛接受。因此，工程伦理实践中操作的意义，正是使传统意义上被视为"价值无涉"的工程实践具有其伦理维度。

（5）区分利益相关者：工程伦理实践的操作首先需要明确利益相关者，既需要包括那些直接受影响的人群，也要包括那些间接受影响的人群。

（6）以互动理论为基础：VSD 对于伦理价值的表现坚持一种互动论（interactional theory），即人们设计的技术特点与功能，使得技术倾向于赞成某些价值而阻碍其他的价值，技术的真正使用取决于用户与技术之间的互动，其演化处于"设计—用户使用评价—重新设计—重新被用户采用—重新设计……"的过程之中。这一演化过程，类似于道德物化中的"技术中介"作用。这一过程将设计语境与使用语境关联在一起，沟通了工程实践的中游阶段与下游阶段，而在反馈用户使用评价时，也会关联到上游阶段。

### 4.4.3 三重方法论：工程实践的"伦理操作"的实现

从方法论上看，VSD 以道德物化的伦理操作模式为基础，融合其他两种操作模式，建立了更加具体的设计方法，巴特亚·弗里德曼将其称为"三重方法论（tripartite methodology）"：概念研究（conceptual investigation，CI）、经验研究（empirical investigation，EI）与技术研究（technical investigation，TI）。通过这三部分内容，VSD 实现了整个工程伦理实践的"操作"过程。

1. 概念研究（CI）

CI 的目的是分析与具体技术设计相关的伦理价值，这一阶段以工程伦理实践的互动解释为基础。荷兰工程伦理学家霍温（Jeroen van den Hoven）认为，在这一阶段，伦理学家们开始思考其概念分析如何在制度安排、基础架构、人工物及系统中能够被成功地予以贯彻和表达，从而能够在现实世界中引起积极的道德变化。① 从工程伦理实践中操作的方法来看，这一阶段需要完成操作必要条件的相关设定工作。巴特亚·弗里德曼认为，这一阶段需要考虑的问题主要有：谁是受这一设计影响的直接利益相关者，谁是受影响的间接利益相关者？这两类利益相关者是如何受到影响的？这里涉及哪些价值？应当如何在信息系统的设计、实施与使用中，在有关这些相互竞争的价值（自治与安全，匿名与信任）中寻求一种权衡？

除以上问题之外，CI 还需要设定问题发生的背景，特别是工程设计问题的历史背景与现实背景，以及从整体上描述具体的工程设计问题。

2. 经验研究（EI）

在 CI 基础上，EI 需要为 CI 探讨的价值因素提供必要的经验数据支持，同时为支持某项设计的 TI 提供经验数据的反馈。

在巴特亚·弗里德曼看来，这一阶段需要考虑的问题主要包括：利益相关者们如何在互动的语境理解个体的价值？在设计权衡的过程中，利益相关者们如何排列相对抗的伦理价值？（这里需要对不同伦理价值开展互动阐释，最终寻找"创造性的中间方式"。）"计划实践"（所说）与"事实实践"（所做）之间是否存在着差异？（工程师不仅需要了解伦理知识，而且需要付诸实践，才真正体现了工程伦理实践的操作有效性。）新技术总是既影响个体又影响着组织，那么组织的价值如何能够在设计过程中有所考虑？（新技术与组织之间的互动关系，常常需要诉诸道德直觉指引下的操作模式，特别是对于组织文化的道德敏感性。）

3. 技术研究（TI）

在前两部分基础上，TI 需要研究具体的技术设计细节与因素，从而能够在具体的技术设计语境下促进或者阻碍既定的价值。在 TI 阶段，主要完成两方面任务：其一，了解现有的技术属性与潜在的机制如何支持或阻碍伦理价值的实现（现有技术中介作用的分析）；其二，积极介入系统的设计过程，从而能够支持 CI 中所确定的价值（未来技术中介作用的预见）。

从工程伦理实践中操作的视角来看，整个 TI 过程是追求道德物化的操作模式的核心阶段。TI 的两个层面上的任务，构成了所谓的"扩充的建构式技术

---

① van den Hoven J，Manders-Huits N. Value-sensitive design［A］//Olsen J，Pedersen S，Hendricks V. A Companion to the Philosophy of Technology［C］. Malden：Wiley-Blackwell，2009：477-480.

评估"。

### 4.4.4　VSD 的案例：网络浏览器中的 Cookies 与知情同意

为了进一步说明 VSD 的实际操作过程，下面以"网络浏览器中的 Cookies 与知情同意"为例加以具体阐释。

知情同意为隐私提供了一种重要保护，并且保护了一些人类价值，如自治与信任。然而，当前在产业实践与公众利益之间存在不协调。根据美国联邦贸易委员会（Fedral Trade Commission）的最新报告，59％的网站在既没有告知互联网用户也没有征求用户同意的前提下收集个人的识别信息。民意调查结果显示，88％的用户希望在这类情形下网站首先取得他们的同意。[①] 在这一背景下，巴特亚·弗里德曼及其同事通过开发有关 Cookies 管理的新技术机制，致力于设计能够在网络浏览器中促进知情同意的基于网页的互动程序。

1. 价值概念分析

从工程伦理实践的操作方法来看，追求道德物化的操作模式以"伦理价值的互动阐释"为出发点。因此，VSD 中的 CI 实践首先需要对核心价值开展哲学分析，巴特亚·弗里德曼等首先是对"知情同意"这一概念进行了意义阐释。依据以道德规范为基础的操作模式，工程伦理实践中的操作首先需要寻求道德行动的规范性资源并开展基于互动解释的规范性分析。在确定知情同意作为核心伦理价值之后，巴特亚·弗里德曼等以《贝尔蒙特报告》（*Belmont Report*）等文献中的伦理原则与道德规范为基础，通过互动阐释发展了在线互动中的知情同意标准。以上两种不同的工程伦理操作模式的结合，形成了围绕"知情同意"这一基本伦理价值的伦理知识体系，为开展进一步的工程伦理操作奠定了基础。

巴特亚·弗里德曼建构的伦理知识体系，既包含了基本的伦理原则，还包括了具体的道德规范，这在下列关键词的阐释中有所体现："informed"一词包含着"公开（disclosure）"和"理解（comprehension）"的意蕴。"disclosure"一词意味着需要为所考察行动可能包含的利益与伤害提供准确信息。"comprehension"一词则意味着个体对于被公开信息的精确阐释。同时，"consent"一词包含了"自愿（voluntariness）""能力（competence）"与"同意（agreement）"。"voluntariness"一词意味着需要保证行为并不是受到控制的或强迫

---

① Friedman B, et al. Value senstive design and information system [A] //Zhang P, Galletta D, eds. Human-Computer Interaction in Management Systems：Foundations. New York：M. E. Sharpe, 2006：348-372.

的。"competence"一词意味着行动者具有能够进行知情同意的精神、情感及身体等方面的能力。"agreement"一词意味着一种合理而清晰的机遇，能够有机会接受或拒绝参与某种活动。此外，"agreement"应当是始终有效的，也就是说，个体应当能够随时从互动中退出。①

2. 运用 CI 分析现存的技术机制

在对"在线的知情同意"进行概念分析后，巴特亚·弗里德曼等以 TI 的形式进行了一项回顾性分析：考察 1995 年后的 5 年间，伴随着对于知情同意理解的进化，Netscape Navigator（NN）及 Internet Explorer（IE）两种软件是如何改变其 Cookie 技术和网络浏览技术的。从工程伦理实践中操作的方法来看，这一过程实际上是对具体问题的历史背景分析。巴特亚·弗里德曼等运用上一阶段互动阐释得到的"公开、理解、自愿、能力、同意"等标准，评价每一种浏览器在其发展的每一阶段是如何促进用户知情同意的经验的。通过回顾分析，巴特亚·弗里德曼等发现，尽管在知情同意方面 Cookie 技术已经得到了较大进步（如增加了 Cookies 的可视度，增加了接受或拒绝 Cookie 的选项，增加了了解 Cookie 内容的入口），然而直到 1999 年，一些重大问题依然存在②。

比如，当浏览器向用户公开有关 Cookies 的相关信息时，浏览器仍然不能公开正确的信息，如设置某种具体的 Cookie 所带来的潜在伤害与利益。在 IE 中，接受或拒绝所有第三方 Cookie 的负担，落在了用户身上，特别是过分地要求用户一次性地拒绝每一个第三方的 Cookie。1999 年用户对于 Cookie 的外行体验（out-of-the-box）与 1995 年的体验没有任何不同：需要接受所有的 Cookie。也就是说，一个新手安装了浏览器，也就接受了所有的 Cookie，然而却并没有被告知任何有关安装行为的信息。当某个网站试图使用 Cookie 技术时，任何一个浏览器都没有提醒用户这一网站正试图保存 Cookie。

巴特亚·弗里德曼等对于浏览器中 Cookie 技术的回顾分析，一方面设定了进行伦理操作的历史背景，同时也使得他们自身获得了有关类似工程实践案例的道德直觉，为开展基于"从案例到案例"的"决疑法"判断奠定了基础。

3. CI、TI 与 EI 的反复与综合运用

然而，与知情同意相关的伦理价值、原则与道德规范，如何能够有效地在

---

① Friedman B，et al. Value sensitive design and information system［A］//Zhang P，Galletta D，eds. Human-Computer Interaction in Management Systems：Foundations. New York：M. E. Sharpe，2006：349.

② Friedman B，et al. Informed consent in the Mozilla browser：implementing value-sensitive design［A］//Proceedings of the 35th Hawaii International Conference on System Sciences［C］. 2002，University of Hawaii. IEEE.

浏览器技术的设计中有所体现呢？这一点是工程伦理实践操作的核心问题，也是衡量其有效性的重要标准。在以上两阶段 CI 和 TI 分析的基础上，巴特亚·弗里德曼等重复地使用 CI 和 TI 分析的成果，以指导进行第二轮的 TI 工作：重新设计 Mozilla 浏览器（NN 浏览器的开源代码）。他们通过开发三种技术机制，保证了与知情同意相关的伦理价值、伦理原则与道德规范在浏览器中的体现。

其一，对于 Cookies 的"非主要意识（peripheral awareness）"：在 Cookie 事件发生而用户并没有直接留意到的情形下，增强用户对于 Cookie 事件的意识。"非主要意识"策略使用户通过浏览器发出的声音和图像提示，能够实时地了解浏览器的运行状态，特别是 Cookie 事件的发生状况。这一策略极大地减轻了用户的负担。

其二，关于单个 Cookie 及 Cookie 整体的及时信息（just-in-time information）：在用户利用浏览器浏览网页时，用户能够运用浏览器内置的管理工具 Cookie-Watcher，实时地了解有关 Cookie 的一般信息，以及正在或已经被保存的单个 Cookie 信息。在 Cookie-Watcher 中，介绍了某一单个 Cookie 信息可能会带来的潜在风险。

其三，对于 Cookie 的及时管理（just-in-time management）：通过 Cookie-Watcher，用户可以对 Cookies 进行实时管理，用户可以通过这一工具决定是否接受或是拒绝某一单个 Cookie 对于相关信息的记录。

# 第 5 章 工程伦理实践中的对话

无论"解释"还是"操作",都不是一种"独白性"的活动,都需要发生在有效的"对话"之中。工程伦理实践中的"对话"包括工程师、工程伦理实践家、公众及其他利益相关者之间的对话,目的在于加深相互了解,提高"解释"和"操作"环节的准确性,协调相互的利益关系。然而,除了工程共同体成员之间在"解释"中的思想交流,以及在"操作"中的行为互动之外,工程伦理实践的"对话"还包括社会意义上的对话。基于商谈伦理学,工程伦理实践中的对话包含三种不同层面的对话:职业、舆论与制度。职业层面的对话,致力于保证具体工程项目中利益分配的公正;舆论层面的对话,致力于从社会舆论层面对工程实践开展实时监督;制度层面的对话,致力于通过制度化途径为公众利益的有效实现提供制度保障。通过对话能够消除工程实践中的信息不对称,促使相关各方实际利益的矛盾得到公正合理的解决。

## 5.1 工程伦理实践中对话的必要性

### 5.1.1 解释、操作与商谈

工程伦理实践中"解释"与"操作"的有效实现,都需要开展"对话"。工程伦理实践中解释环节的对话与操作环节的对话之间,存在着一定的递进关系。解释环节中的对话,是"解释学意义上的对话(hermeneutic dialogue)",其理论基础是解释学。解释中的对话的目的是澄清被解释对象的意义,通过"视域融合"促进解释者之间的相互理解,从而更加有效地理解工程伦理实践中的伦理原则、道德规范、道德情感、道德行为、社会现象及实际影响。操作中的对话更强调在工程行动中使道德规范语境化,使其能够在实践中得到创造性落实;通过公民社会道德经验的互动解释,形成工程师的道德行动直觉,使积极的伦理价值能够被"写入"人工物之中,进而有效地发挥其社会影响。

然而,对于实践有效性的追求并未局限于此。之所以将"对话"视为与"解释"与"操作"相对应的环节,其目的在于:在解释与操作的基础上,将对话的实践有效性意义与影响领域进一步拓展。从公共社会生活的角度建构对话的机制,形成有关工程社会决策的"审议民主(deliberative democracy)",

这就是工程伦理实践中的"商谈"。它是以"交往行为理论"和商谈伦理学为基础的工程伦理对话模式，是解释中的对话和操作中的对话的进一步递进。工程伦理实践中的商谈性对话侧重于处理与工程实践相关的利益与价值冲突问题，使利益分配更加公正，最终有助于建立并维护整个社会的道德秩序。

在现实语境下，工程活动利益相关者之间的价值冲突日益常态化，这类利益冲突给工程实践带来了一定影响。利益冲突带来的社会压力可能阻碍工程实践的顺利开展，利益冲突可能造成利益分配的不公正，进而有可能吞噬弱势群体的利益。商谈性对话是对解释中的对话和操作中的对话的反思性补充，为处理工程活动利益相关者之间的关系提供了道德基础。在哈贝马斯看来，商谈是解决争端的社会机制。① 开展以商谈性对话为基础的工程伦理实践对话，有助于有效地处理工程实践所带来的利益冲突与分配不公正问题，最终保证工程伦理的实践有效性。结合英国学者詹姆士·芬莱森（James Finlayson）对于哈贝马斯商谈伦理学的理解，围绕商谈的工程伦理实践中的对话，具有以下四方面重要特征。②

（1）商谈对话不是语言或言语的同义词，而是以工程实践中各相关利益者理性共识为目的的道德反思过程。

（2）商谈对话并非特指哲学家和学究们所进行的罕见而特殊的语言活动，它指的是融入日常生活的普通推理和论证。商谈对话是调节现代工程实践中利益冲突的机制，其功能在于更新或修复未达成的共识，并重新建立公民社会的道德秩序。

（3）商谈对话起始于聆听者（有时为弱势群体）要求说话者（有时为强势群体）支持其有效性声称的挑战。

（4）商谈对话是高度复杂、具有严格约束条件的实践，商谈对话包含了某些明确的、定型的规则，不存在那种想说就说的自由。

### 5.1.2　工程伦理实践中对话的价值

荷兰学者西斯·哈姆林克（Cees Hamelink）认为，"随着社会变得越来越民主、多元和多文化，解决道德选择的演绎方法越来越成问题了。不再能够威权性地把道德标准强加于所有社会成员。在这种情况下，伦理只有通过所有当事人之间的对话才能得到合理的发展"③。归纳起来，以商谈为基础的工程伦理

---

① Finlayson J G. 哈贝马斯［M］. 邵志军译. 南京：译林出版社，2010：88.
② Finlayson J G. 哈贝马斯［M］. 邵志军译. 南京：译林出版社，2010：40-41.
③ 西斯·哈姆林克. 赛博空间伦理学［M］. 李世新译. 北京：首都师范大学出版社，2010：4-5.

实践中的对话具有以下几方面价值。

（1）工程伦理实践中的对话有助于公众表达自身意愿，使公众的利益得到合理表达，能够促进工程实践的民主化。

近现代以来，工程技术对于人类自身及社会的影响越来越为显著，并逐渐成为社会实在的重要组成部分，部分工程技术甚至开始影响到人类的"物质性存在"，公众的日常生活实际上也成为其参与工程技术过程的途径。在此基础上，工程技术知识的日益专业化，使得公众很难以民主的形式参与工程实践的决策过程。这一现状造成了工程师与公众之间的"信任危机"。正如美国学者乔治·伯纳德·肖（George Bernard Shaw）所言："对于外行来说，所有的专业人员都是合谋者。"① 因此，通过工程伦理实践中的对话，将有助于公众以民主化的程序表达自身意愿，进而使得公众利益得到合理表达。早在 18 世纪，工程师托马斯·特雷戈德（Thomas Tredgold）就将"工程"定义为：为了寻求人类利益而对科学原理的应用，它致力于将自然资源最优化地转化为结构、机器、产品、系统和过程。② 如果一项工程忽视了公众利益，尽管它是对自然资源的"最优化转化"，这一工程仍然算不上真正优质的工程。因此，工程伦理实践中的对话也将有助于促进工程实践的民主化。

（2）工程伦理实践中的对话有助于建构工程师辩护的平台，从而使得工程师能够更加主动而积极地、更好地建构"善"的工程。

工程伦理实践中的对话不仅有利于公众表达自身意愿，同时也为工程师自我辩护建构了平台。由于工程师与公众之间对话的缺乏，批评家们往往会认为，专业人员限制了人们进入培养和注册的环节，压制新思想以保护垄断控制，迷惑人们并用家长式作风来维护他们的权威。③ 从而，一些对人体健康与环境造成损害的失败工程被广泛宣扬，促使很多人把工程师看成制造麻烦的罪魁祸首，而不是解决问题的能工巧匠。④ 早在 1998 年，米切姆就曾经指出：工程与哲学之间的对话，将有助于工程师开展"自我辩护"，有助于让哲学家更好地了解工程师的工作，同时也有助于抵御来自人文主义哲学家、存在主义者及女性主义批判家的"求全责备"。⑤

① Shaw G B. The doctor's dilemma ［A］//Shaw B. Six Plays ［C］. New York：Dodd Mead, 1941：preface.

② The McGraw Hill Encyclopedia of Science and Technology（vol. 6）［M］. New York：McGraw-Hill, 1997：435.

③ 维西林，冈恩. 工程、伦理与环境 ［M］. 吴晓东，翁端译. 北京：清华大学出版社，2003：21.

④ 维西林，冈恩. 工程、伦理与环境 ［M］. 吴晓东，翁端译. 北京：清华大学出版社，2003：32.

⑤ Mitcham C. The importance of philosophy to engineering ［J］. Teorema, 1998, 17 (3)：28-30.

因此，工程伦理实践中的对话将有助于为工程师建构辩护平台，有助于公众、哲学家、批评家等理解工程师形象，进而有助于培养工程师的职业声誉和职业信心，最终能够使工程师更加主动而积极地、更好地建构"善"的工程。

（3）工程伦理实践中的对话有助于建构各利益相关者广泛参与的"实时评估"平台，有助于宏观地对工程实践开展道德评价。

在技术评估方法方面，美国学者大卫·加斯顿（David Guston）与亚利桑那大学教授丹尼尔·萨热威兹（Daniel Sarewitz）曾经提出"实时技术评估（real-time technology assessment，RTTA）"方法。[①] RTTA 方法的核心在于，使所有利益相关者都能够广泛地参与到工程技术的评价过程之中，并运用社会网络分析与"社会-技术剧本"等工具在工程实践的不同阶段全面地进行描绘与评价。开展 RTTA 方法的关键，是对各利益相关者在不同阶段商谈性对话的有效评价。

在 RTTA 方法的相关理论看来，基于审议民主的工程伦理实践中的对话，能够有助于建构各利益相关者广泛参与的"实时评估"平台。"实时评估"平台所包含的工程伦理实践中的对话，将有助于各利益相关者将自身利益、价值与评估视角带入整个评价过程中，从而能够避免由于视角局限性而导致的不客观、不公正的评价结果。此外，由于不同利益相关者在工程实践不同阶段的价值与利益有所不同，"实时评估"平台所包含的工程伦理实践中的对话也将有助于不同利益相关者对整个工程实践开展全面的道德评价，而不仅仅局限于中游阶段。以追求道德物化的工程伦理实践中的操作为例：即便是工程师已经完成了基于中介预见与分析的人工物的道德物化，还需要在下游使用语境中开展道德评价，才能使这一操作模式取得应有的实践有效性。显然，下游使用语境的道德评价至少需要工程师、用户、一般公众与工程伦理学家的商谈性对话。

（4）工程伦理实践中的对话有助于建构基于"最低限度道德"的共识，有助于寻找符合各方利益和原则的道德分歧解决方案，在具体语境下选择相对最优的伦理操作方案。

哈姆林克认为，伦理对话将有助于寻找"最低限度的道德（minima moralia）"，以及以此为基础的基本共识。[②] 在现实语境下，绝对的、无条件的道德分歧解决方案是不存在的，存在的只是满足一定条件的、相对最优的解决方案。因此，交往理性的最终目的是获得基于"最低限度道德"的基本共识。如

---

① Guston D，Sarewitz D. Real-time technology assessment［J］. Techology in Society，2002，24（1）：93-109.

② 西斯·哈姆林克. 赛博空间伦理学［M］. 李世新译. 北京：首都师范大学出版社，2010：5.

果我们需要或不得不做出道德行动的话，那么这一"最低限度的道德"无疑具有操作意义上的实践有效性。基于"最低限度的道德"的基本共识，需要在商谈性对话的条件下得以完成。在哈贝马斯看来，只有当所有当事人通过共同思考而同意时，道德标准才是有效力的[①]，被称为交往伦理或商谈伦理的伦理之基础得以确立。这种"最低限度的道德"，建立在通过商谈对话而明确的各方利益基础之上，这一过程需要获得各方认同。

此外，工程伦理实践中对话的最终目的并不仅仅获得共识，而是建立理性反思的对话平台。一旦工程伦理实践的背景发生变化，各利益相关者的价值与利益发生变更，原初的基本共识将有可能被打破，从而需要重启对话平台，开展寻求新共识的商谈对话。也正如哈姆林克所言，"由于道德选择从来没有理想的方案，由于任何道德选择本质上都是可以质疑的……伦理对话的建议认为，道德选择总有不同的可取方案。伦理反思不应当只集中在找到单一的正确方案，而应当集中于道德论证的适当过程"。因此，工程伦理实践中的对话有助于在具体语境下选择相对最优的伦理操作方案。

### 5.1.3　工程伦理实践中的对话何以可能

在工程实践的现实语境下，工程伦理实践中的对话之所以可能，需要具备以下四个条件。

1. "技术生活世界"中的共同体验

工程伦理实践中对话可能性的首要方面，在于所有参与商谈性对话的个体都分享着共同的"技术生活世界"（technological life world）。"生活世界"是现象学的一个关键的概念。这里使用"技术生活世界"这一概念，是为了强调当前"生活世界"与技术所构成的那种特殊而显著的关系。从生活世界的角度看，技术是生活世界和组成这一世界的诸要素和关系的物象化[②]，技术的特征在于其与生活世界之间的关系。"现实绝不是某种单轨的、固定的、绝对的东西，永远一定的东西，而是不同地自身显示着和构造着或——如海德格尔所说——展现着。而在这展现的过程中，手段和目的的设置并没有超然于人们称作现实物的那种东西，而是本身参与到这现实的构造中，本身展现、本身参与规定事物的存在"。[③] 所谓技术生活世界，是指技术对生活世界产生显著影响的

---

① Habermas J. Moral Consciousness and Communicative Action ［M］. Cambridge：MIT Press，1993：66.

② 舒红跃. 技术与生活世界 ［M］. 北京：中国社会科学出版社，2006.

③ 冈特·绍伊博尔德. 海德格尔分析新时代的技术 ［M］. 北京：中国社会科学出版社，1993：24.

日常生活世界。

在日常生活世界中，所有的个体分享着由技术人工物所参与构成的共同体验。因此，无论是工程师、用户、普通公众、工程伦理学家，还是政府管理者、政策制定者，都分享着工程技术给日常生活带来的影响。至少在语用学意义上，所有行动者个体都可以通过对于工程之于日常生活的道德体验开始对话。因为，这种基于日常生活的道德体验语言，能够本真地反映工程对于公众与社会的现实道德影响。在日常生活中，我们拥有共同的工程人工物（建筑物、桥梁、运载工具……），我们对于使用工程人工物的共同体验使得人工物成为对话的"聚焦物"。无论是公众，还是工程师，一旦还原到技术与生活世界的关系之中时，都可能获得对于工程人工物使用的道德体验。从而，"技术生活世界"使得工程伦理实践中的对话产生了可能性。

2. 伦理学家在商谈对话中的中介作用

工程伦理学家作为公众知识分子，在商谈性对话中起到了中介作用。在近代以来西方"专家治国"的传统下，工程师作为专家，一度掌握了社会政治生活中的绝对而单向的权力。从而，工程师与公众之间的对话缺乏可能性，公众被排除在对话的合法范围之外。然而在当代，这一情形发生了扭转，审议民主的政治气候决定了公众参与工程决策的必要性与可能性。一部分作为公众知识分子的伦理学家开始致力于帮助公众，在参与工程决策中发出相应的声音。

从商谈伦理学的视角来看，当某个正当性的有效性声称被驳回时，冲突就产生了。于是，这个情境就将一个备选的规范从生活世界的潜在背景中输入到"商谈"这一显在的媒介中。行为人可能因为他人的行为或言语受到了不公正的对待，并且可能要求犯错的一方解释其行为。[①] 结合商谈伦理学的这一理论，至少在两个层面上，工程伦理学家可以帮助公众促进工程伦理实践中对话的开展：其一，当公众并没有显著地意识到工程实践对于自身利益的侵犯时，工程伦理学家帮助启迪民智，就有关公众利益的伤害向工程实践正当性的声称者做出回应。20世纪60~70年代，工程伦理学家作为公众知识分子对核武器的研发进行了批判，并号召从事核武器研发的科学家做出回应。其二，公众意识到工程实践对于其自身利益的侵犯，然而却很难以政治行动的形式与工程实践正当性的声称者进行对话。此时，工程伦理学家作为公众利益与意愿的"代理者（agents）"而存在，他们致力于帮助公众合理、准确而有序地表达自身的意愿。

无论哪种情形，工程伦理学家作为中介者，都有助于公众参与到对话中

---

① Finlayson J G. 哈贝马斯［M］. 邵志军译. 南京：译林出版社，2010：76.

来。在工程伦理学家作为中介力量的基础上，一旦公众声音被诉诸工程实践者那里并要求其作出回应时，工程伦理实践中的对话就可能会随之开启了，同时公众的价值与利益也被从生活世界中带入到商谈之中。

3. 行动者之间的"空间互涉"与"角色互涉"

在工程伦理的解释与操作中，解释中的对话与操作中的对话等环节的存在，使行动者之间产生了一定的"空间互涉"。所谓"空间互涉"，是指参与对话的行动者在知识空间上出现了相互交涉的现象。伴随解释中的对话与操作中的对话的开展，工程师逐渐参与了工程伦理学家的部分工作，工程伦理学家也逐渐参与了工程师的部分工作，两者的专业领域发生了"互涉"。因此，"空间互涉"带来了"角色互涉"：工程师逐渐具备工程伦理学家特征，工程伦理学家逐渐具备道德工程师特征，如图 5.1 所示。

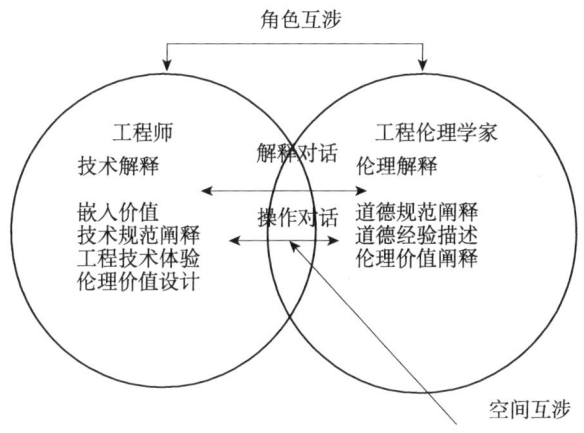

图 5.1　空间互涉与角色互涉

由此可见，行动者之间的空间互涉与角色互涉促进了彼此之间的相互理解，为开展进一步的工程伦理对话奠定了现实基础。解释中的对话与操作中的对话，为开展商谈对话创造了前提。

4. 对话的制度化保障与对话规则

除以上诸要素之外，工程伦理实践中对话的可行性还需要具有对话的制度化保障与对话规则。所谓对话的制度化保障，是指需要为工程伦理实践中的对话建立明确的制度体系，以保证对话的有序开展。对话规则是对话环节需要遵循的基本准则。制定对话的制度化保障与对话规则，主要包含以下三方面工作。

（1）凡是具有交往能力的相关人员都应当参与对话，对话的参与者之间需要相互承认与尊重，需要保证参与对话的人能够避免受到压力和胁迫，能够受到保护且可以有效地发出自己的"声音"。

（2）需要制定相关的详细对话规则，需要准备用于对话的基本常识概念，其中包括关键概念的定义。

（3）需要建立起用于对话的交往平台与语词系统。

布希亚瑞利强调工程"是一个像语言一样的社会过程"。[①] 他认为，"具有不同责任、不同能力和兴趣的不同设计人员在他们各自的领域工作时，就绝大部分而言，操持的是不一样的语言……（因此需要）寻找一些严格合乎理性的、工具化的方法以协调设计人员之间的分歧，寻找某种可连接的对象世界的适当语言为我们的利益服务"[②]。工程设计中的分层结构，需要不同对象世界之间的协商，进而确定不同设计目标之间的相互重要性。在布希亚瑞利看来，每个领域设计目标的相对重要性是被"先验确定"的，可以找到一种方案使得各种目标不仅能够被协调，而且能够使整个系统最优化。实现优化目标的途径是，在不同责任的设计人员之间通过建立一种"话语平台"，以实现不同对象世界之间的"对话"。

当然，布希亚瑞利所强调的统一话语仅仅是指一种技术意义上的解释语言（草图、模型、图表与计算机编码等），而并未包含更为广泛的权力、政治、文化、价值等交往实践因素。就工程伦理实践而言，工程师与其他行动者之间的有效"对话"，尤其需要强调社会意义上的解释语言，以便能够使工程师洞悉其责任伦理实践所受到的影响因素，有助于有效地解释所遇到的伦理困境，从而通过与其他行动者之间的合作而共同建构好的工程。

## 5.2 工程伦理实践中对话的模式

工程伦理实践中的对话，侧重于从工程实践整体上，通过商谈对话促进相关各共同体之间的相互理解，消除各共同体之间信息的不对称性，使各共同体之间的实际利益矛盾得到相对完善的解决。其中，公众利益应当置于商谈性对话的首位，且需要贯穿整个对话过程。依据工程实践的现实情况及工程伦理实践涉及的范围，工程伦理实践中对话的模式可以包含三个层面，即职业层面的对话、舆论层面的对话和制度层面的对话。

---

① 路易斯·L. 布希亚瑞利. 工程哲学 [M]. 安维复，等译. 沈阳：辽宁人民出版社，2008：15.

② 路易斯·L. 布希亚瑞利. 工程哲学 [M]. 安维复，等译. 沈阳：辽宁人民出版社，2008：32-37.

### 5.2.1　职业层面的对话

所谓职业层面的对话，主要是指围绕工程师的职业活动而开展的商谈对话，如围绕一座水坝的建设而开展的工程师、管理者及当地居民之间的对话。职业层面的对话关键是，工程共同体与公众之间的对话。他们都与工程的建设有着直接利益关系，对话过程实际上是相关利益的博弈。

1. 工程共同体与公众：职业层面对话中的参与者

按照李伯聪教授的观点，工程共同体主要是由工程师、工人、投资者、管理者、其他利益相关者等多种不同类型的成员所组成的，这使工程共同体成为了一个"异质成员共同体"。[①] 其中，"其他利益相关者"用以表示在工程职业实践中"时常变动、边缘模糊、组成复杂"但又绝不可忽视的"成分"。[②]

工程师是工程职业实践中的核心，从事着有关工程项目的设计活动，直接关系到工程项目的基本架构设计。工人是工程共同体中绝不可缺少的组成部分，是直接面对工程实践的一线人员，在工程共同体中的作用相当于士兵在部队中的作用。[③] 然而，工人在工程共同体中的作用一度被工程活动的研究者们所忽视。

投资者是借助一定的投资方式而参与到工程活动中的个体或群体，他（他们）是工程共同体中一个不可缺少的基本组成部分。任何工程活动都必须有一定的资本投入。[④] 在工程活动中，管理者常常以项目经理的身份出现，他们负责项目的组织、计划及全面实施，以保证项目目标的成功实现。

与工程共同体相对应，公众是职业层面对话的另一方重要参与者。在商谈对话的权力结构下，公众是最为重要却常常是处于弱势的参与者。然而，依据美国学者希瑟·道格拉斯（Heather Douglas）的理论，公众直接参与职业层面的对话，至少具有以下三方面优势[⑤]。

（1）公民能够更好地形成要解决的问题。（问题所涉及的范围和潜在的解

---

① 李伯聪. 工程共同体研究和工程社会学的开拓——"工程共同体"研究之三 [J]. 自然辨证法通讯，2008，30（1）：65.

② 李伯聪. 工程共同体研究和工程社会学的开拓——"工程共同体"研究之三 [J]. 自然辨证法通讯，2008，30（1）：66.

③ 王前，朱勤. 工人——工程共同体构成分析之二 [A] //李伯聪，等. 工程社会学导论：工程共同体研究 [C]. 杭州：浙江大学出版社，2010：67-93.

④ 鲍鸥. 投资者——工程共同体构成分析之三 [A] //李伯聪，等. 工程社会学导论：工程共同体研究 [C]. 杭州：浙江大学出版社，2010：99-102.

⑤ 希瑟·道格拉斯. 将公众参与引入到科学中 [A] //萨拜因·马森，彼得·魏因加. 专业知识的民主化？探求科学咨询的新模式 [C]. 姜江，马晓琨，秦兰珺译. 上海：上海交通大学出版社，2010：208.

决方法是否考虑到？分析的范围是否合适？）

（2）公民能够帮助提供与分析相关联的当地条件和实践的关键性知识。

（3）公民能够提供其对构成分析所必需的价值观念的认识。（公民如何权衡错误的潜在后果？何种不确定性是可接受或者不可接受的？什么样的假设应当用于构成分析？）

在实践有效性的框架下，公众的弱势地位使工程伦理学家作为启迪民智的志愿者或民意的代理者而"出场"。

2. 经济利益、职业利益与公众利益：商谈对话中的利益分析与冲突

在职业层面的对话中，经济利益与公众利益是商谈过程中的两大利益类型。此外，工程共同体中还包含着工程师职业共同体。因此，职业层面的对话有时也包括职业利益。在工程实践中，经济利益往往是直接的利益旨归。在大多数情况下，工程项目都是以公司和企业的形式完成投资与实施的。就工程项目的投资者与管理者而言，他们往往更加侧重于企业的经济利益。现代企业制度的股权结构，直接决定了项目的投资者与管理者倾向于通过经济利益回报股东的投资。尽管现代企业制度产生了"企业社会责任"的规范性概念，然而这类义务论概念体系并不能从根本上保证企业成为道德上完整的主体。因此，在制度不完善的情况下，常常会出现经济利益侵害公众利益的情形。

在工程职业实践的语境下，有时也会出现"理想主义"的职业利益。职业利益的追求者往往是工程实践中的职业人员，如工程师群体和职业经理人群体。职业伦理守则大都要求超越传统意义上追求经济利益的唯一目标，"转向一种对社会参与、尊重与责任的更整体化的认识"。[1] 这一职业利益主要包括声誉、社会声望、专业形象、社会信任感及专业自治能力等。职业利益的追求有助于职业群体的自我发展，以及增加公众（客户）的信任感。因此，工程师及职业经理人为了维护所在群体的职业利益，常常会与代表经济利益的管理阶层出现冲突。在这一意义上，职业利益与公众利益联系更加紧密。正如美国学者罗伯特·所罗门（Robert Solomon）所言，"对公众利益的强调是我需要捍卫的'商业人员是职业人士'这一观点的核心内容"[2]。

在工程伦理的对话中，"公众"这一概念的意义最为复杂，它涉及多个不同层次。通常意义上所说的公众与公众利益，主要包含两方面含义：其一，人

---

① 罗伯特·C. 所罗门. 伦理与卓越——商业中的合作与诚信 [M]. 罗汉，等译. 上海：上海译文出版社，2006：162.

② 罗伯特·C. 所罗门. 伦理与卓越——商业中的合作与诚信 [M]. 罗汉，等译. 上海：上海译文出版社，2006：166.

工物的用户，他们直接参与工程活动，直接受到工程实践社会后果的影响，既可能是工程实践的直接受益者，也可能是直接受害者；其二，可能受到工程活动影响的"潜在"社会大众。此外，受汉斯·尤纳斯（Hans Jonas）的影响，公众利益的讨论常常还包括后辈人群的利益；既包括工程实践活动"上游"的公众，也包括其"下游"的公众。

　　3. 职业层面对话中的利益权衡

　　职业层面对话中的利益权衡，应当将公众利益置于"最高的优先级"。从商谈理论来看，商谈的首要目的是获得普遍共识。因此，职业层面对话中的利益权衡涉及，工程共同体及公众在经济利益、职业利益与公众利益之间的商谈性对话。这一商谈性对话的前提是需要保证公众利益的绝对优先地位。其中，伦理学家在商谈对话中的代理人角色，有助于这一规范性过程的实现。理想的职业层面商谈过程，应当是在三种利益之间寻求统一状态，且经济利益与职业利益的存在有助于促进公众利益。只有做到三者利益的统一的工程活动，工程伦理的对话才具有实践有效性。

　　然而，在有关工程伦理的现实案例中，常常很难对这三种利益作出清晰的划分。以近来讨论较为热烈的"转基因食品与工程"为例：在支持转基因技术的农业与生物工程专家看来，其职业利益（作为研究人员的职业精神）与公众利益结合在一起，认为转基因技术的成功与广泛应用具有低成本、高产量和环境友好因素（如抗虫转基因水稻可以减少农药的使用）等优点。部分有机农产品的生产企业却认为，转基因技术的安全性和可靠性"尚待进一步确定"（尽管世界卫生组织、美国科学院等权威机构都已经说明转基因产品是安全的），有机农产品对于公众健康更有益。因此，在这些企业看来，其经济利益与公众利益是相互统一的。由于"公众"是一个极为复杂的概念，且构成公众的个体受教育程度、文化背景及获取信息的机会不平等，部分公众常常并不能自信地判断到底哪一种进路能够更有效地代表其自身利益。从而，工程技术人员试图开展职业层面的伦理对话往往会遇到一定的挑战。

## 5.2.2　舆论层面的对话

　　所谓舆论层面的对话，主要是指围绕工程实践的社会伦理后果，媒体人员、社会批评家、人文学者、非政府组织成员等一系列"社会行动者"与工程共同体的商谈对话。其中，公众的参与范围更加广泛，参与者从原来与工程项目实施相关的居民扩展到与工程实践社会后果相关的公民。从实践效果上来看，舆论层面的对话是职业层面的对话的必要补充，它能够通过与工程实践保持一定的"批判距离（critical distance）"，以公共商谈的形式对工程实践开展道德反思。

### 1. 舆论层面对话中的积极参与者——"社会行动者"

与职业层面的对话相比，舆论层面对话的特点在于"社会行动者"的积极参与。这里所说的社会行动者，是对于工程实践的社会伦理后果显著关心，且积极而有序地投入到商谈对话中的公民。在参与对话的社会行动者之中，专家能够关注工程实践的广泛社会影响，将自己的专业知识大众化；媒体人员、社会批评家及人文学者能够超越自己的专业，主动在社会中关注工程技术。非政府组织成员的批判意识往往源于自愿、良心与社会责任感等方面因素，他们更能够体验与理解工程实践对公众利益的影响。在舆论层面的对话中，工程师从职业理想主义的角度批判工程实践对于公众利益的侵害与潜在风险。同时，他们也会批评社会行动者因为不了解工程实践而产生的误解。

### 2. 批判性商谈：舆论层面对话的特质

所谓批判性，实质上是强调舆论层面对话中的一种内在张力：所有参与商谈对话的人，都需要恰当看待工程实践的"理想性批判"与"现实性批判"之间的关系。既需要对工程实践的社会伦理影响保持一种独立的批判态度，也需要立足现实，积极地为公众利益活动。既不能保持沉默，认为一切的工程实践对于公众都是绝对有益的，也不能完全地对工程实践保持一种悲观态度。所谓舆论层面对话的批判性特质，正是立足于这两者之间发挥作用。

舆论层面的对话模式，将有关工程伦理的对话范围拓展到了整个社会层面，是职业层面对话模式的必要补充。舆论层面的对话更强调在社会整体层面对工程实践是否体现公众利益加以审视、监督与调整。一旦发现公众利益受到侵害时，代表公众利益的对话参与者们就需要主动提出质疑，从而开启社会舆论层面的积极对话。

### 3. 舆论层面对话中的公众利益体现

在舆论层面对话中，公共利益的体现途径至少可以包含以下三个层面。

其一，有关公众利益的实时审视、监督与调整。舆论对话的目的之一，是建立由社会行动者、公众、工程共同体及其他利益相关者组成的公众利益"实时评估"的对话平台。加斯顿与萨热威兹的"实时技术评估"，就是为不同利益相关者建立一个利益实时监测与分析的平台。[1] 舆论对话需要建立一种有关

---

① Guston D，Sarewitz D. Real-time technology assessment［J］. Technology in Society，2002，24（1）：93-109.

公众利益的实时监测机制，这一机制对公众利益的变化具有一定的敏感性。它不但能够描绘公众利益的变化，而且能够对变化做出灵敏的反应。一旦公众的利益不能受到合理表达时，这一监测机制就能够主动建立舆论对话的平台，使各方利益关系之间的矛盾得到解决。

其二，有关公众利益的独立性批判。在有关公众利益的实时审视、监督与调整的基础上，独立性批判更加强调保持一定的"批判距离"，开展对工程实践伦理后果的深层体验与批判。独立性批判的优势在于能够避免受到其他利益相关者的思维惯性影响，发现工程实践的潜在伦理影响，能够保持伦理思考的批判深度，重新审视其道德合理性。

其三，公众参与对话。公众参与对话需要建立在一定的对话机制基础之上：公众在有关公众利益监测的实时机制下参与对话，从而更加清晰地洞察自身利益；公众在理性地吸收人文主义批判的基础上，能够更加深刻地觉察到自身的潜在利益，合理参与到舆论对话之中。否则，公众可能因其非理性因素经过传播学意义上的"社会扩大效应"影响，只会成为极易受到煽动而缺乏独立判断能力的群体。为了保证公众参与商谈对话的有序性及其有效性，舆论层面的对话往往要与制度层面的对话相结合。

### 5.2.3  制度层面的对话

与前两种模式相比，制度层面的对话更加强调以听证会等制度设计为实现途径。制度层面的对话，常常涉及核（电）工程、生物医学工程、纳米工程及全球变暖等方面的重大议题。"议会式技术评估"，以及丹麦与美国的"共识会议（consensus conference）"[①] 等，都是制度层面对话的典型实例。许多国家的法律要求政府在进行大型基建项目时，必须要有"公共咨询委员会"这样的相关联的"外部"组织的参与。[②]

1. 制度层面对话的社会基础与构成形式

在工程伦理实践意义上开展制度层面对话的理论资源，大都来源于当代民主技术（democratic technology）研究领域。在传统"投票民主"框架下，公众尽管也能够参与到工程决策之中且能够达到集思广益的效果，然而"公民的

---

① 张慧敏. 当代西方民主的技术思想研究［M］. 沈阳：东北大学出版社，2006：106.

② 世界银行专家组. 公共部门的社会问责：理念探讨及模式分析［M］. 宋涛译. 北京：中国人民大学出版社，2007：37.

投票只允许公众在政治家们所设定的选项上选择'是'或'否'"①。审议民主能够更好地组织公众参与有关工程实践社会后果的商谈讨论，使公众的意见能够在制度上受到重视。以审议民主为基础的商谈性对话，有助于制定相关政策、法律与决策。通过形成相关法案，也使得公众利益的安排能够更加合理化与制度化。

近年来各地出现了一些新的公共治理形式，如基层的民主恳谈会、民主听证会、城市居民议事会等。② 这些新形式的实践常常与工程实践相关，涉及有关环境保护工程设施、建筑工程等方面的工程决策（如 2005 年举行的圆明园"防渗膜"工程听证会）。这些新的公共治理形式需要逐步制度化，才能够发挥工程伦理实践中对话的实践有效性。

与前两种对话模式相比，制度层面的对话构成形式相对复杂。这一对话模式，需要有从事制度环境设计的组织者。这一组织者通常是政府机构、立法机构、（半）官方的技术评估机构（如隶属丹麦国会的丹麦技术委员会，以及德国国会技术评估委员会）、专业的智库组织（如美国的布鲁金斯学会），它们承担着建构和维护商谈性对话制度基础的责任，并且在商谈性对话过程中扮演着积极调解者的角色。作为组织者，在开始正式制度层面对话之前，这类机构往往需要确定一个社会关注的突出主题，或者需要凭借对话审议的一项具体问题。在此基础上，就一项工程项目而言，组织者往往会选取部分公众及其他利益相关者作为对话的参与者。这一选择过程可以是有目标性的，也可以是随机性的。美国的共识会议模式，一般都会通过随机电话约请和制定补充成员两种模式而选择出来。③ 在进行正式商谈性对话之前，组织机构一般都会举行几次预备会议，目的在于为参与商谈对话的非专业人士发放相关材料，使他们能够具备开展对话的基本知识体系。此后，通过几天的商谈性对话最终形成一份报告，其中包括能够达成的共识及尚存的分歧。最后，商谈组织者将商谈对话的结论通过媒体向社会公开，鼓励进一步的讨论及商谈性对话。此时，制度层面的对话会与舆论层面的对话衔接起来。

2. 地方、国家与全球：制度层面对话的三种语境

伴随商谈理论及审议民主模式影响的不断增强，制度层面的对话也在不同的语境下得到实践。从地方政府或区域机构有关工程项目实施的利益权衡，到

---

① B. 盖伊·彼得斯. 政府未来的治理模式［M］. 吴爱明，夏宏图译. 北京：中国人民大学出版社，2001：67.

② 谈火生. 审议民主理论的基本理念和理论流派［J］. 教学与研究，2006，(11)：50.

③ 张慧敏. 当代西方民主的技术思想研究［M］. 沈阳：东北大学出版社，2006：113.

整个国家在实施大型工程项目时的公众参与评价，再到各个国家积极参与全球性工程技术治理时所采用的商谈对话形式，都包含着制度层面对话的具体实践。

所谓制度层面的地方语境对话，指的是当工程项目实施涉及地方性利益冲突时，往往需要在当地特有的语境下组织制度层面的对话。这方面的案例，包括开展与社区居民日常生活相关的社区会议、社区听证会等。

所谓制度层面的国家语境对话，是指当工程项目的实施超越了地方性的利益冲突，涉及整个国家大多数公众的利益时，则需要在整个国家的语境下开展的制度层面的对话。自 20 世纪末 21 世纪初以来，国际社会在国家语境下开展了多次制度层面的对话。截至 2002 年，美国 Loka 协会做了一份不完全统计，全球有 15 个国家举办了与工程技术相关的商谈性对话，如表 5.1 所示。[①]

表 5.1 全球 15 个国家的工程技术商谈对话

| 时间 | 国家 | 对话主题 |
| --- | --- | --- |
| 1995 | 荷兰 | 人类遗传学研究 |
| 1997 | 美国 | 远程通信和未来 |
| 1997 | 奥地利 | 外部大气层中的臭氧 |
| 1998 | 法国 | 转基因食品 |
| 1999 | 加拿大 | 食物生物工程 |
| 1999 | 澳大利亚 | 食物链中的基因技术 |
| 1999 | 英国 | 放射性废物管理 |
| 1999 | 日本 | 高度信息化社会 |
| 1998 | 韩国 | 转基因食品的安全与伦理 |
| 1999 | 新西兰 | 植物生物工程 |
| 2000 | 以色列 | 未来运输 |
| 2000 | 挪威 | 疗养院的 smart-house 技术 |
| 2000 | 瑞士 | 移植医学 |
| 2001 | 德国 | 基因测试 |
| 2001 | 阿根廷 | 人类基因组计划 |

所谓制度层面的全球语境对话，是指伴随着全球化工程实践的开展及社会影响的全球化，需要在全球语境下开展的制度层面的对话。这方面案例包括 2010 年的 "全球变暖世界公民高峰会（World Wide Views on Global Warming）"。在全球语境下开展制度层面的对话，很大程度上也是为了解决工程实践所带来的全球化危机。这一过程涉及多方面的利益冲突，如发展中国家与发达国家之间、东方与西方之间，以及不同宗教价值观之间的冲突。全球化危机

---

① 安维复. 工程决策的哲学分析 [A] //殷瑞钰，李伯聪. 工程与哲学（第一卷）[C]. 北京：北京理工大学出版社，2007：147-148.

的处理"牵一发而动全身"，对待任何一方利益的不公正都可能会引起"连锁反应"。因此，需要在全球伦理学框架下开展商谈对话。正如刘述先（Shu-hsien Liu）所言，"现代科技商业文明的发展创造了空前未有的财富，却分配不均，造成了复杂的社会、政治、道德的问题，现有的体制根本提不出解决问题的对策……这些都是超国界、全球性的问题，引起了各界广泛的关注，而旧观念、信仰、价值不足以应付这些问题"①。

**3. 制度层面对话中的公众利益实现**

无论是职业层面的对话、舆论层面的对话，抑或制度层面的对话，最终目的都是实现公众在工程实践中的利益。然而，与前两种对话模式略为不同，制度层面的对话对于公众利益实现的制度性愿望更为强烈。商谈性对话的制度化，意味着公众表达自身利益的途径更加制度化，公众利益有望能够通过制度化的方式加以实现。

从公众利益实现的途径来看，职业层面的对话伴随着工程项目的开展，以工程师为代表的工程共同体是推动对话的主体，公众处于相对被动的地位，其主动参与对话的意识往往不够。与之相比，在舆论层面的对话模式下，社会行动者是推动对话的主体，公众主动参与对话的意识有所增强。他们开始揭示工程项目的潜在负面影响，并且试图唤醒其他公众的意识觉悟。而在制度层面的对话模式中，公众参与意识的觉醒是开启对话的必要前提。作为推动对话的主体，制度层面对话的组织者更加注重培养公众在工程决策中的参与意识，进而建构一种制度性对话的平台。正如美国学者约翰·克莱顿·托马斯（John Clayton Thomas）所言，要保证公民参与的长期有效，最好的办法莫过于在决策制定中使参与角色的作用制度化。② 因此，制度层面对话对于公众利益实现的有效性，在很大程度上取决于公众是否能够以更加"制度性的姿态"参与对话过程。

制度层面对话的利益实现，关键在于使公众参与对话的过程制度化。一方面，制度设计能够使尽可能多的公众参与到对话中来，并通过前对话（pre-dia-logue）过程系统地学习与工程决策相关的基本知识，从而更加增强对话的有效性，避免参与的"盲目性"；另一方面，制度设计也使得公众自身意愿的表达，能够在一个更加民主而有序的框架下得以完成。"程序民主"是制度层面对话的基本条件。制度层面的对话能够通过制定政策法规，使公众利益最终有效地成为制度化的"共识"。

---

① 刘述先. 全球伦理与宗教对话［M］. 石家庄：河北人民出版社，2006：134.

② 约翰·克莱顿·托马斯. 公共决策中的公民参与：公共管理者的新技能与新策略［M］. 孙柏瑛，等译. 北京：中国人民大学出版社，2005：139.

## 5.3 工程伦理实践中对话的方法

工程伦理实践中对话的方法，包括建构对话的平台与规则、确定对话的程序、获得共识与对话的评价等环节。

### 5.3.1 建构对话的平台与规则

建构对话的平台与规则是相互联系的两个方面。没有对话的平台，规则就无法产生影响；而没有对话的规则，平台就无从发挥作用。

#### 1. 相互承认和理解

商谈性对话源于这样一种假定：即使公民和他们的代表持续地存在着道德分歧，他们也应当按每个人都能合理接受的方式为决策提供辩护。[①] 然而，所谓"都能合理接受方式"的前提，应当是相互承认和理解。在工程伦理实践对话中，相互承认和理解是开展对话的前提，它们是工程伦理实践的对话中的美德。

相互承认作为建构对话平台的理论前提之一，实质上包含以下两方面意义。

其一，承认所有参与对话者的合法地位。无论是行政机构、立法机构和政策制定机构，还是工程师、投资者和管理者，亦或是公众和非政府组织等其他社会团体，一旦进入到对话中，都应当具有相互承认的合法地位，都有权力就某一工程项目发表自身的意见，并有对来自其他团体的质询做出回答的义务。在一项建筑工程项目立项的对话中，投资者不能为了项目的迅速立项，而漠视地方公众表达意见的合法性。

其二，承认参与者不同视角对于对话的独特价值。一方面，现代工程实践社会影响的复杂性，使得利益冲突问题不能由某一方单独地妥善解决。例如，美国生物与医学工程研究相关的药品法规并不完善，但整个药品管理体系对不同的利益团体开放，这就明显减少了错误的发生。不论是公共部门还是私人部门，没有任何个体行动者能够拥有解决综合、动态、多样化问题所需要的全部知识和信息，也没有任何个体行动者有足够的知识和能力去应用所有有效的工具。[②] 另一方面，参与者所代表的独特视角有可能为对话带来有价值的资源。

---

① 阿米·古特曼，丹尼斯·汤普森. 民主与分歧 [M]. 杨立峰，葛水林，应奇译. 北京：东方出版社，2007.

② B·盖伊·彼得斯. 政府未来的治理模式 [M]. 吴爱明，夏宏图译. 北京：中国人民大学出版社，2001：68.

不能简单地将公众视为非理性的、诉诸直觉的、无法进行科学理性论证的大众，他们有关工程技术相关的体验尽管较为直接，但却可能在某些方面比专家掌握得更加全面而深刻。

此外，在相互承认的基础上，参与商谈对话的行动者还需要相互理解。所谓相互理解，并不完全是解释学意义上的，也是交往理性意义上的。理解与承认相关，在承认的基础上，也要理解参与对话者自身的处境，以及由于所处语境带来的局限性，并能够容忍对方观点的缺陷与不足。承认、理解与容忍是参与对话者应当具备的三种基本美德。

2. 制定对话的规则

在相互承认承认和理解的基础上，需要制定对话的规则。根据对话的不同模式，指定的规则可能有所差异。与职业层面及舆论层面的对话相比，开展制度层面的对话的条件更为严格，所制定的对话规则也会更加具体。但无论是哪种对话模式，都需要制定并遵循一些基本的对话规则，以保障对话的顺利开展。

美国学者阿米·古特曼（Amy Gutmann）与汤普森认为，"最有希望用来指导民主商议的内容的备选原则，是那些能够认真对待遭功利主义忽视的两种价值——自由和平等——的原则"①。哈贝马斯提出了三个层次的规则：第一层次是基本的逻辑和语义规则，如无矛盾原则和连贯性原则。第二层次是主宰过程的规范，如真诚性原则，每个参与者必须心口如一；责任原则，参与者同意应要求证明其断言，或不作论证而陈述理由。第三层次是使商谈过程免于胁迫、阻挠和不公正的规范，这些规范能够确保唯有"更优论证"在无施压的情况下能够胜出②。哈贝马斯之后的大多数政治哲学家都认为，这类原则过于理想化，同时也过于苛刻。然而，理想化原则同时也有其自身优势：一方面，它可以被视为一种典范，作为所有交往行为中对话不断追求的理想模板；另一方面，它也可以作为现实模版的基础，任何形式的商谈对话都可以依此为基本出发点，依据其所处不同现实语境发展出符合要求的对话规则体系。基于哈贝马斯原则，工程伦理实践对话的基本规则可以包括以下四方面内容。

（1）在工程项目中，凡是具有言语和行动能力的相关利益者都应当具有参与对话的权利。在某些具体情况下，尤其是舆论层面及制度层面对话，需要扩大参与者的范围。涉及社会性工程时，甚至需要包含利益相关者之外的普通公

① 阿米·古特曼，丹尼斯·汤普森. 民主与分歧［M］. 杨立峰，葛水林，应奇译. 北京：东方出版社，2007：221.

② Finlayson J G. 哈贝马斯［M］. 邵志军译. 南京：译林出版社，2010：42-45.

众。当不完全具备言语和行动能力的人群成为利益相关者时，也应当利用可能途径使其参与对话，如基于互联网的公民论坛。

（2）在工程伦理实践对话中，对话的参与者有权质疑任何断言，每个人都有权在商谈中提出任何与对话相关的断言，都有权表达自己的态度、愿望与要求。参与者有必要对任何质询做出回应，即便是不予回应也应当给出恰当的理由。

基于相互承认与理解的前提，没有人会因为来自商谈内外的胁迫而无法行使参与对话的权力，特别是在对话中处于相对强势的群体（如政府机构、企业、工程师、管理者等）不能试图通过压力的手段，迫使弱势群体（如公众）达成"名义上的共识"而结束对话。

（3）对话的参与者必须言行一致，不能通过谎言欺骗其他参与者，进而在获得初步共识之后不履行承诺，因为这样的对话并不具有实践有效性。工程师作为工程实践中的关键成员，有必要就工程实践中可能危害公众利益的相关细节进行揭发，而对话过程应当能够为这样的工程师提供相应保障。

（4）工程项目的组织者、计划者与实施者，有必要在对话中提供与工程相关的相应背景资料，有必要向其他参与者解释工程项目的相关细节。

3. "生活常识"的准备

建构工程伦理实践对话的平台，需要在公共领域"生活常识"方面的准备工作。生活常识的准备，是对话参与者对于工程项目相关材料的理解过程。在参与一项工程项目的对话过程之前，组织者需要准备相应的背景资料，并将其给予其他参与者，使之能够获得参与公共生活的基本知识。这一过程是一个解释过程，涉及对话组织者与其他参与者围绕资料文本而开展的互动解释。

强调"生活常识"，其意义在于强调行动者参与对话并不是将所提供的材料简单"复制"在自己的脑海里，而是行动者需要结合自己的生活经验，在互动解释文本的基础上，通过对文本自身不断地建构与重构，最终形成一种与文本互为主体的"共同世界"，内化到参与者的常识知觉之中。这一过程能够将工程项目的背景资料与个人的道德体验融合起来，形成对于资料的批判理解，从而能够在对话中自发地作为资源加以利用。只有如此，才能既保证对话的有效开展，同时又保持了参与对话者本身的批判眼光。正如美籍德裔现象学社会学家阿尔弗莱德·舒茨（Alfred Schutz）所言，"所谓常识知觉的具体事实，并不像表面看起来那么具体。它们已经包含对一种高度复杂性质的抽象"[①]。生

---

① 哈维·弗格森. 现象学社会学［M］. 刘聪慧，等译. 北京：北京大学出版社，2010：100.

活常识的准备，最终需要使得参与对话者理解工程项目的实施背景、技术条件、涉及的社会意义、涉及的人群，以及潜在的社会风险等多方面的基本经验。

4. 建立交往平台和语词系统

哈贝马斯认为言语的基本功能就是协调众多独立的行为人的行为，并为交往互动有秩序、不起冲突地展开提供可遵循的、看不见的途径。语言之所以能够实现这样的功能，是因为语言的内在目标就是要达成理解并产生共识。因此，为了能够达成有效的工程伦理实践对话，需要建构一种能够促进所有对话参与者有效沟通的语词系统。这种共同的语词系统分为两部分，一部分是在对话前建立交往平台时所实现约定的，另一部分伴随着对话的开展而逐渐形成而不断完善，而后者是评价工程伦理实践对话有效性的关键因素之一。建立语词系统需要建立在生活常识的准备工作基础之上，这一过程是一种"预交往过程"，即为了进行有效对话而预先开展的交往行动。

传统工程伦理实践开展对话的一项困境在于，不同对话的参与者对于同一词语的表述与理解往往有所不同，这种不同常常会造成误解而被迫中止对话，如专家、普通人、政府管理者与工程师对于"风险"这一术语的理解与对待方式都大相径庭。① 因此，建立共同的语词系统，需要从生活常识中选取关键性的、连接性的术语，并通过索引表将有关这类术语的不同理解罗列出来，进而分析不同理解之间的区别与联系。

## 5.3.2 确定对话的程序

在建立对话的平台与规则基础之上，工程伦理实践中的对话开始正式进入对话程序。与工程伦理实践中的操作类似，工程伦理实践中的对话同样也是三种对话模式在实践中的融合。根据对话所处语境的变化，对话的模式也会发生相应改变。在特定情形下，一种或多种对话模式可能占据主要形式，其他对话模式处于从属地位或潜在的"不在场"状态。在工程伦理的对话中，多种对话模式的相互配合能够处理好工程实践中的各方利益关系，巩固工程伦理的解释与操作中的实践成果，从而确保对话实现其实践有效性。

1. 权衡实际利益：职业层面的对话

职业层面对话的核心，是如何协调经济利益与其他利益（尤其是公众利

---

① 查尔斯·哈里斯，等. 工程伦理：概念与案例［M］. 丛杭青，等译. 北京：北京理工大学出版社，2006：125-135.

益）之间的关系。职业层面的对话涉及整个工程实践活动，因此，商谈性对话也必然在工程实践的上游、中游与下游阶段都有所体现。

任何一项工程都始于规划，这是工程活动区别于技术的不同点之一。在工程规划阶段，已经开始涉及不同利益相关者之间的关系问题。开展实践层面的对话，首先需要对工程项目的"蓝图"中可能涉及的利益相关者进行分析，并对利益的"关系图"进行描绘。此外，商谈对话决定了利益的分析与描绘都是共同参与的过程，需要将工程职业共同体、公众等所有的利益相关者"引入"对话语境。美国学者希瑟·道格拉斯也将这一过程称为"共同分享式研究"或者"合作式分析"，包括通过公众协助指导研究，促进公众直接参与工程问题的研究。[①] 这里包括"利益分析"和"共同描绘"两个方面。

所谓"利益分析"，首先需要各利益相关者站在自身立场上，明确项目中自身及其所属群体的利益。其次，"推己及人"，审视他人的利益申诉是否公正、客观抑或存在疏漏。最后，基于互动立场，思考自身利益与他人利益之间的互动关系：自身利益的实现是否妨碍了他人的利益实现，他人的利益表达是否影响了自身利益。一旦出现对话参与者发现利益冲突时，按照商谈原则，都应当向声称利益正当的相关者提出质疑。被质疑的利益相关者应当作出回应，从而开启对话过程。

所谓"共同描绘"，指的是在利益分析的基础上，各利益相关者需要共同地对相关利益体系进行描绘。描绘的方法，可以采用荷兰学者阿里·里普（Arie Rip）等倡导的"社会-技术剧本"方法。[②] 这一描绘方法的优势在于，能够基于工程项目的完整过程，明晰不同阶段不同利益相关者的表达及其演化规律，并能够了解到不同利益相关者之间的相互关联。这一步骤强调所有参与者共同描述工程项目演化过程中的利益关系变化，并共同反思利益关系图的描绘是否存在不足。在利益描绘存在相互不一致意见时，需要再一次进行对话。

在工程规划的利益分析与共同描绘过程中，应当关注公众能否始终实现表达利益的权利，是否清楚地予以了表达。如果受影响使得群体不能表达自身利益，工程师、工程伦理学家及非政府组织应当成为对话中介。法德科曾经研究

---

① 希瑟·道格拉斯. 将公众参与引入到科学中［A］//萨拜因·马森，彼得·魏因加. 专业知识的民主化? 探求科学咨询的新模式［C］. 姜江，马晓琨，秦兰珺译. 上海：上海交通大学出版社，2010：208.

② Rip A，Kulve H. Constructive technology assessment and socio-technical scenarios［A］//Fisher E，Selin C，Wetmore J. The Yearbook of Nanotechnology in Society［C］. New York：Springer，2008：265-289.

了印度非政府组织在建设乌昌吉大坝时的"中介体作用"，即能够将地方需求转化为技术语言及官僚机构的文化规范。①

在工程实施过程中，商谈对话的形式主要表现为利益的沟通与共同实现。尽管工程规划阶段已经就相关利益进行了分析与描绘，然而最终能否实现规划制定的利益分配，仍然需要在实施过程中予以具体落实。因此，工程实施过程中的对话主要针对利益分配"理想"与"现实"之间的利益冲突。"沟通"是一种交往行为，它是"信息传输及其意义的生产与交换行为"，是"通过信息的社会互动"。② 因此，工程实施中的利益沟通，主要是围绕利益实现而开展的信息交换过程。这一过程实施的目的是消除工程工程共同体与公众之间的"信息不对称"。一旦进入实施阶段，"信息不对称"就在工程共同体与公众之间产生了：有关工程项目实施信息的掌握，前者占据绝对优势。缺乏商谈对话，将可能导致工程共同体的"专家统治主义"，同时也无法保证工程项目实施走向预先描绘的利益蓝图。开展利益沟通是工程实施中"知情同意"的伦理要求，能够使公众更加了解项目实施的具体路径，从而保证公众利益实现与描绘之间的一致性。同样，工程师也能够利用与公众对话的契机，更好地在项目实施中将公众利益具体化，从而做出更加信息完备的工程决策。工程伦理实践中对话的特性，使得工程实施成为各方面利益"共同实现"的过程。

在下游的用物阶段，工程项目所确定的利益安排将在社会化过程中予以实现。工程人工物"嵌入"到社会结构中的同时，也进一步暴露出其他问题，从而有可能会影响到相关利益的实现。美国学者亨利·波卓斯基曾经提到，历史上第一批铝罐饮料（如灌装可口可乐）采用了一个分离的拉环，用以打开铝罐，从而方便了用户的使用，并且使整个结构足够结实而且节省费用。然而使用之后才发现，几十亿废弃的拉环造成了污染、脚伤，以及对吞下它们的鱼和婴儿的伤害。③ 类似问题都需要通过商谈对话的过程不断发现并加以解决。

在工程管理领域，常常使用"使用后评价（post-occupancy evaluation，POE）"方法来评价利益实现的质量。在建筑工程领域，POE已经成为促进建筑创新的一种手段。POE的目的是根据使用语境对相关利益的实现重新调整，

① Phadke R. People's science in action: the politics of protest and knowledge brokering in India [A] //Johnson D, Wetmore J. Technology and Society [C]. Cambridge: The MIT Press, 2009: 499-513.
② Fiske J. Introduction to Communication Studies [M]. 2nd ed. New York: Routledge, 1990: 2.
③ 迈克·W. 马丁，罗兰·辛津格. 工程伦理学 [M]. 李世新译. 北京：首都师范大学出版社，2010: 40-41.

这一过程需要公众将评价意见带入与工程共同体（特别是工程师）的对话之中。通过对话，工程共同体将有关利益实现的评价包含在人工物的优化与重新设计之中。因此，这一阶段的对话是对于利益的重新估计与调整的过程。

2. 开展舆论监督：舆论层面的对话

舆论层面的对话的目的是，通过社会舆论为公众利益的表达与实现提供有效的"实时监督"作用。

与其他层面对话模式相比，舆论层面对话的特点是社会行动者在其中发挥显著的作用。就一般意义而言，舆论层面的对话始于社会行动者的"批判质询（critical interpellation）"，社会行动者在这里充当"提问者"的角色。这里并不是在政治学或程序正义的意义上使用"质询"一词，而是借用这一概念表明社会行动者开启对话的实践目的：提出批判性的疑问，并要求被质疑者做出回应。

在建构对话平台与规则的基础上，社会行动者批判意见的表达，往往需要凭借包含舆论载体的公共领域，包括电视、电台、开展公共讨论的会场、报纸、杂志等，较为新近的形式包括互联网（一般网络媒介、论坛、博客、微博等）。近年来，我国在互联网上曾一度产生有关水利水电工程项目的对话。社会行动者的批判意见大多着眼于工程项目对于公共利益的伤害。例如，水利水电项目对于地方性环境的污染，对于植被与气候的影响，对于历史古迹的破坏，对于公众生存利益的影响，等等。值得注意的是，在某些情形下，社会行动者的批判性意见可能包含对于工程项目的曲解和误解。因此，对于社会行动者的批判性意见需要客观分析与理解，而这类不足需要在对话中予以弥补。美国学者乔尔·鲁蒂诺（Joel Rudinow）与安东尼·格雷博什（Anthnony Graybosch）曾经介绍，美国的新闻界存在着一系列"媒介监督组织"，包括"公正与准确报道组织（FAIR）""媒体研究中心（MRC）"及"准确媒体组织（AIM）"等，其目的是"致力于纠正偏差和不平衡""曝光和纠正全国媒体报道中普遍存在的自由主义倾向"，以及"致力于'新闻报道'的公正、准确与平衡"。[①]

按照商谈对话的规则，面对社会行动者的批判质询，工程共同体需要做出回应，需要对相关问题做出诠释与澄清。在做出的回应之中，工程共同体的诠释与澄清主要包含以下几方面内容：其一，对于社会行动者有关工程项目的片面性理解、曲解或误解，给予进一步澄清与说明；其二，对于社会行动者提出

---

① 乔尔·鲁蒂诺，安东尼·格雷博什. 媒体与信息伦理学［M］. 霍欣欣，等译. 北京：北京大学出版社，2009：71.

的关切公共利益的质询，进行正面回答，不能回答时需要阐述其充分理由；其三，对于社会行动者所遗漏的内容予以补充性阐释，从而有助于开展进一步的对话。在社会行动者与工程共同体所构成的"对话共同体"中，两者的地位是对等的。在必要条件下，工程共同体成员也可以通过提出"疑问"，深入与社会共同体的对话，并借此机会了解社会共同体对于工程产生片面理解、曲解与误解的原因，进一步了解公众的价值与利益诉求。后者属于解释学范畴内的问题，与工程伦理实践中的解释环节相关。

工程共同体成员在开展回应时，需要坚持相互承认与理解的对话前提，以及相关对话原则，应当将"宽容"视为对话的美德。否则，工程共同体对于社会行动者意见缺乏包容性、不予回应、斥责、蔑视等行为，将会进一步加深社会行动者与工程共同体之间的"理解鸿沟"，甚至会使得对话终止，或使对话成为抛弃商谈规则的相互指责或谩骂，背弃对话本身的实践意义，从而不利于实现有效对话的理想目标。

在舆论层面，社会行动者与工程共同体之间的对话，应走向一种持续的良性互动"社会行动者提出最初质询→工程共同体做出回应与提出疑问→社会行动者消除误解、深化理解、进一步质询→工程共同体进一步做出回应与提出疑问→……"，如图 5.2 所示。

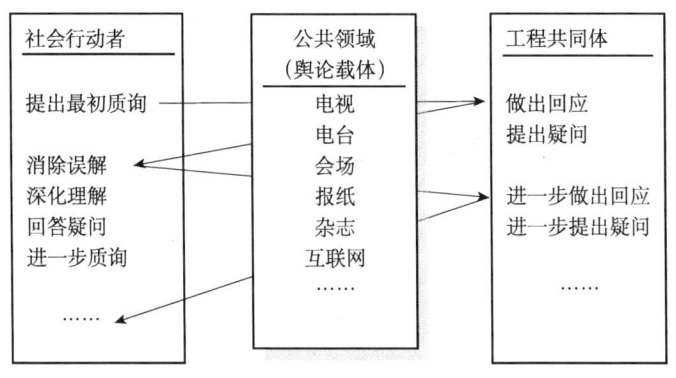

图 5.2　持续的互动

这一互动过程，最终目的是实现舆论对话的实时监督功能。开展舆论层面对话的优势在于，能够具有对工程社会伦理后果的有效"响应能力"。与其他对话模式相比，舆论层面对话对于工程社会伦理后果的"响应速度"更快，社会行动者在对话中的参与也常常更多地诉诸直觉和体验。因此，直觉和体验实践方式本身的不足，常常也会使得舆论层面的对话欠缺足够的理性分析，这一缺陷的弥补有赖于与其他两种对话模式的相互补充与融合。

### 3. 实施制度保障：制度层面的对话

制度层面的对话是围绕着公众在对话中的制度化参与而得以展开的。美国政治学家卡尔·科恩（Carl Cohen）曾经将民主参与的尺度划分为三个方面：①民主的广度；②民主的深度；③民主的范围。[①] 科恩的模型，在实践可以能够成为对话的"行动指南"。

制度层面对话所实施的制度保障，是通过民主参与的政治制度，保障尽可能多的社会成员就工程伦理问题开展深层次对话。由于"共识会议"是当前商谈对话最具代表性的组织形式，制度层面的对话程序也主要以"共识会议"为实践模板。"共识会议"，主要是指"针对涉及到政治、社会利益关系并存在争议的科学技术问题，由公众的代表组成团体向专家提出疑问，通过双方的交流与讨论，形成共识，然后召开记者会，把最终意见公开发表的会议形式"。[②]

公众在对话中的制度化参与，首先表现在参与对话公众的选择过程上。制度层面对话能否取得应有的效果，在很大程度上取决于参与的公众是否具有代表性，是否能够体现参与的民主化。科恩认为，深度的测量居于次要的地位，因为一种民主先要有一定的广度，才能评价其深度。一个社会内少数人完全且有效的参与，不能构成民主。[③] 选择参与对话的公众，首先需要通过报纸、电视、电台、互联网等媒介发布广告，陈述参与对话对于某项工程项目的意义，从而征集志愿参加的公众参与者。有时，部分对话的设计者也通过电话随机地选择参与的公众。在选定部分公众之后，需要对被选公众的背景进行统计分析，包括学历、职业、年龄、性别等，其目的是使公众尽可能多地代表着不同利益群体，并在彼此之间保持相互平衡。从美国科学哲学家桑德兰·哈丁（Sandra Harding）的"立场认识论（standpoint epistemology）"来看，不同群体代表着不同的立场，特别是弱势群体的立场。[④] 为了尽可能多地选取不同利益群体的代表，在对初步入选公众进行结构分析之后，仍然需要根据分析结果，进一步地补充其他公众代表。

除公众以外，为维持整个对话程序的制度性，对话组织者常常还需要邀请来自不同背景的社会成员组成指导委员会，用以监督对话的组织情况。以丹麦技术委员会的共识会议为例：他们通常邀请一名科学家或技术专家、一名企业

① 卡尔·科恩.论民主 [M].聂崇信，朱秀贤译.北京：商务印书馆，1988：12.
② 刘兵，江洋.日本公众理解科学实践的一个案例：关于"转基因农作物"的"共识会议"[A]//刘华杰.科学传播读本 [C].上海：上海交通大学出版社，2007：346.
③ 卡尔·科恩.论民主 [M].聂崇信，朱秀贤译.北京：商务印书馆，1988：21.
④ 桑德兰·哈丁.科学的文化多元性 [M].夏侯炳译.南昌：江西教育出版社，2002：203-204.

研究员、一名公会成员、一名公众代表、一名来自丹麦技术委员会的专职工作人员。① 其中，来自丹麦技术委员会的工作人员作为共识会议的整个过程的调解者。

在进入正式的商谈对话之前，对话组织者往往会召开几次"预备会议"。从公众参与理论来看，预备会议的目的是增加"参与的深度"。世界银行专家组在论及公众参与政府事务时指出，"参与深度"常常会与"制度化水平"联系在一起，社会行为体对政府核心事务参与越深，他们的参与方式与参与过程被制度化的机会就越大。② 预备会议的调解者通常是会议的组织方代表，他们将专家、公众及其他社会共同体成员（如工程伦理学家、企业代表、环境组织代表等）召集起来，共同讨论具有专业背景的文献资料。预备会议主要完成两方面的任务：一是归纳出与工程项目相关的一些具体问题；二是对专家关于工程项目的意见予以补充。在此基础上，专家需要向公众提出的具体问题进行简要回答。

经过几次预备会议的准备，商谈性对话开始进入"正式会议"阶段。首先，每个专家组成员需要就其所负责部分的内容做详细的报告，报告内容包含该部分内容可能产生的社会影响与影响人群。报告之后，专家们需要对现场观众提出的问题做出回应。在此基础上，公众与专家之间开展交互式的对话，特别是就产生分歧的领域进行深入探讨。其中，就某些需要达成共识的问题，在必要的情况下进行投票。最后，公众小组的代表需要整理对话的成果，包括在哪些问题上已经达成了共识，在哪些问题上仍然存在着分歧，存在哪些替代性方案，以及产生意见分歧的潜在利益分歧何在。在此基础上，公众小组形成正式的报告文本，供专家小组审阅，专家小组有义务帮助更正文本中不准确的表述。

为了进一步扩大对话的社会影响，使更多公众群体参与到对话中，正式对话完成之后，往往需要将形成的报告文本通过"大众传播"的形式予以公开。这类大众传播的媒介，包括印刷媒体（图书、杂志和报纸）及电子媒体（电视、广播、录音与网络）等。③ 通过大众传播的形式，作为对话成果的报告能够具有更多广泛的受众。公众对于报告的补充意见，一方面能够完善既有的共识成果，另一方面也能够进一步深化并拓展对话成员对于分歧意见的理解。

① 张慧敏. 当代西方民主的技术思想研究 [M]. 沈阳：东北大学出版社，2006：109-110.
② 世界银行专家组. 公共部门的社会问责：理念探讨及模式分析 [M]. 宋涛译. 北京：中国人民大学出版社，2007：37.
③ 约翰·维维安. 大众传播媒介 [M]. 顾宜凡，等译. 北京：北京大学出版社，2010：5.

### 5.3.3 获得共识与对话评价

经历了工程伦理实践的对话程序,各利益相关者之间将会达成一定的共识。从实践有效性的视角来看,取得共识是具有重要意义的。通过在工程伦理的对话中获得的共识,能够进一步指导工程伦理实践中的操作。在此基础上,需要对整个工程伦理实践对话过程进行评价与反思,从而判断是否需要开展进一步对话。

1. 共识的建立

达成共识是指通过商谈对话,在充分实现公众利益的前提下,各方在利益分配上达成的"平衡状态"。共识的建立是一个商谈过程,通过商谈而建立共识必然涉及对"度"的把握。是一味地争执不休,绝对地坚持自己利益,还是强调放弃个体利益寻求抽象的整体利益?在古特曼与汤普森看来,商谈对话的共识建立应当以"互惠性"为基础,它介于"自利(利己主义)"与"利他主义"之间,如表 5.2 所示。[①] 相对于工程伦理实践对话而言,共识的建立则需要建立在普遍承认公众利益优先的前提下,寻求利己主义与利他主义的融合,在利他主义之中包含公众利益。

**表 5.2 商谈对话获得共识的基础**

| 原则 | 正当性证明的理由 | 动机 | 过程 | 目标 |
| --- | --- | --- | --- | --- |
| 审慎 | 相互有利的 | 自利 | 讨价还价 | 权宜之计 |
| 互惠性 | 彼此可接受的 | 向别人证明为正当的欲望 | 商议 | 商议性<br>一致/分歧 |
| 公正无私 | 在普遍意义上<br>可证明为正当的 | 利他主义 | 示范 | 完备性观点 |

应当指出,建立共识所形成的平衡状态是暂时的。伴随着处境的变化,平衡状态有可能会被打破。一旦对话所处的条件、边界与背景等发生变化,初步的共识将被打破,有必要通过对话重新谋求新的共识。在工程伦理的对话中,商谈性对话的实践有时会受到一系列因素限制,如资源匮乏、有限的宽容、不相容的价值与不彻底的理解。

最后,在建立共识时应当同时注意"共识的质量"。正如希拉·贾萨诺夫所指出的,我们在判断共识的建立时,应当注意以下四种"有缺陷的共识状态"[②]。

---

① 阿米·古特曼,丹尼斯·汤普森. 民主与分歧 [M]. 杨立峰,葛水林,应奇译. 北京:东方出版社,2007.

② 刘兵,江洋. 日本公众理解科学实践的一个案例:关于"转基因农作物"的"共识会议" [A] //刘华杰. 科学传播读本 [C]. 上海:上海交通大学出版社,2007:349.

（1）过早达成共识：有没有进行充分的讨论而过早达成共识的可能。

（2）虚假共识：有对参与者实行限制而达成共识的可能。

（3）由不合适的参与者达成的共识：在有理由加入的参与者实际上并未参与的情况下形成共识的可能性。

（4）暂时的共识：只在某一时间和地点形成的暂时性的共识，随着影响因素、价值观、知识等发生变化，这种共识就可能丧失了合理性。

2. 对话的评价与反思

在建立共识之后，需要对整个对话过程进行评价与反思。评价整个对话过程的核心是，探讨"什么样的工程伦理实践对话才是一次好的实践"及"什么样的工程伦理实践对话才能体现其实践有效性"等问题。基于以上分析，"好的工程伦理实践对话"至少应当包含以下四方面的判断参考。

（1）考虑公众利益的"优先地位"，即公众的利益是否得到了体现？利益的分配能否代表公众群体中的不同利益？受影响的公众是否都参与了对话过程？是否考虑到潜在的受影响者（如下游的公众、未来的公众及其他"不在场"的公众）？

（2）各利益群体普遍可接受的"有质量的共识"，即这一共识具有一定质量，不是贾萨诺夫所列举的"有缺陷的共识"；这一共识体现了利益在群体之间的分配公正，而且各利益群体都接受这一共识。

（3）促进各共同体之间的相互理解与承认。促进相互理解与承认，是建构有效对话平台的首要条件。这一条件具有"经济意义"，它将有助于彼此之间的信息分享，从而促进对话的效率；此外它也具有"政治伦理"意义，它有助于建构民主化的对话框架，为开展"实时对话"建立基础。

（4）达成的共识具有决策意义。工程伦理实践中的对话要想最终实现其实践有效性，还要看对话所产生的共识是否具有决策意义，即共识是否具有"可操作性"，能否最终有效地影响工程实践，使工程实践的发展轨迹走向"善"的目标。

3. 开展进一步对话

在对整个工程伦理实践对话过程进行评价与反思的基础上，需要判断是否有必要开展进一步对话。开展进一步对话，主要源于两方面需要：①并没有完全达到以上的评价标准；②达到了以上的评价标准，然而尚存在一定的"优化空间"。开展进一步对话仍然需要判断是否具有"可能性"与"可行性"，特别是开展进一步对话所需要的人力资源、经济条件、文化背景等。

综上所述，类似于工程伦理实践中的"解释"与"操作"，工程伦理实践中的对话同样也可以用图示从整体上进行总结与归纳，从而增强其可操作性，如图 5.3 所示。

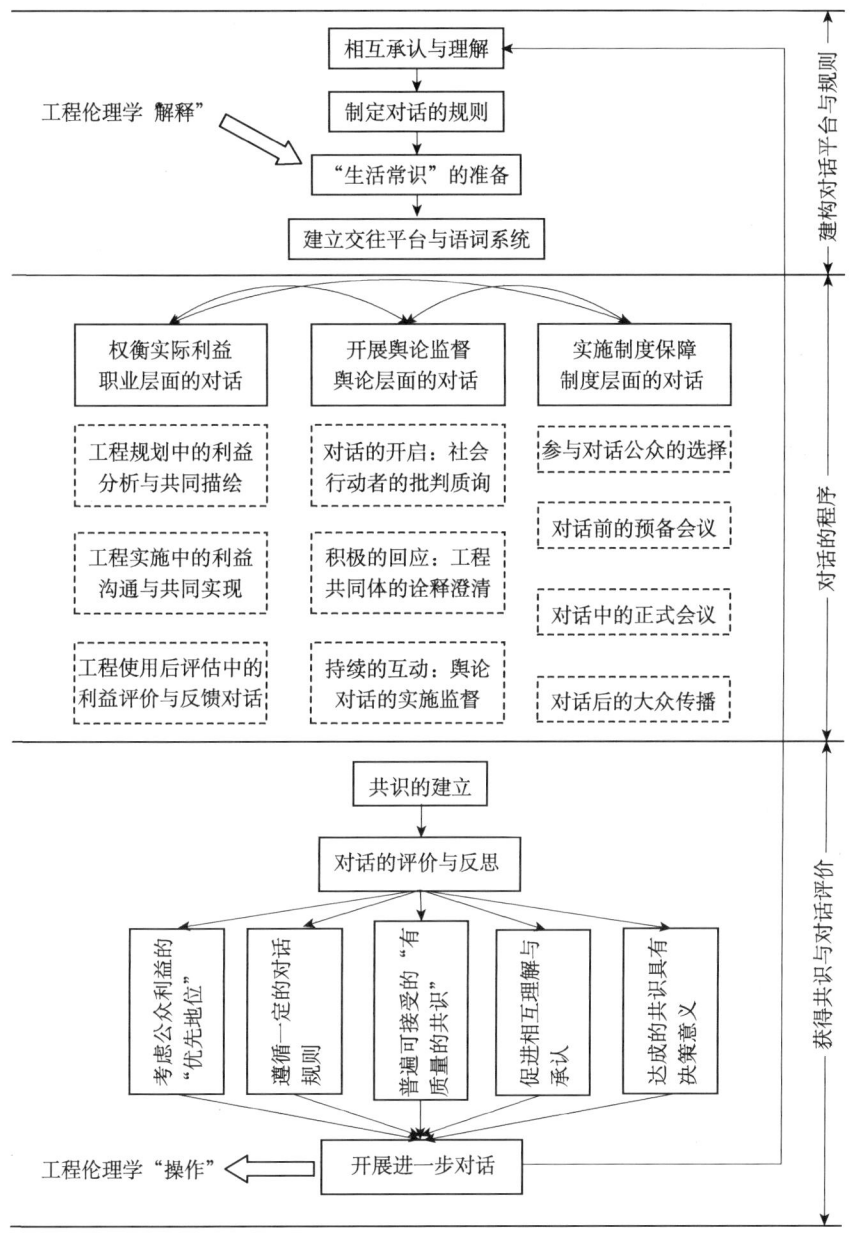

图 5.3　对话有效性模型

## 5.4　科罗拉多燃料电池研究中心的"苏格拉底对话"

在美国亚利桑那州立大学教授艾瑞克·费希尔主持的美国国家自然科学基金项目——"科学技术整合研究（STIR）"资助下，本书作者之一朱勤曾于2009年在美国科罗拉多燃料电池研究中心（CFCC）进行了为期6个月的实验室研究。基于"对话"的基本理论，这里以作者朱勤实际参与的CFCC实验室研究为例，对工程伦理的对话的具体实践加以阐释与评价。CFCC的对话主要以职业层面的对话为主，部分内容涉及舆论层面的对话。

### 5.4.1　对话的实践语境：利益相关者网络的视角

1. CFCC的地理优势与基本架构

从地理位置上来看，CFCC位于美国科罗拉多州（Colorado）戈登市（Golden）科罗拉多矿业学院（Colorado School of Mines）校园内。在科罗拉多州能源办公室及其他四个合作机构的支持下，2005年CFCC在科罗拉多矿业学院成立。2006年7月，CFCC成为科罗拉多矿业学院的校级研究中心。此后，CFCC的管理团队主要由科罗拉多矿业学院组成的教授委员会担任，而所有涉及合同及商务等方面的活动则由科罗拉多矿业学院校方进行处理。

CFCC位于美国所有山区州的中心，具有天然优势。在美国的50个州之中，科罗拉多州是最为重视能源及可持续发展的一个州。在该州州长比尔·瑞特（Bill Ritter）的一次讲演中，他曾将科罗拉多州未来的发展战略称为"建立一个绿色的科罗拉多州"。CFCC实验室所处的科罗拉多矿业学院将"地球、能源与环境"研究作为其长期发展战略。著名的美国国家可再生能源实验室（NREL）同样也位于CFCC所处的戈登市，两者之间的合作非常密切。此外，Coors Tek及TDA Research等国际知名实验技术供应商也位于戈登市。因此，CFCC与其他相关机构构成了一个有关能源研究与开发的创新网络，如图5.4所示。

CFCC的研究人员主要来源于该校的化学工程系、电子工程系、机械工程系，以及材料科学与冶金工程系。CFCC共有四个研究小组，主要研究方向为：①固体氧化物燃料电池（solid-oxide fuel cell）的开发与测试；②聚合体电解液膜燃料电池（polymer-electrolyte membrane fuel cell）的开发；③燃料处理；④建模与模拟；⑤高等材料处理与评价；⑥制造技术开发；⑦系统整合。

除燃料电池的研究与开发之外，CFCC还致力于通过科罗拉多矿业学院的

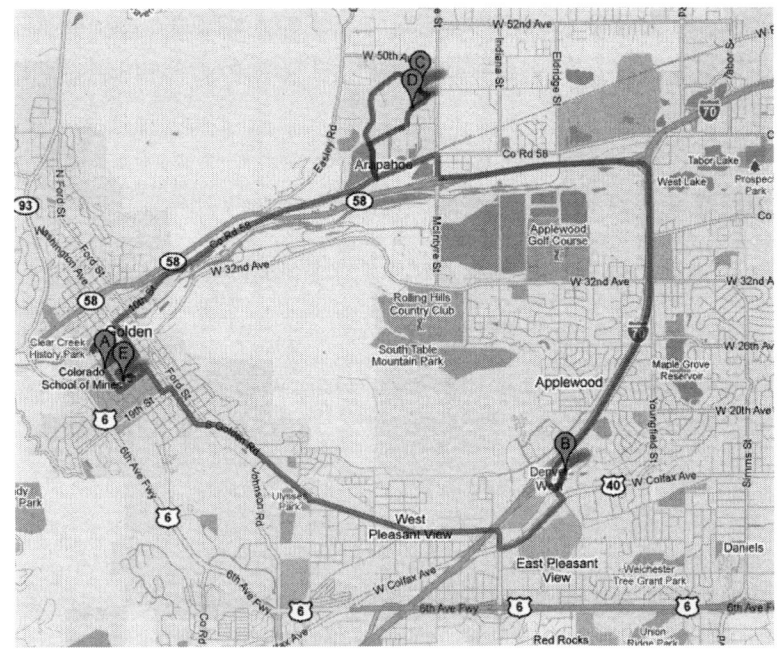

图 5.4　实验室分布图

A 为 CFCC；B 为 NREL；C 为 Coors Tek；D 为 TDA Research；E 为科罗拉多矿业学院

资源与平台，开展相关的工程教育创新，如"高年级设计计划（senior design program，SDP）"。SDP 的目的在于使工科专业高年级学生参与到实际的工程项目之中，同时在设计过程中领悟工程设计的社会、伦理及政策意义。

　　2. 利益相关者网络中的 CFCC

　　任何一种工程伦理的对话，都需要发生在一定的利益网络之中。因此，CFCC 所开展的工程伦理学对话必然也以一定的利益相关者网络为基础。这个网络包括以下节点。

　　（1）联邦政府有关部门：美国国防部（DOD）、能源部（DOE）及自然科学基金会（NSF）等联邦政府机构，负责资助、督促与评价 CFCC 的燃料电池研究。

　　（2）州政府：州政府能源办公室最初资助了 CFCC，并不断地提供政策支持。

　　（3）大学：科罗拉多矿业学院提供人力资源、场地、图书馆、计算中心、实验废物处理系统及购买化学药品的代理机构等。

　　（4）公司：Coors Tek、TDA Research 等地方性企业。

　　（5）其他研究机构：NREL、德国卡斯鲁尔厄大学（University of Karlsruhe）等。

(6) 人文社会科学家：对燃料电池社会影响感兴趣的人文社会科学家，包括科罗拉多矿业学院人文与国际研究系从事科技政策、环境伦理、工程教育等方面教育与研究的学者。

(7) 公众：可能受到燃料电池研究影响的地方性公众，从事燃料电池批量生产的生产线工人，燃料电池的最终潜在用户。

### 5.4.2 如何在对话中建构真正优质的工程：CFCC中的三种对话模式

CFCC内开展的对话，主要是以职业层面对话模式为主（工程师与伦理学家之间的对话最具代表性），部分地涉及舆论层面的对话，少数的对话与制度层面的对话相关。下面结合三种基本的对话模式，对CFCC中开展的工程伦理学对话的整个状况加以概述。

#### 1. 职业层面的对话

CFCC的职业层面对话主要围绕着燃料电池的研究与开发而展开，伴随着工程师及实验室研究人员的实践活动得以进行。从利益相关者理论来看，CFCC职业层面对话的核心是经济利益与公众利益之间的商谈。当然，其中也伴随着经济利益相关方面内部的对话、经济利益与职业利益，以及职业利益与公众利益之间的对话。然而，所有这一类对话的关键，都是以公众利益为其商谈的基点。在CFCC利益相关者网络分析的基础上，CFCC及其他利益相关者在对话中的不同利益诉求如表5.3所示。

**表5.3  不同利益相关者利益诉求**

| 利益相关者 | 利益相关者对于CFCC的利益诉求 | CFCC对于利益相关者的利益诉求 |
|---|---|---|
| 联邦政府 | 鼓励并督促CFCC开发高效的燃料电池，产生相关的科学与工程知识。联邦政府的资助机构（DOD、DOE与NSF等）有一系列严格的项目资助政策与规定，要求CFCC建构出可信赖的燃料电池系统。例如，DOE起初一共资助了多个燃料电池实验室，经过中期考核，最终停止了对部分实验室的资助 | 希望获得来自联邦政府资助机构的支持，特别是"促进科学发展方面的政策"支持。在当前美国的经济环境下，相对缺乏的资助资源"塑造"了实验室及其研究人员的研究兴趣。因此，CFCC需要撰写出更加具有创新意义的申请书，以获得联邦政府的资助 |
| 州政府 | 州政府能源办公室希望CFCC能够成为科罗拉多州能源技术研究创新的一个典范，使州内的公众能够直接受益于新能源技术，能够实现"建构绿色的、可持续的科罗拉多"这一政治目标，最终有助于实现州长领导下的新一轮州政府的施政纲领 | 州政府是CFCC最初创建阶段的资助者，州政府能源办公室资助了200万美元的启动经费，研究中心因此也被命名为"科罗拉多燃料电池研究中心"。CFCC期待州政府能够一如既往地基于资金与政策支持，同时期望州政府能够帮助协调与州内其他研究机构、公司之间的关系 |

| 利益相关者 | 利益相关者对于 CFCC 的利益诉求 | CFCC 对于利益相关者的利益诉求 |
|---|---|---|
| 大学 | 科罗拉多矿业学院希望 CFCC 能够帮助高年级本科生的创新实验培养（SDP），开设本科生相关课程（《燃料电池导论》已于 2011 年成功开设），能够帮助联合培养研究生，帮助大学建构"产—学—研"三螺旋创新链条 | 希望科罗拉多矿业学院能够提供场地及其他设施（图书馆、计算中心、实验废弃物处理系统及化学物品购买的代理机构）。此外，希望大学能够与 CFCC 共享教职员工，参与实验室管理 |
| 公司 | Coors Tek 等地方公司希望 CFCC 通过完成高质量的实验工作为其提供部分实验数据，共享一部分实验程序代码，为工程技术产品商业化提供必要的顾问信息 | CFCC 要求 Coors Tek 等地方公司为实验室提供重要的实验加工模型，尤其是燃料电池阳极的铸造模型 |
| 其他研究机构 | 希望 CFCC 与 NREL 等其他研究机构共同培养研究生，共享部分实验数据、模型与其他类型资源（如 LABView 模拟系统的部分开源代码） | 希望 NREL 等其他研究机构能够与 CFCC 共享部分研究资源。例如，CFCC 的一位研究生进行固体氧化物燃料电池产氢测量实验时，所运用的 LABView 开源程序最初来源于得克萨斯大学的某研究中心。此外，其他研究机构也会与 CFCC 共享实验室安全等方面的信息 |
| 伦理学家 | 希望 CFCC 的研究人员能够为公众开发出可靠的燃料电池技术，在实际操作中具有一定的伦理意识；能够在研究中主动地考虑工程决策的社会伦理意义与政策意义（尤其是在实验工作中包含对受影响人群的考虑），能够意识到实验室工作在工业化过程中可能带来的潜在（经济、伦理）风险 | CFCC 希望伦理学家能够参与到燃料电池的研发过程中来。他们认为，伦理学家的参与，一方面有利于帮助澄清一系列的概念（风险、公众利益、道德、社会需求……），另一方面有助于帮助阐释公众在生活中对于燃料电池技术的（道德）体验，从而有助于工程设计。此外，他们希望伦理学家能够为项目申请计划书提供政策咨询意见，使其更加符合美国对于负责任创新技术的要求 |
| 公众 | 公众希望 CFCC 能够研发出可靠的燃料电池技术，以部分地取代当下经济发展颇为依赖的汽油等燃料。CFCC 应当开发出环境友好的燃料电池技术，并且在其产业化生产中对操作工人无害。在燃料电池技术开发过程中，也需要考虑对环境的影响，包括实验废料的排放问题 | CFCC 将一系列的研究成果发表为文章与报告，参加产业界的会议并介绍新的技术，能够让公众检验实验室研究与公众需求之间是否存在着鸿沟 |

## 2. 舆论层面的对话

在舆论层面上，CFCC 的对话主要是技术哲学家、环境伦理学家与科技政策专家与实验室研究人员之间的对话。2009 年，在荷兰自然科学基金会（NWO）的资助下，荷兰特温特大学、美国北得克萨斯大学及科罗拉多矿业学院在戈登市召开了一次"3 所大学技术与环境哲学会议（3TEP）"。该会议的目的是促进技术哲学与环境哲学两大领域之间的融合。这一会议的召开至少存在着两大理论预设：其一，在当前语境下，技术哲学与环境哲学应当是内在统一的，因为众多环境问题是由技术产生的；其二，技术的进步具有改善环境的可能。应当存在一种"环境技术"，即技术本身内在地具有环境友好的维度。

在这次会议上，组织者卡尔·米切姆教授特别安排了 CFCC 主任尼尔·苏利文（Neal Sullivan）教授与参会者之间的对话。在对话之前，苏利文教授做了燃料电池与环境持续发展方面的报告，并系统介绍了 CFCC 在这一方面开展的研究。苏利文教授的基本观点是，燃料电池技术本身就是一种"环境导向的技术哲学"。3TEP 的与会者大多是来自三所学校的哲学家与政策研究者，他们从公众的角度对苏利文教授的报告提出了部分疑问，问题的内容涉及：①燃料电池技术的研发本身是否考虑了环境因素（CFCC 的主要研究产品——固体氧化物燃料电池的阳极材料是含镍的氧化物，而这种含镍氧化物在一定尺度内对人体和环境是有害的）；②固体氧化物燃料电池被废弃之后，暴露在空气中是否会对人体和环境有害，有关其暴露率的研究结果如何；③当前的燃料电池技术研究，是否仅仅局限于实验室层面，能否进行大规模生产，进行大规模生产之后的"成本—收益"如何，能否有助于解决全球性的环境与能源问题。

CFCC 舆论层面对话的另一则案例，是作者朱勤作为社会行动者的"嵌入式伦理学家"在实验室中的"参与式观察（participatory observation）"。有关这一内容，在下面将另作详细阐述。

3. 制度层面的对话

CFCC 制度层面的对话，主要是围绕实验室燃料电池技术开发与研究所开展的公众广泛参与的制度对话。一则较为典型的案例是，有关液态废弃物排放管道安放的地区共识会议。据科罗拉多矿业学院环境安全与管理办公室的相关工作人员介绍，在多年之前的戈登市，实验室的液态排放是直接与排放污水的管道相连的，当地公众对此提出了相关意见。于是，在科罗拉多矿业学院校方的组织下，实验室研究人员、校方管理者、戈登市的市政人员、校方环境安全管理人员、学校化学药品采购人员及地方公众举行了一次公众商谈的讨论会。最后，经过商谈的结果，学校制定了严格的废弃物管理条例，成立了新的管理机构（如今的环境安全与管理办公室），并重新单独设计了液态废弃物的排放管道。

### 5.4.3 实验室中的"苏格拉底"：嵌入式伦理学家

受美国国家自然科学基金项目资助的 STIR 项目，主要致力于将人文社会科学学者（如从事伦理学、政治学、政策研究、语言学、人类学、管理学等专业的学者）"嵌入"到工程实验室之中，开展这类学者与工程师之间的对话。

这种对话，一方面试图增进人文社会科学学者与工程师之间的相互理解；另一方面，在理解的基础上，也试图拓宽传统工程实践对于社会影响的关注范围，使工程师在工程决策中关注更为广泛的社会意义，为工程实践中展出更多的"技术与社会的可能性"。从方法上来看，这一对话的目的也是试图通过对话，最终能够为有效地影响实践提供可能性，具有一定的实践有效性。在 CFCC 对话中，工程伦理学家与工程师之间的对话颇具代表性，它融合了工程伦理实践中职业层面的对话与舆论层面的对话两种模式，甚至在制度层面的对话中也发挥了一定的作用。西班牙学者安东尼奥·卡列哈-洛佩斯（Antonio Calleja-López）与美国学者艾瑞克·费希尔提出了"苏格拉底对话（socratic diagloue)"这一模型，用以描绘工程伦理学家与工程师在实验室中的对话形式。①

1. "苏格拉底对话"的基本特征

"苏格拉底对话"在西方哲学史上占据着非常重要的地位，且一直被视为是探求知识与反思自我的一种主要手段。在苏格拉底对话意义上，了解自我及真理本身的途径源自与他者之间的互动。② 我国学者高秉江③与邓晓芒④归纳了苏格拉底对话的基本特征。苏格拉底对话的基本特征，主要包含以下几方面。

（1）在起点上的"自知自己无知"，为对话留下一个空间。

（2）苏格拉底对话是一种双向的互动和互利，是对话双方相互从对方观点中吸取有利于自身的营养而形成互补。在对话中启发对方意识到自己论据的不足和缺陷，引导其逐步接近早已隐含在其自己心灵之中的潜在真理，使其自己否定已有的错误结论而达到一种新的观点。

（3）苏格拉底对话具有追求真理过程的无穷开放性。在对话中并没有任何预设的前提，双方都是自由的，一个问题将引出什么样的回答并不是预先策划好的，而是临场发挥的。只有话语本身的逻辑在把言谈导向某个越来越清晰的方向，因而虽然自由交谈，却不是随意散漫的。

因此，工程伦理学家与工程师之间的"苏格拉底对话"，并不是试图"强迫"工程师相信自己的判断，而是一个"助产"的过程：诱导工程师自己自愿

---

① Calleja-López A，Fisher E. Dialogues from the lab：contemparary Maieutics for socio-technical inquiry ［A］//Society for Philosophy and Technology. SPT 2009 Biennial Meeting，June 7-10，2009，University of Twente，Enschede，the Netherlands：SPT，c2009：79-80.

② Calleja-López A，Fisher E. Dialogues from the lab：contemparary Maieutics for socio-technical inquiry ［A］//Society for Philosophy and Technology. SPT 2009 Biennial Meeting，June 7-10，2009，University of Twente，Enschede，the Netherlands：SPT，c2009：79.

③ 高秉江. 苏格拉底对话与理性的批判性 ［J］. 中共长春市委党校学报，2009，(3)：22-27.

④ 邓晓芒. 苏格拉底与孔子的言说方式比较 ［J］. 开放时代，2000，(3)：39-45.

地说出他所想说而暂时尚未说出的话。在其中，工程伦理学家所扮演的是"助产士"的角色。然而，工程伦理学家与工程师之间的对话并不全盘接受经典"苏格拉底对话"的所有特征。特别是在部分特征上（如苏格拉底在对话中极富哲学穿透力的"反讽"），工程伦理学家需要把握"度"。毕竟工程师并不是柏拉图笔下的剧本人物，而是现实生活中的、有血有肉的人。否则，一味地追求反讽，可能会造成双方对话的中断或终止。

2. 嵌入式工程伦理学家的社会角色

CFCC 中工程伦理学家与工程师之间"苏格拉底对话"的特殊意义在于，这一对话过程整合了工程伦理学对话中的多种对话模式。因此，工程伦理学家在其中所扮演的角色也涉及多方面的意义。由于工程伦理学家深入在实验室中开展与工程师的对话，甚至涉及日常生活，这一角色也被称作"嵌入式伦理学家（embedded ethicist）"。

工程伦理学家在实验室中与工程师的对话，首先是以"局内人（insider）"的身份参与的。局内人的态度，来源于"参与式观察"的人类学基础。在为期六个月的实验室研究中，作为嵌入式工程伦理学家，作者朱勤参与了实验室中的小组讨论、专题报告、实验设计与测试等环节，甚至包括实验的具体操作流程。所谓局内人，实际上是指工程伦理学家应当成为工程共同体的成员，通过与工程师之间的对话开展具体的工程实践活动。在此基础上，工程伦理学家可以与工程师一起，通过互动解释的过程，共同参与工程伦理学的操作过程，特别是追求道德物化的工程伦理学操作模式。从对话的模式来看，这一方面的对话主要以职业层面的对话为主。

除了局内人的态度之外，嵌入式工程伦理学家还承担着"局外人（outsider）"的角色。所谓局外人的态度，是指工程伦理学家在参与对话的过程中，需要与以工程师为主体的工程共同体"保持一定的距离"，从整体上对工程实践活动保持一种批判的认知态度。这种批判的认知态度，来源于哲学研究作为人文学科本身所具有的独特批判见解。这种独立的批判态度使得伦理学家不至于因为过于"沉浸"于工程实践，而丧失其哲学本身的透视力。从对话的模式来看，这一方面的对话类似于舆论层面的对话。

3. 工程伦理知识的"探究"与"解蔽"

按照"苏格拉底对话"的模型，知识或真理来源于相互的对话、交流与讨论。苏格拉底主张，应当抛弃"任何一个未经解释或未经承认的名辞来说明的答案"。① 因此，工程伦理学家以"苏格拉底对话"的方式参与到实验室的日常

---

① 邓晓芒. 苏格拉底与孔子的言说方式比较［J］. 开放时代，2000，（3）：40.

生活之中，其中就涉及对于工程伦理知识的"探究"，工程伦理知识是在工程实践中有关实践本质本身的规范性知识。这类真正具有实践意义的工程伦理知识必然能够通过对话，得以从日常生活的背景中"解蔽"出来。

作为工程伦理学家，在通常意义上获取伦理知识的途径主要有两类：一是伦理学经典中的知识；二是由他人所做出的实践问题研究中的知识。进而，工程伦理学家将这两类伦理知识"带入"到工程实践语境之中。从"苏格拉底对话"模型角度看，真正具有意义的工程伦理知识只有在具体的实践语境中才能获取。工程伦理知识"早已在此"，所需要做的只是像"助产士"一样，借助于与工程师的对话将其逐步揭示出来。

在通常意义上，工程伦理学家们倾向于运用案例进行伦理教学，以此来提高工程师的伦理意识，使工程专业人员能够掌握具体的工程伦理知识。因而，在主要的工程伦理学教材中，出现很多诸如"'挑战者号'事件"等经典案例。然而，这类经典案例往往并没有起到应有的效果，很多工程专业的学生对这类案例"不以为然"。据作者朱勤在实验室中与部分研究生的日常对话，他们大都认为这类案例能够为他们增加新的知识。然而，案例中描写的都是大的灾难，并且所涉及的专业背景（如航空航天等）与他们的关联"相去甚远"。

尔后，美国化学学会杂志《化学与工程新闻》上刊登了一则消息：由于实验室中未对"工作场所安全（workplace safety）"足够重视，而使得加州大学洛杉矶分校的一位女大学生在实验室火灾中丧命。这位女大学生与 CFCC 研究小组所从事专业的相关性，使得 CFCC 的研究生对这篇文章非常感兴趣。作者朱勤与 CFCC 的研究生们在小组讨论上，就这一篇文章及其相关调查报告开展了讨论。通过作者极为详尽地介绍调查报告上的相关细节，CFCC 的研究生及教授们获得了有关实验室安全的道德直觉。几天后，CFCC 实验室负责安全的管理人员重新检查了相关安全设施，重新购置了实验保护装置。

所谓工程伦理知识，实际上也存在于研究人员的日常生活之中。作为工程伦理学家，我们应当重新反思工程伦理知识的获取、教育与传播的方式。工程伦理学家在其中所起到的中介作用，通过在对话中有关具体经验的描述（受害者的故事叙述与体验），将有助于工程师形成相关的道德直觉，最终促成以道德直觉为导向的工程伦理学操作模式。

4. 对话中的工程决策：工程师日常决策行为的社会意义

对话并不是独白，而是双方以"互动的姿态"互为主体地建构了对话过程。从"苏格拉底对话"模型来看，作为对话的另一方，工程师通过对话也深化了其自身对于工程决策社会影响的理解。在主流工程伦理学教科书中，往往对于一些工程伦理问题表达、论述与分析非常清晰。然而在 CFCC 实验室的语境下，会发现所谓工程实践的伦理意义并不像教材中所表述的那么明显。"苏格拉底对话"模型将有助于在对话中使工程师理解日常决策行为的意义，有助于培养工程师的伦理意识（敏感性与想象力），尤其是工程师对于"工程技术的深切体验"与"伦理原则的深入沉思"。

费希尔教授在早期科罗拉多大学的研究中，发展出一种有关工程决策的"技术-社会"分析模型："机遇-因素-选择-后果（OCAO）"模型。基于工程伦理实践中的对话的考虑，作者朱勤将这一模型引入与工程师的对话之中，如图 5.5 所示。

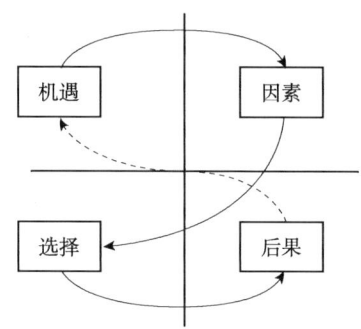

图 5.5　技术-社会分析模型

借助于这一分析工具，作者朱勤就某些具体的工程决策问题与工程师开展对话。通过对话发现，工程决策总是需要考虑一系列具体因素，有些因素确实是有社会意义的，而有些具有社会意义的因素在通常意义上常常被忽略。在考虑到相关因素之后，工程师往往会形成一系列可供选择的"方案"。经过对选择方案仔细甄别之后，最终的选择方案将可能带来积极的"后果"。借助于上面这个分析工具，工程伦理学家能够更好地把握与工程师之间对话的结构，帮助工程师发掘工程实践被忽视的社会与伦理意义，并使工程师自己具备发掘道德意义的能力。正如邓晓芒所言，苏格拉底在对话中多半是以提问者的身份出现，他的对手才是问题的解释者和回答者，但全部对话的灵魂恰好是提问者而不是回答者，是针对回答的提问才使得问题变得更清楚了。[①] 也正是通过这一过程，工程师能够在工程决策中寻找适当契机，通过开展职业层面的对话，确定可以开展工程伦理的有效操作的"入口"。从而，工程伦理实践才可能更加有效。

---

① 邓晓芒. 苏格拉底与孔子的言说方式比较［J］. 开放时代，2000，(3)：40.

# 第6章 对中国工程伦理实践的启示

当前我国正处于经济和社会的转型阶段，工程建设中出现的很多重大现实问题都与工程伦理有关，工程伦理的实践有效性研究因而变得尤为重要和紧迫。在传统与现代性的张力之中，如何立足于现代工程技术的背景反思以往的工程伦理思想资源，充分利用我国传统文化中的伦理思想资源，建构符合我国当代实际情况的工程伦理观念体系，并真正有效地影响工程实践，实现工程伦理与工程实践在当代的"知行合一"，是值得深入探讨的重大理论课题。下面针对我国的实际情况，讨论工程伦理的实践有效性的相关问题。

工程伦理学作为一门学科在中国的兴起与发展，都是较为新近的。从实践有效性视角本身来看，虽然我国工程伦理学处于"后发"的地位，但应当转化为一种"后发优势"，即主动解决西方发达国家工程实践中曾经出现的工程伦理问题，避免再走弯路，将历史上的经验教训转化为当代工程伦理实践的思想资源。如果说实践有效性视角包含着对于西方工程伦理实践的批判与反思，那么，实践有效性视角的引入有利于我国工程伦理学建设"取彼之长""补己之短"。通过审视西方工程伦理学的优点和不足之处，为我国工程伦理学发展提供一种可选择的道路，建构适合中国现实语境的工程伦理观念体系。基于此种考虑，以下从工程伦理教育、工程伦理对话与工程伦理决策三个方面，论述实践有效性视角对我国工程伦理实践的启示。

## 6.1 对工程伦理教育的启示

在当前西方学界，工程伦理教育成为工程伦理学实践的主要支撑，工程伦理学正逐渐走向"工程伦理教育学"。在我国学界，工程伦理教育也正逐渐引起重视。然而，当前我国工程伦理教育仍处于初始阶段，存在着多方面不足。在我国理工科大学，道德教育主要依赖于大学思想政治教育课程。然而，现有的思想政治课教学体系中并没有对工程伦理教育给予专门关注，工程伦理教育往往被视为思想政治教育的补充，被列入选修课，不少学生不够重视，这就使其应有功能得不到发挥。此外，当前我国开展的工程伦理教育，仅仅是注重通过思想教育提高工程技术人员的工程伦理意识与道德修养，这一传统教育模式常常忽视现代工程技术的不确定性与风险性给工程伦理教育带来的新挑战。工程伦理教育还应该延伸到工程技术人员的职业培训和继续教育之中，形成终身教育的体系。从实践有效性视角来看，工程伦理教育的任务不仅在于培养工程技术人员的社会责任感，而且要使他们具备识别、分析和解决工程伦理新问题的能力，具备将工程伦理意识转化为工程实践产生实际效果的能力，具备通过协作有效降低工程技术风险的能力。从这个意义上讲，工程技术人员的工程伦理意识和社会责任感的培养，包括提高工程伦理的实践有效性的能力的培养，也可以理解为一种"广义的工程伦理教育"。

目前看来，我国的工程伦理教育还存在很多问题，主要由以下三方面。

### 6.1.1　工程伦理教育的内容有待充实

目前我国的工程伦理教育内容，主要是通过典型案例分析介绍工程伦理的基本原则和道德规范，引导学生掌握这方面的基本知识，了解工程伦理的意义和价值，形成初步的体验。由于工程伦理课程在很多学校里还是选修课，对学生的约束力不强。受应试教育模式和文理分科的长期影响，很多理工科专业的学生对人文学科的知识不感兴趣，甚至将工程伦理课程视为"说教"式的课程，从心里加以排斥。另外，不少工程伦理课程的授课教师原来是从事思想政治教育课程或自然辩证法课程教学的，缺少对工程技术专业知识和伦理学专业知识的更深入了解，因而对工程伦理案例很难进行透彻的解析。这些因素都影响了工程伦理教育的效果，进而影响了工程伦理学的实践有效性。

按照工程伦理的"解释—操作—对话"的实践有效性模型，我国工程伦理教育在内容上需要充实以下内容。

（1）解释学、实践哲学和商谈伦理学的相关基本知识。从实践有效性角度看，在工程伦理学课程中当然不可能也没必要展开解释学、实践哲学和商谈伦理学的详细内容，但作为理论基础的相关基本概念和方法是有必要引入工程伦理学课程中去的，这里包括"解释"和"理解"的含义、"前理解"和"成见"的影响、"视域扩展"和"视域融合"；"道德想象力""道德直觉"和"道德物化"；"商谈伦理""共识"和"苏格拉底对话"等等。学生们应该从中掌握这些理论和方法的精髓，运用到工程伦理实践中去，提高自己的理论水平和解决实际问题的能力。

（2）工程伦理学实践中"解释""操作"和"对话"环节的意义、模式和方法。特别是这里的模式和方法，具有较强的可操作性，是发挥工程伦理学实践有效性的关键所在。以往工程伦理教育的一个弱点是，局限在教化和体验的层次，讲伦理原则和道德规范较多，而讲如何解决具体问题的方法较少。学生们毕业后来到工作岗位上，一旦遇到复杂的工程伦理难题，往往无从下手，无所适从。理工科学生的特点是注重知识的可操作性。通过学习"解释""操作"和"对话"环节的意义、模式和方法，不仅会使他们较快地形成分析和解决具体工程伦理问题的能力，而且能增强其学习和掌握工程伦理的信心，激发其学习兴趣和创造力。

（3）实践有效性视角的工程伦理案例解析。案例解析并非只是用于说明工程伦理原则和道德规范的意义，更重要的是应该成为解决类似问题的一种范例，使学生便于掌握"解释""操作"和"对话"环节的模式和方法。本书在各环节选取的典型案例解析过程中，强调了各种模式的比较，展现了各种方法的运用过程，其目的就在于启发读者将这些模式和方法运用到类似的工程实践中去。实践有效性视角的工程伦理案例解析，可能会涉及案例的社会、历史、文化等各个方面，给出一个全景式的分析，这对工程伦理教育特别是任课教师提出了更高的要求和更尖锐的挑战。任课教师需要主动完善自身的知识结构，了解相关知识领域的必要内容和方法，才能够将案例讲清楚，起到引导和启发学生的作用。

### 6.1.2　工程伦理教育的方法有待改进

目前我国工程伦理教育的主要方法是课堂讲授，是教师对学生的单向知识传播。从实践有效性角度看，这种方法不利于学生的深入体验，不利于形成分析和解决问题的实际能力。相比而言，欧美国家的一些工程伦理教育方法值得学习和借鉴。

荷兰的三所理工科大学（代尔夫特理工大学、埃因霍温理工大学和特温特大学）联合组建了科技伦理研究中心（简称 3TU），充分利用现代化教学手段，开展了丰富多彩的教学实践活动。3TU 的科技伦理教师与网络开发人员一同研发了一款用于科技伦理教学的网络软件 Agora，其主要功能是进行案例分析和应用工程伦理理论的训练。它由七部分组成，分别是案例描述、问题设定、问题分析、行为选择、伦理评估、反思、讨论。在案例描述环节，通常由教师提前选择合适的案例输入其中，也可以由学生自己选择案例进行简单描述。在问题设定环节，学生根据案例对该问题进行初步构想。问题分析环节有很多子选项，包括要求学生列出所有"利益相关者"，基于一定立场来确定相关的道德价值、事实与责任。在行为选择环节，要求学生对可能出现的问题有全局性把握，对可能出现的问题进行深度思考并做出正确选择。在伦理评估环节，学生根据相关的道德价值观，包括职业伦理、功利主义伦理学、康德伦理学、美德伦理学等理论对可能的选择进行评估。在反思环节，要对前面进行的伦理评估进行反思，比较自己最初的想法与进行伦理评估之后的想法，并反思这种差异存在的原因。最后一个环节是讨论，对伦理评估进行总结。这个环节也可以单独用来进行针对特定话题的讨论。①

3TU 工程伦理课程的又一大特色是体验式教学。这种教学方法主要体现在两方面：一方面，伦理课程与相关企业紧密合作。工程伦理课程的主讲教师不仅包括工程伦理学专业的教师和工程技术专业的教师，还包括相关工程企业的技术人员。这些技术人员通过讲述自身的实际经历，使学生了解真实的技术研发与生产过程中的伦理冲突，进而竭力避免或尽力解决这种伦理冲突。这种合作教学模式既能够使工程伦理专业教师参与技术生产过程，了解工程实践中伦理问题的真实情况，又能使工程技术人员接触伦理理论，丰富知识背景。另一方面，工程伦理课程与专业实习相结合。在教学过程中，教师鼓励学生亲自到所研究的领域中实习和体验，以便了解该领域在研究过程中真实存在的伦理问题。例如，研究"护理机器人伦理问题"的学生就曾经在医院与护士们一起工作，以便真正了解将机器人用于医疗护理的优势和存在的各种伦理问题。通过实习体验而获得的知识不仅理论性强，而且也具有说服力。

体验式教学中一项很有特色的活动是"角色扮演"游戏。这种活动能够帮助学生运用实践知识去面对不确定的、开放的状况，也能培养谈判、修辞、战略制定、理论陈述的能力，更能为之后的伦理反思提供直接的经验。海伍德（Haywood）等从心理学的角度证实：学生学习并掌握的知识更多的源于他们积极参与并解决的问题。②"角色扮演"的教学实践具有非常重要的意义。一方面，学生能够明白工程活动中存在的伦理问题是普遍现象。以往案例教学所选取的案例都具有典型意义，这往往会对学生造成误解，以为伦理问题只有在特殊的情况下才会产生。而"角色扮演"则使学生全程参与技术设计，并做出伦理抉择，这会使学生最大程度地还原设计过程，体会其中的伦理问题。另一方面，学生"感受"伦理知识比"学习"伦理知识更为重要。"角色扮演"的一个重要优势就是通过切身的感受去了解伦理知识，特别是责任的概念。这种亲身感受所得到的经验知识比通过课堂学来的知识更加深刻，也更易于掌握。

近年来，约克大学、多伦多大学等加拿大高校也采用了"角色扮演"及

---

① Simone van der Burg，Ibo van de Poel. Teaching ethics and technology with Agora，an electronic tool［J］. Science and Engineering Ethics，2005（11）：277-297.

② Haywood M E，McMullen D A，Wygal D E. Using games to enhance student understanding of professional and ethical responsibilities［J］. Issues in Accounting Education，2004，19：85-99.

"情景模拟（scenarios）"等教育方法。① 在约克大学的罗伯特·普赖斯（Robert Prince）教授看来，要想让学生在多元文化背景下来理解工程伦理的一些基本原则与实践，具备多元文化语境下的工程伦理意识，"角色扮演"与"情景模拟"是最为有效的方法。通过这些方法，学生能够在"虚拟实践"的背景下培养自觉的工程伦理意识。而且教师可以很好地跟踪与影响学生工程伦理意识养成的过程，能指导和培养学生在工程实践中发现、分析与解决伦理问题的能力。与传统意义上的课程教学相比，这种方法更强调在行动中的具体融入。

法国里尔天主教大学（Catholic University of Lille）的工程伦理课程有三个目标：使工程专业的学生意识到他们未来的责任；帮助他们认清他们在未来的工作单位中自由的界限是什么；通过讨论的形式增强他们的道德鉴别力。在讲授的方法上，在对学生进行理论性的讲解之后，都会给学生提供一些具体的案例，来帮助学生掌握如何利用这些知识和方法来分析现实问题，发展他们解决问题的实际能力。里尔天主教大学开展的"案例研究"有自己的特色。与其称其为"案例"，不如称其为"故事"。因为案例分析往往已经预设了一个通向"正确答案"的途径和方法，而此处的"案例"则是没有这些预设的，它完全是生活中的真实例子，甚至一些是还没有答案的例子，都拿到课堂上来作为分析的材料，这就让学生更加切身地体会到伦理问题的真实性和严重性。课程最后的考核环节也是采取这种案例的分析的形式，每个人都必须选择一个他们在学习、训练或实习中遇到的经历来进行分析，并且要能解释清楚为何这个事情是与伦理相关的。他们的报告要包括如下内容：

（1）论证为何要选择这个话题：你为什么认为这个事情是与伦理相关的？它涉及什么伦理原则？为什么要选择它？

（2）描述该事情中相关的个人和单位，以及分析其相关利益：潜藏在决策下面的主题是什么？谁是实施者？谁要承受该决策的后果？决策是如何达成的？所有的利益方都在场吗？占主导地位的规范和规则是什么？主要的困难是什么？谁必须要面对它？

（3）列出所有可能的解决方案：都有什么方案是可以选择的？它们是可行的吗？谁会提出这样的方案？谁会使它变得有效？如果由你来决定，你会选择哪种方案？原因是什么？②

---

① Prince R H. Teaching engineering ethics using role-playing in a culturally diverse student group [J]. Science and Engineering Ethics，2006，12：321-326.

② Didier C. Engineering ethics at the Catholic University of Lille（France）：research and teaching in a European context [J]. European Journal of Engineering Education，2000，25（4）：325-335.

类似的教育方法，在美国、德国、墨西哥等国家的工程伦理教育中也有不同程度的采用。[①] 这些教育方法的优点在于，能够同工程伦理学的"解释—操作—对话"环节的模式和方法有机地结合起来，增强工程伦理的实践有效性。然而，就我国目前的实际情况来看，引进和推广这些教育方法，还有一些实际问题需要解决。一是我国的工程伦理教师很多对工程实践的具体情形不大熟悉，也缺少和工程技术人员合作开展工程伦理教育的传统；二是一些工程伦理教师还缺少直接分析和讲解工程实践中提出的新的伦理问题的能力，特别是缺乏讲解利用已有相关案例为借鉴的新问题的能力和经验积累；三是工程伦理教育还缺乏与工程企业合作开展教育实践的机制，体验式教学可能缺乏合适的平台。这些问题都需要在今后的工程伦理教育实践中逐步得到解决。

### 6.1.3　工程伦理教育的评价有待完善

工程伦理教育不同于工程知识教育，不能单纯依赖考试和测验。工程伦理教育的效果，也不能简单地看学生的考试分数和讨论中的表态。评价工程伦理教育的效果，最终要看学生们是否形成工程伦理意识和相应的道德情感，并体现为实际的道德行为，真正发挥工程伦理的实践有效性。但这种评价在实际操作中困难很多。理工科学生是未来的工程师，工程伦理教育的效果需要长时间才能充分体现。而教育评价必须同教学活动相结合，对教学效果的评价必须依赖可以明确评价的阶段性指标。如何解决二者的矛盾关系，是工程伦理教育研究有待解决的课题。

对于工程伦理教育的长期效果的评价，要考虑到理工科学生就业之后的工程伦理实践状况。如果工程伦理教育真正发挥了效果，应该体现为受过培养教育的毕业生在其伦理实践中的突出表现，如具有高尚的职业道德和社会责任感，为了国家和公众利益敢于坚持原则，抵制和揭露违背工程伦理原则和道德规范的不良社会现象。从另一个方面看，就是这些毕业生中很少有人突破伦理底线，出现重大工程责任事故、严重污染环境和伤害民众健康的事件。这方面的典型跟踪调查和统计，都可能在一定程度上说明某个学校、学科的工程伦理教育效果，尽管很难严格化、定量化。

对于工程伦理教育的短期效果的评价，要考虑到学生在接受培养教育之后的思想转变和能力提高的状况，这种评价是可以针对学生个体的。比如考查学生对工程伦理原则和道德规范的理解深度，具备工程伦理的解释、操作和对话

---

① 王前，等. 科技伦理意识养成研究［M］. 北京：人民出版社，2012：52-65.

的能力状况，特别是运用实践智慧创造性地解决工程伦理新问题的能力和效果。如果学生能够在案例分析、工程试验和项目设计中自觉运用工程伦理的知识，体现出自觉的社会责任感，就表明工程伦理教育对其成长发挥了明显效果。

我国目前工程伦理教育评价还有一个突出问题，就是工程伦理教育本身的意义和价值还没有得到制度化的充分认可。我国已经在部分高校开展了工程教育专业认证的工作。2013 年 6 月，中国科学技术协会代表我国已成为国际工程教育本科互认的《华盛顿协议》的预备成员。欧美工程教育专业认证强调对工程专业学生综合素质和能力的审核，其中包括工程伦理方面的要求。在美国工程与技术鉴定委员会（ABET）2009～2010 年认证标准细则中，美国土木工程专业协会在课程设置中明确指出伦理教育课程是工程教育专业认证的评审内容之一，并对工程专业伦理课程体系提出了详细的要求。[①] 2008 年 3 月，由英国皇家工程学会与英国工程专业协会（ECUK）举行的联合研讨会中，工程专家明确提出工程教育专业认证应优先对工程专业学生的伦理道德意识进行评估，认为工程专业学生的伦理道德意识养成是工程专业学历认证的前提；对认证规范制定人员及工程教育专业认证评审员，也应从伦理角度进行评估。[②] 我国 2007 年颁发的"工程教育专业认证实施办法（试行）"有关课程设置的要求中，虽然提到应将伦理、环境等因素列为教育内容，但没有关于工程伦理课程设置与规范的明确的具体条例。值得注意的是，2014 年年初，我国工程专业学位研究生教育指导委员会明确指出，工程教育不仅要继续重视知识和能力，还要重视价值观、诚信人格的培养，加强工程伦理教育，促进工程人才的全面成长和发展。[③] 我国教育主管部门应在工程教育认证的试点学校中实施工程伦理教育试行办法，通过制度化途径构建全面的工程伦理教育评价体系，明确工程伦理教育对于工程专业学生的重要意义，这是工程伦理教育能否发挥实践有效性的关键所在。工程伦理教育评价还应该成为理工科大学"卓越工程师计划"的重要组成部分，成为培养具有工程伦理意识和高度社会责任感的精英人才的制度化保障。只有从理工科大学开始培养工程技术人员的伦理意识和社会责任感，每一位工程师都曾在学校里接受过专门的工程伦理教育和考核，工程伦理的实践有效性才能得到充分的体现。

---

① ABET. Criteria for Accrediting Engineering［EB/OL］［2008-11-01］.

② Giuliano Augusti. National Systems of Engineering Education，QA and Accreditation［EB/OL］［2007-08-03］.

③ 王蕾等. 工程教育要补上伦理"短板". 光明日报，2014-7-22，13 版.

## 6.2 对工程伦理对话的启示

普遍的工程伦理教育有助于培养工程技术人员、工程管理者、利益共同体各方特别是普通民众的工程伦理意识，这是开展工程伦理对话的必要基础。

在我国工程伦理实践领域，一个突出问题是缺乏"对话机制"，尤其是缺乏工程技术人员与工程伦理学家、公众及其他社会群体之间的有效对话。缺乏对话机制直接导致了某些工程项目的问题：一方面，由于对工程伦理因素缺乏充分考虑而给社会带来了严重的后果，进而忽视甚至损害了公众利益；另一方面，由于各社会共同体之间缺乏相互理解而产生误解或曲解，进而阻碍了工程项目的顺利开展及相关问题的解决。要解决这些问题，需要从以下三方面着手。

### 6.2.1 建立制度化的工程伦理"对话机制"

近年来，我国曾出现一些由于工程项目引发社会争议甚至群体抗议的事件，如厦门和大连的 PX（对二甲苯）项目引发的群体事件、怒江水坝建设引发的争论、广东番禺等地垃圾厂选址引发的抗议活动等。这些工程项目大都在立项时由行政领导和行业专家拍板决定，没有充分听取利益相关者各方特别是公众的意见。而后，在工程实施过程中出现事故或意外情况，通过媒体报道和网络传播使公众知晓，于是引发广泛的质疑和抗议活动，行政管理部门才不得不被动地开启"对话机制"。如果这种"对话机制"能够制度化，使利益相关者特别是公众充分了解并参与民主决策，就可以防患于未然，使工程活动引发的社会事件大为减少。

建立制度化的工程伦理"对话机制"，需要在重大工程项目立项时，通过吸收工程伦理学家、企业家、非政府组织和普通民众等各方面代表参加，举行听证会、公民论坛、工程评估会议等活动，充分听取利益相关者的意见和诉求，以其作为工程项目实施的一个制度化的先决条件。现代工程活动大都影响众多利益相关者，民众的维权意识不断增加，而媒体特别是网络传播能力又相当发达，这些条件都使得制度化的工程伦理的"对话机制"必须建立，这是不能回避的。

开展制度化的工程伦理对话，可以借鉴前面所述丹麦技术委员会 2010 年举办的"全球变暖世界公民论坛"的相关办法，结合我国的具体情况，采取一些必要的措施。参加"对话"的人员应该包括政府主管部门的领导人、相关企业的管理者、行业技术专家和环境保护专家、工程伦理学工作者、相关非政府组织的代表和公众代表。其中，公众代表的选择也可以通过报纸、电视、电台、互联网等媒介发布广告，陈述参与对话对于某项工程项目的意义，从而征集志愿参加的公众参与者。然后，对被选公众的背景进行统计分析，使之尽可能多地代表着不同利益群体，并在彼此之间保持相互平衡。参加"对话"的人员应具有较强的公信力，得到同行专家和民众的广泛认可。

在开始工程伦理的对话之前，组织者同样有必要召开"预备会议"，共同讨论具有专业背景的文献资料。预备会议要归纳出与工程项目相关的一些具体问题，并对专家关于工程项目的意见予以补充。正式的工程伦理对话可以采取听证会、专题对话会或者"公民论坛"等方式。在工程伦理对话过程中，政府主管部门的领导人、相关企业的管理者、行业技术专家和环境保护专家需要就其所负责工作做详细的报告，报告内容包含工程项目可能产生的环境影响、社会影响及可能产生的后果。报告之后，专家们需要对工程伦理学工作者、相关非政府组织的代表和公众代表提出的问题做出回应。在此基础上，公众与管理者、专家之间开展交互式的对话，特别是就产生分歧的领域进行深入探讨。最后，需要整理对话的成果，包括在哪些问题上已经达成了共识，在哪些问题上仍然存在着分歧。如果由于以往决策存在考虑不周或疏漏，造成严重后果，使得工程项目必须改进、搬迁或终止，但出于经济和技术等方面限制条件，在处理方式和进程上还不能一步到位，那就要说明还有哪些替代性方案，这些方案是否公平合理，如何逐步走向对问题的根本解决。

为了进一步扩大工程伦理对话的社会影响，也可以将"对话"的过程和结果通过大众传媒予以公开。在工程项目立项或实施已经引发群体抗议的情况下，通过媒体公开、透明地介绍工程伦理对话的过程和结果，有助于及时化解矛盾，消除情绪对立和误解，取得明显的效果。

### 6.2.2 积极引导工程伦理对话的进程

由于目前我国工程伦理发展尚处于起步阶段，开展工程伦理对话的条件还不完全成熟，工程伦理对话过程中难免会出现一些意外的困难。如果协调不好对话各方的关系，就可能出现严重误解、混乱甚至观念的冲突。这种情况在一些工程项目引发群体事件造成的被动"对话"中显得更为突出。

造成这种情况的主要原因有三个：一是很多公众对工程项目的性质和社会影响不清楚，在理解上出现偏差甚至"放大效应"；二是专家学者的解释作用没有充分发挥，没有产生应有的"公信力"；三是有些行政管理人员缺乏积极引导工程伦理对话的思想准备和相应能力。

以厦门和大连的 PX 项目为例。公众对 PX 的毒性、PX 项目的危险性及其经济价值并没有很透彻的了解。他们听到的是两种反差很大的说法。一种说法是 PX 属于危险化学品和高致癌物，PX 项目具有高风险性，PX 储存罐一旦爆炸就会夺取千万人的生命。中国科学院院士、厦门大学赵玉芬教授等 105 位政协委员曾联名提交《关于厦门海沧 PX 项目迁址建议的议案》，这一意见对公众有巨大的影响力。[①] 另一种说法是 PX 属于低毒性化工原料，与酒精和食盐差不多。PX 项目的现有技术水平并无高风险性。国内外都没有 PX 项目必须离开居民区 100 公里的要求。科普作家方舟子就多次撰文力图消除公众对 PX 项目的误解。[②] 面对这两种说法，普通公众很可能感到无所适从，但出于对自身安全的考虑，一般都倾向于前者而质疑后者，采取"宁可信其有，不可信其无"的态度。实际上，PX 的毒性和生产技术并非尚未定论的科学前沿问题，一般的化学化工专业教授都可以给出负责任的回答。问题在于要创造"对话"机会，让具有公信力的化学化工专家"出场"，让不同意见充分交流，自然会对广大公众有显著的引导作用。

负责处理重大工程项目引发的社会问题的行政管理人员应该意识到，就重大工程项目的社会影响与利益相关者特别是公众对话，本身就是重大的工程伦理现实问题。善于积极引导工程伦理对话的进程，是消除工程项目引发的社会冲突的根本性措施。重大工程项目的社会影响，包括对生态环境的影响、对周围居民人身安全的影响、对社会经济状况和文化环境的影响，都联系着具体的利益相关者，都有在工程伦理意义上建立对话渠道的必要性和可能性。如果行政主管部门在相关事件发生的初期，就积极启动这种"对话"机制，及时组织专题听证会、对话会或者"公民论坛"，就可能得到绝大多数市民的理解，平稳化解可能发生的群体事件。

### 6.2.3　提高工程伦理对话的水平和实效性

要提高工程伦理对话的水平和实效性，需要参与对话的各方做出持续努力。这里包括以下几个方面。

1. 工程技术人员履行必要义务

很多工程技术人员往往只关注自己的职业责任，而忽视与工程利益相关者

① 张望. 环保重压 厦门百亿 PX 项目缓建. 21 世纪经济报道 [N]，2007-6-1.
② 方舟子. 近距离接触韩国 PX 工厂. 环球时报 [N]，2013-9-5.

特别是公众进行工程伦理对话的必要义务，甚至将其视为一种额外的负担。实际上，工程技术人员的专业水平和社会形象，决定了他们在工程伦理对话中不可或缺的重要作用。因为公众一般说来会相信他们对重大工程项目做出的专业解释，相信他们的社会责任感。当然，这也就要求工程技术人员能够将公众利益置于优先考虑的地位，尊重科学，诚实守信，不会在某些外来的压力下作伪证，或给出违心的解释说明。

在进行工程伦理的对话的时候，工程技术人员也应该对工程项目的社会影响有充分的理解，明确其中的伦理道德问题，能够向利益相关者特别是公众做出符合工程伦理原则和道德规范的解释。工程技术人员要了解公众对工程项目本身的理解程度和基本态度，善于消除对工程项目的"有问题的偏见"。

2. 工程伦理学家发挥中介作用

工程伦理学家（包括所有工程伦理学工作者）在工程伦理对话中起着关键性的中介作用。工程伦理学家要了解工程项目本身的基本情况和社会影响，要能够理解工程专家的解释，并向工程专家、利益相关者和媒体阐明工程项目所具有的工程伦理问题的性质、意义和可能的解决途径。工程伦理学家要参与对话的全过程，及时发现与工程伦理相关的制度和程序安排上的问题，引导对话的不断深入，保证其实践有效性的实现。

3. 利益相关者积极参与

利益相关者的积极参与，不仅体现在积极发表自己的意见，维护自身的正当权益，而且需要认真倾听来自工程技术专家和工程伦理学家的解释，更好地了解工程实践的具体环节，以便消除对于工程实践的"有问题的偏见"，最终使得工程技术人员、工程伦理学家、非政府组织成员等社会群体达到"视域融合"。这里要警惕由于相互不理解而造成的利益相关者的非理性诉求，将某些局部的沟通障碍随意"放大"，最后造成对话的僵持甚至终止。

4. 政府主管部门有效组织和协调

政府主管部门在工程伦理对话中具有组织和协调的功能，应该培育一种相互尊重、平等交流的对话氛围，使相关各方充分交流意见，避免相互攻击、压制不同意见、忽视弱势群体声音等倾向。以怒江建设水坝的争论为例。在争论中反对建设水坝的环保主义者与支持建设水坝的工程技术人员，由于缺乏互动解释而导致僵持不下，最后导致当时由温家宝总理出面叫停该工程项目。从工程伦理学的解释视角来看，争论双方不应轻易地、不加批判地将"支持建坝"或"反对建坝"等"前见"带入对话之中。问题的关键不在于是否支持建坝，而是参与者将自身的不同视域带入对话过程，在相互承认与理解的基础上产生

"建设性的对话"，从而对工程项目的顺利进行有所贡献。在政府主管部门的组织协调之下，对话双方的态度应该从"针锋相对"转向"互相启发"，充分考虑利益相关者的利益诉求和相互关系。比如，怒江水坝的设计能否成为改善当地生态环境、提高地方公众利益的途径，而不是破坏环境？如何协调当地居民利益、地方利益、国家利益及邻国利益之间的关系？在利益博弈和妥协的过程中，应该坚持何种伦理原则？在不断提问与回答的基础上，会使得有关建坝的"事实与价值之网"不断"呈现"出来。最终，参与者就可能凭借实践理性做出明智的判断。

5. 媒体客观公正地报道

当工程项目的立项和实施产生较大社会影响，甚至出现民众的普遍困惑和误解的时候，媒体客观公正地报道工程项目的实际情况、可能产生的社会问题和后果，以及相关的工程伦理对话过程，具有十分重要的作用。如果媒体（包括政府网站）为了避免事态扩大而遮遮掩掩，避重就轻，只会加重误解。2007年"厦门网"组织有关 PX 项目的"公众参与投票"，在出现绝大多数反对票的情况下突然关闭，就产生了很被动的结果。[①] 工程伦理对话的一个基本伦理原则是相互尊重，包括媒体对受众的尊重。客观公正的报道才能赢得公众的信任，真正发挥工程伦理对话的实践有效性。

## 6.3  对工程伦理决策的启示

工程伦理对话的起因和最终目的都是影响工程伦理决策。工程伦理决策是指工程实践中涉及伦理因素的决策活动，或者说是符合工程伦理原则的决策，它是工程伦理学在工程实践中最为主要的具体实现形式。当前我国工程伦理决策主要存在两方面问题：其一，工程技术人员缺乏明确的"伦理意识"，在具体的工程实践语境下常常并未意识到需要进行伦理决策；其二，我国的工程伦理决策缺乏有效的评估和激励。

我国目前的工程决策过程中，出于职业伦理的考虑较多，出于社会伦理和社会责任的考虑较少，很多时候是出了问题和重大事故之后才考虑社会伦理和社会责任问题。在多数情况下，并不是工程技术人员个体道德存在问题，而是并没有意识到自己所面对的工程决策问题是本身具有伦理意蕴，缺乏道德敏感性。我国的工程实践并未像西方那样具有长期的职业史，我国的注册工程师制

---

① 毕诗成. 从厦门 PX 项目审视公众表达的困境. 中国改革报［N］，2007-12-14.

度中缺乏明确的伦理要求，工程师社团也缺少详尽的便于操作和考核的工程师职业道德规范。这就使得工程伦理在工程决策过程中难以发挥实效。要解决这一问题，需要从以下三个方面着手。

### 6.3.1　增强工程伦理决策的自觉意识

工程决策者需要自觉地意识到工程项目蕴涵的伦理意义，充分考虑工程项目立项和实施过程中利益相关者的伦理关系。但以往的工程决策规则和程序中对此并没有明确的要求。由于决策往往由主管领导和工程技术专家个人或少数人作出，具有一定权威性，对其决策的质疑往往被理解为对权威人士的不尊重，而征询利益相关者特别是普通民众的意见被认为多此一举，或只是走过场，这就使个人或少数决策者承担了过重的职业责任和社会责任，要求他们必须绝对考虑周全，决不能犯错误，这在当前工程活动日益复杂多变的时代背景下，几乎是不可能做到的。

工程伦理决策是充分考虑各方面利益相关者合理诉求的决策，是客观、科学、民主的决策，是能够有效避免重大工程风险和事故的决策。"把不同的利益相关者包括到决策中来会有助于扩大决策的知识基础，因为代表不同的利益相关者的人能带来影响设计过程的种种根本不同的观点和新的信息。也有证据表明在设计过程中把多种利益相关者包括进来会产生更多的创新和帮助改进跨国公司的品行，……最后做出的决策选择也可能并不是最好的伦理选择，但扩大选择范围则很可能会提供一个在技术上、经济上和伦理上都更好的方案。在某种程度上，设计选择的范围越广，设计过程就越合乎伦理要求。因此，在设计过程中增加利益相关者的代表这件事本身就是具有伦理学意义的，它可能表现为影响了最后的结果和过程，也可能表现为扩大了设计的知识基础和产生了更多的选择。"① 这一点应该引起工程决策者足够的重视。

工程伦理决策需要充分运用"解释—操作—对话"各环节的模式和方法，需要在决策过程中适当选择相关的工程技术人员、工程伦理学家、利益相关者代表（特别是普通民众代表），这对以往我国工程决策活动来说是一项全新的工作。尤其值得关注的是，需要选择具有决策能力的各方面代表参与决策，这些代表本身也应该具备工程伦理决策的自觉意识。除了考虑决策者相关的知识背景之外，还需要考虑这些人的社会责任感、道德敏感性、推理和论辩的能

---

① Devon R. Towards a social ethics of technology: a research prospect [J]. Techné 8: 1, 2004: 99-112.

力、相互包容和协调的能力等。如果只选择一味顺应"长官意志"，顺情说好话的人，或者不加选择地引入在思考和论辩中过于偏执和情绪化的人，都可能影响工程伦理决策的顺利进行。

### 6.3.2 在中国语境下培养道德直觉

工程决策往往有严格的效率要求，需要抓住机遇及时、准确、稳妥地决策。除了在一些重大工程项目立项时注重工程伦理决策之外，在具体的工程设计、实施和使用过程中也需要注重伦理决策。从实践有效性视角看，用于伦理决策的伦理意识需要在操作过程中予以培养。在工程伦理学操作中，伦理意识建立在一定的道德直觉基础上，道德直觉的培养能够使工程决策者产生道德敏感性与道德想象力。

中国传统思维方式的一个主要特征是，重视发挥直觉思维或者说直观体验的作用。中国传统的伦理教育，更强调形成道德直觉或者说"良知"，不断提高道德敏感性。受传统文化的长期影响，我国的工程技术人员在接受工程伦理教育时，比较容易从直觉的角度来理解和体会伦理原则和道德规范的意义。古代圣贤"先天下之忧而忧，后天下之乐而乐"的道德情怀，"天下兴亡，匹夫有责"的社会责任感，对近现代工程技术人员也有深刻影响。我国近代著名工程专家詹天佑曾告诫青年技术人员"精研学术，以资发明""策划须详，临事以慎"，希望他们"勿屈己以徇人，勿沽名而钓誉。以诚接物，毋挟褊私，圭璧束身，以为范则"。在《酌订升转工程师品格程度章程及在工学生递升办法》中，强调"必先品行而后学问"。他在实际工作中也是道德行为的楷模，"昼则茧足登山，夜则绘图记工，无一息之安"。1919年年初，北洋政府屈服于列强霸权政策，下令出席巴黎和会的中国专使陆征祥等把中国境内所有已成、未成铁路统统"由中国政府延用外国专门家辅助中国人员经理之"，作成议案，拟提交和会讨论。这个消息一经传出，詹天佑立即以中华工程师会会长和个人的名义，通电反对。他具体指陈铁路共管对中国铁路事业的危害，严正指出：此案一旦成立，收回已失路权将更难，将是中国灭亡的象征。[①] 詹天佑的杰出事迹，正是道德直觉和社会责任感的典型体现。通过这类典型案例开展工程伦理教育，对我国工程决策者进行潜移默化的影响，能够使他们以较容易接受的方式培养道德直觉，为识别伦理问题并进行工程伦理决策奠定坚实基础。

---

① 宓汝成：中国近代工程技术界的一代宗师詹天佑，中国科技史料，1996，3：38-40.

### 6.3.3 建立工程伦理决策的评价体系

对工程伦理决策的评价，主要是评价工程决策者的伦理责任，同时也要从工程伦理角度评价工程决策造成的社会影响。

工程伦理的决策者既包括工程的领导者和管理者，也包括工程技术人员和工程的利益相关者，如工程伦理学家、相关企业、非政府组织和社会民众。他们共同参与工程的伦理决策，且各自负有相应的伦理责任。

1. 工程的领导者和管理者的伦理责任

工程的领导者和管理者占据工程决策的主导地位，决定工程的导向、进程和后果，因而负有直接的、主要的伦理责任。一些企业、机构或政府部门，在进行工程决策时往往为了追求短期利益的最大化而选择承担巨大风险。这种做法从短期看可能使某些企业或机构获得了收益，但从长期看国家和更多的民众却不得不为此付出代价。这种不公平的现象就涉及工程的领导者和管理者的伦理责任。违背工程伦理原则的决策不一定都需要承担法律责任，但需要承担伦理责任，受到道义上的谴责，并由此影响其职位和职能。

2. 工程技术人员的伦理责任

工程技术人员在工程决策中只能承担间接的、次要的、有限的伦理责任。在工程活动中，工程技术工作者应该履行"通告、建议"的伦理责任，将其预见结果如实通告有关决策部门，并积极参与决策过程，提出自己中肯的建议，正面影响工程决策者的行为。然而，不同岗位的工程技术人员有各自权限，很难超越权限影响重大的工程决策，除非采取越级告发、向媒体揭发、"曝光"等比较"极端的"行为，而这样做往往会付出巨大代价。对于为了公众和社会利益而勇于揭发、"曝光"的工程技术人员，应该充分肯定和鼓励其道德行为，社会有关部门也应该给予必要的奖励、保护和扶持。但对于受到各种压力而未能采取这些行动的工程技术人员，也不能施加过多的压力，对其伦理责任提出过高的要求。德国技术哲学家罗珀耳认为，在工程技术后果评估中，让工程技术人员承担过多的责任，是对他们的不公。工程师若能评价自己技术行为的一切后果，就得不仅掌握自己的专业，而且还具有生态学、医学、经济学、心理学、社会学等相关知识，但没有这样的超级专家。而且，工程师即便认识到技术后果的正误或利弊，也无权采取相应行动，因为他隶属于有多种分工的技术组织，作为受雇者还听命于企业领导，无论拒绝工作还是向舆论报警，他都会丢掉饭碗。在工程决策评价中，工程技术专家个体能够承担责任应基于以下几个条件：一是行动者知道自己做了些什么；二是行动者确实采取了被认为应负责任的行为；三是行动者在自己的意愿下行动，没有受到胁迫；四是行动者能够预见后果。只有同时满足上述四项条件，才能要求工程技术人员为工程决策的后果负责。①

值得重视的一项工作，是为工程技术人员提供履行自己的伦理责任的有效途径和方法，使其能够运用"实践智慧"解决企业利益和公众利益之间的矛盾冲突，既能保护自己的切身利益，又能够发挥工程伦理的实践有效性。有些工程技术专家经常参与政府和企业的重大工程决策，享有特殊的声誉，他们的意见会受到格外的信任。因此，他们对非本专业特长的工程决策应十分谨慎。在各种利益有矛盾时，工程技术专家应该有责任公开表达自己的独立意见。

3. 工程的利益相关者的伦理责任

相比而言，在工程伦理对话机制不完善的条件下，工程的利益相关者各方在工程决策中影响更为有限，其伦理责任也更小一些。但工程的利益相关者特别是普通民众，需要以积极的态度影响工程决策。如果公众意识到自己的工程伦理责任，则可以使工程决策更民主化，让主要决策者了解更广泛的观点，从而使工程决策更加符合大多数人的利益。随着公众科技文化素养的提高，工程决策者、工程技术专家和公众之间关系不应再停留在"专家提议、政府采纳、公众接受"的模式上。只有工程的利益相关者都参与到工程决策中，才能保证工程伦理决策的实践有效性。

从工程伦理角度评价工程决策造成的社会影响，是一项难度更大的任务。由于工程活动的社会影响涉及政治、经济、军事、教育、文化、宗教和民众日常生活等各个领域，其正负两方面效应有一个逐渐显现的过程，所以从工程伦理角度，很难在短时间内对一项工程活动的社会影响做出全面、客观、深刻的评价。然而，一些基本的评价准则的提出，有助于这方面持续不断的思考。工程决策的伦理评价需要摆脱急功近利的模式，着眼于国家和人类社会的可持续发展，关注广大民众的根本利益，提高工程技术人员的工程伦理意识和社会责任感，使工程伦理决策深入到各项工程活动之中，真正发挥实际效力。

## 6.4 实践有效性研究的本土化与全球化

工程伦理实践有效性的研究，还有待在"本土化"与"全球化"相统一的

---

① 王前，朱勤. 技术后果评价的伦理视角［A］//单继刚，甘绍平，容敏德. 应用伦理：经济、科技与文化［C］. 北京：人民出版社，2008.

时代背景下进一步开展。一方面，需要考虑地域特点，在"中国语境"下发现、分析与解决中国的工程伦理实践有效性问题；另一方面，也需要在"全球化"背景下有效地解决全球化趋势（特别是国际化工程实践）对于中国工程实践带来的新的挑战。

所谓工程伦理实践有效性研究的"本土化"，指的是在进一步完善"解释—操作—对话"各环节的模式和方法的过程中，需要充分注意到我国当前社会环境的特点，考虑到我国传统文化的特点和传统思维方式的影响，针对我国特有的现实问题，提出有效的对策。比如，在工程伦理教育中，要使学生了解当前我国所处的具体社会环境的特点，特别是正处于社会主义市场经济转型期，法制建设尚不完善，传统道德约束缺乏有效影响力等，培养学生在这类特殊社会语境下解释伦理原则、道德规范、道德情感、道德行为及相关案例的能力，而不能完全"照搬"西方职业伦理传统的工程伦理教育模式。在解释相应的工程伦理现象时，需要明确中国特有的历史、政治、文化、制度等方面的背景因素，对相应的工程伦理问题有较为清醒、客观的认识，进而才能做出恰当的工程伦理决策。

当前，我国工程教育界最为关注的一项"本土议题"是，"如何提高学生的工程实践能力"，从而使工程教育最终"回归工程实践"。在这一政策导向影响下，国家相关部门、各级地方政府及理工科高校都投入大量资源，建立了致力于提高学生实践能力的教育试验基地、平台及课程。然而，我国工程教育界做出的种种努力仍主要关注"工具性技能（techniques）"的提高，而缺乏对学生"整体性（holistic）"思维和能力的培养——工程的最终目的并不止于理论知识的"物质化"，而应包含对于人工物与社会实在"相互塑造"关系的道德哲学反思。工具主义的工程实践观，常常忽视工程实践本身可能被"嵌入"同时"塑造"价值的可能性。从实践有效性视角看来，伦理价值影响工程实践的直接途径是"操作"，即伦理价值与工程人工物"造物"直接发生联系的过程。因此，工程人工物建构中的每个"微观决策"本身都涉及价值的"阐释"与"表达"。对于学生实践能力的培养，技术实践能力与伦理实践能力很难也不应当被相互分离。要增强工程伦理的实践有效性，在我国面临的突出的"本土化"问题是扭转应试教育只注重分数考核的倾向，全面把握培养合格的工程技术人才的要求。对于"实践"的理解，应当超越传统的工具主义理解，转向更为广阔视域的"整体主义"理解，将"工程伦理实践"的能力纳入"工程实践能力"的整体框架中加以理解和把握。唯有如此，才有可能培养出具有"问题意识"及道德敏感性的未来工程师。

工程伦理的实践有效性的本土化研究，还要注意培养理工科学生和工程技术人员的"本土意识"，培养其批判思考与行动的能力，具体包括：

（1）理解我国经济、社会、政治及文化等方面的背景因素，对于工程伦理问题意义生成的影响。例如，哪些是我国特有的工程伦理问题？什么样的"地域因素"促成这类问题的出现？这类问题具有哪些特点？等等。

（2）重视"本土价值"在工程设计中的体现，包括如何使工程项目的设计符合基于我国国情的文化价值与伦理观念，从而切实地解决"中国问题"。此外，中国作为发展中国家的属性（包括经济发展以及资源分布的地域性差异），要求工程项目设计在有限资源的基础上，能够体现出适应地方发展需要的"创造性和灵活性"。

（3）成为好的"聆听者"与"对话者"，主要包括在工程实践中善于聆听来自各利益群体意见的表达，从我国的国情和不同地域思想文化特点出发加深相互理解，具备积极而理性开展对话的能力，最终能够将利益群体的意见在项目设计中得以"表达"。

无论是分析某一具体的工程伦理现象，还是开展具体工程伦理决策，都需要注意批判地吸收中国文化资源，汲取其合理成分，防止其消极影响，这是有效吸收"地方性知识"以增强工程伦理的实践有效性的过程。实践有效性研究需要从"中国语境"中来，再回到"中国语境"中去，解决当前中国存在的具体工程伦理问题。

所谓工程伦理实践有效性研究的"全球化"，指的是在经济全球化的时代背景下，充分考虑全球化带来的国际工程交流与合作的现实伦理问题，寻求与国际接轨的工程伦理原则和道德规范。具体而言，实践有效性研究的全球化，关注的一项重要主题是如何有效地处理跨文化、地域背景下工程实践的伦理冲突问题。跨文化的实践有效性研究，主要包括两方面内容：①我国工程师在其他国家参与工程项目时，有效地理解当地伦理文化，处理文化差异引发的伦理冲突；②我国工程师与来华参与工程项目的国外工程师之间，有效地处理我国传统文化与其他国家（地区）文化之间的伦理冲突。从跨文化研究的视角来看，这两方面内容一般主要涉及两种文化之间的互动作用，即所谓"主文化（host culture）"和"客文化（guest culture）"的关系。

就当前全球工程职业伦理教育与制度化进程来看，美国工程职业伦理的框架影响较大。美国职业伦理框架除了在西方国家有其广泛影响力之外，一些非西方国家也逐渐引进美国一些工程职业学会的伦理守则（如 NSPE 等）作为其建立本国职业伦理章程的"模板"。然而，在国际化背景下，这一"创新扩散"

模式越来越受到挑战。首先，如前面所言，美国工程职业伦理守则中的条文较为抽象，往往需要职业人员自身在工程实践中予以"创造性"地解释与应用。而且，这类守则往往都"默认地"以美国工程职业发展的历史与文化为背景，常常并未完整地考虑工程实践的跨文化性与跨地域性。因此，在美国及受美国职业伦理影响的西方国家，"全球化"与"跨文化"等主题尚未明显地存在于日常教育与实践之中。而当工程师在其他国家参与工程项目时，往往倾向于直接应用美国职业伦理框架，而忽视所在国家特殊的伦理文化语境，从而产生了跨文化的伦理冲突。而一旦这类跨文化的伦理冲突产生，工程职业人员往往缺乏足够的伦理资源以应对困境。

此外，对于引进美国职业伦理守则的非西方国家而言，也存在着实践有效性方面的困境。美国职业伦理守则尽管产生于美国文化语境，但正逐渐脱离其文化语境，在其他西方国家及部分非西方国家之间相互"迁移"，并在这些国家得以"重新语境化（recontexualized）"。以日本为例，日本工程教育界及工程伦理学界当前面临的一项重大挑战是，如何协调日本所引进美国工程伦理体系中个人主义的"自治"职业文化与受儒家文化影响的日本本土文化。然而，这"两种文化"之间的冲突本身实际上也为工程伦理实践有效性的全球化研究提供了资源。在全球化背景下评价工程伦理的实践有效性，一项重要标准是要评价能够有效地处理"全球化"与本土化间的协调问题。在这一过程中，需要考虑可能涉及的跨文化语境，其涉及的个体及利益共同体可能包含的其他文化，在对话中应当考虑是否忽视了来自其他文化背景的声音，如何更好地倾听不发达地区人群的声音。目前，美国学者正逐渐开展培养工程师"全球化素质（global competency）"（包括全球化伦理素质）等方面的研究，其中一项重要的工作是开发基于情境（scenario）的全球化伦理素质评估工具。① 在一定意义上，这一工具也可被视为评价工程伦理实践有效性的全球化程度的重要手段。

近年来，我国在国际工程实践领域内的影响力得到了空前的提高，并逐渐参与或承担了其他国家的一些工程建设项目，受到国际范围内的广泛关注与好评。然而，如何能够在国际化工程实践语境下，有效地处理好我国工程文化传统与西方工程文化传统的关系，解决好我国涉外过程中的伦理问题，也成为工程伦理实践有效性视角研究有待进一步解决的重大课题。此外，工程伦理实践有效性视角还应关注如何发挥中国文化的实践哲学思想资源优势，在全球化语境下更好地开展负责任创新，从而在工程领域内体现我国负责任大国的形象。

---

① Jesiek B, Zhu Q, Woo S, Thompson J, et al. Global engineering competency in context: Situations and behaviors [J] . Online Journal for Global Engineering Education, 2014, 8 (1): 1-14.

# 第7章 结 语

　　工程伦理的实践有效性研究，总体上看属于应用伦理学或应用哲学的研究，其主要着眼点在于强调伦理学对于工程实践的现实影响力及其效果。无论是工程伦理实践中的"解释""操作"还是"对话"，都是以对于工程实践的现实影响为最终旨归。工程伦理实践并非将伦理原则和道德规范简单地、"自上而下"地应用于工程实践，而是应当立足于具体的实践语境，对伦理原则和道德规范进行创造性的理解与运用，增强道德规范的解释力，使作为实践伦理学的工程伦理学更加强调伦理实践的"语境性"与"自下而上性"。

　　作为一门应用伦理学，工程伦理学应当更加注重伦理学意义上的可操作性，强调伦理反思应当"预设性地"包含对于可行性的考虑，使工程伦理学不仅用于伦理反思，同时将其拓展为具有工程伦理内涵的管理、治理、制度建设与相关政策。通过工程师与工程伦理学家、公众、企业、社会团体、非政府组织、政府机构及立法机构等之间的对话与合作，解决当代工程实践中的伦理问题，从而使工程实践有利于促进社会的良性发展。工程伦理学家所扮演的角色，不应只是撰写抽象哲学文章的学者，而应成为联系其他社会群体并起到重要中介作用的社会行动者。

　　具体说来，工程伦理的"解释"的最终目的，并不止于实践语境下对伦理现象及其中伦理原则与道德规范的理解，也不止于在此基础上工程共同体成员之间的相互理解，而是强调"理解"应当具有"实践指向"。对于工程伦理现象（特别是与工程事故或灾难有关的现象）的解释，应该有利于制定相关政策，避免类似事故的再次发生。此外，工程伦理学实践中的"解释"也应当成为工程伦理实践中的"操作"的基础。伦理原则与道德规范在实践中的创造性落实，需要以伦理原则与道德规范的互动解释为基础。工程实践中道德直觉的建立，需要以伦理原则的深度解释为基础。工程设计中的道德物化，也需要以工程伦理价值的互动解释为基础。

　　工程伦理实践中的"操作"，要以对工程实践产生实际伦理影响为"目标"。通过伦理原则与道德规范在工程实践中的创造性落实，致力于影响并"塑造"工程师的负责任行为；通过形成道德直觉，培养工程师的道德敏感性与道德想象力，使其更加敏锐地对复杂的工程伦理问题做出明智的决策；通过将伦理价值"写入"人工物之中，使人工物通过中介作用而有利于美好社会的建构。

工程伦理实践中的"对话"的目的是在"解释"和"理解"的基础上，促进利益相关者之间的利益均衡，并在工程实践的行动纲领上取得一定的共识。因此，"对话"也具有行动导向性，它通过各相关者之间"商议"达成共识，指引着工程决策行动的方向，保证工程实践中利益分配的公正。在"解释"和"操作"基础上，"对话"从制度化的角度保证了上述两大环节中利益的民主化实现。

工程伦理的实践有效性研究，有着广阔的应用前景。作为现代工程实践的核心，工程设计越来越关注以"价值导向"为核心的设计方法学，越来越关注与人、群体、社会相关的价值因素体现。实践有效性视角能够为现代工程设计方法提供恰当的价值解释、表征及写入工具，使积极的价值因素和伦理成分能够以更加合理的方式在设计中体现出来，使设计产品能够更好地服务于用户，对社会进步带来积极影响。

现代工程活动本身涉及多方利益共同体的参与，工程活动的开展内在地要求利益共同体各方之间的"对话"，而对话的效果将与工程实践能否顺利开展直接相关。尽管现代工程实践已经意识到开展对话的重要性，然而，对于如何开展有效对话尚缺乏有效的尝试。实践有效性视角所提供的"解释—操作—对话"模型，将为工程师与其他社会群体（尤其是伦理学家和普通民众）之间的对话提供可操作的参考模型。

传统的工程伦理学倾向于对工程技术开展社会批判，而职业视角的工程伦理学也未对"建构好的工程"给予明确方案，在一定意义上局限于对工程师行为的批判。工程伦理的实践有效性的视角超越对工程技术与工程师行为的社会批判，关注伦理因素影响工程实践的途径与方法，尝试为"如何建构真正优质的工程"这一疑问给出可操作性的答案，从而能够与政策、治理、管理等领域紧密关联。

工程伦理的实践有效性研究，本身也具有重要的理论价值。传统工程伦理学所坚持的"个体主义进路"，常常将"语境"局限于工程师的职业语境，从而坚持关注工程师个体道德决策的微观伦理学进路。工程伦理实践除了上述语境外，还包括更为广阔的社会语境，如工程的社会影响和政策语境等。社会能够塑造工程技术的发展，从而影响工程伦理实践所施加的作用。同时，工程技术也需要在社会语境中加以使用，从而影响公共生活质量，而工程实践的评价应以"能否为公众带来福利"作为判断的重要准绳之一。因此，突出对"工程伦理实践"的关注，有助于工程伦理研究的微观层面与宏观层面的内在统一。

工程伦理的实践有效性研究的理论价值，还在于建构了以"解释—操作—对话"为核心的理论框架，开展了有关工程伦理学理论体系的系统反思。传统意义上，工程伦理学只是将工程技术人员个体的实践框架作为默认的、潜在的与基础的框架加以实施，缺乏对其本身的反思。工程伦理的实践有效性视角作为一个开端，尝试对工程伦理的实践框架进行反思，这将有助于从整体上促进工程伦理实践中关注质量、效果、效能等曾被忽视的评价因素，最终致力于工程伦理学理论体系的不断优化。

尽管本书初步建构了一个基于"解释""操作"与"对话"三大环节的实践有效性模型，然而，这一模型尚有待进一步完善与系统化。其中有待进一步解决的具体问题包括以下三方面。

其一，从技术现象学角度，将"解释""操作"与"对话"三大环节之间的关系进一步加以细化与描述。从"解释""操作"与"对话"环节及其相互关系中抽象出更深层次的基本概念和问题，使上述三大环节更加紧密地融贯起来。加强在具体实践应用过程中"解释""操作"与"对话"之间互动方法的研究。

其二，运用工程伦理的解释模型，就工程实践中的重大工程伦理案例进行充分解释，展现在具体工程语境下对伦理现象进行有效描述、解释与理解的路径。

运用工程伦理的操作模型，探讨在具体实践语境下，工程师如何具有实践智慧，创造性地落实伦理原则与道德规范。讨论在不同语境下，如何培养工程师的道德直觉，包括工程师的道德想象力与道德敏感性，尤其是道德直觉作为一种隐性知识如何在工程师团队中进行分享与传播。尤其需要关注如何利用道德物化的基本理论，将工程伦理与工程设计较好地结合起来。将工程伦理价值"写入"工程人工物之中。运用工程伦理的对话模型，研究在具体工程实践背景下，如何帮助公众参与有关具体工程项目的对话。探讨如何就一项工程伦理问题，开展有序的公共论坛讨论。探讨在当前我国社会组织的条件下开展"共识会议"的可能性。在此基础上，对使用效果进行评价，并对相关内容进一步予以完善。

其三，将工程伦理的实践有效性模型通俗化和普及化，从而有助于使用者的掌握与灵活运用。本书中提出的基于"解释""操作"与"对话"三大环节的实践有效性模型，目前看来理论性仍较强，涉及很多哲学背景知识、专业术语和比较复杂的方法，这是出于理论研究的需要，尚未充分考虑一般的工程技术人员读者阅读的便利。今后应该在理论成果的通俗化和普及化方面做出进一步的努力。另外，工程伦理的实践有效性研究今后应该在工程决策、管理和评价中进一步得到应用，而在管理学层次上，则应通过数据表格建立量化指标评价体系，这也是需要今后为之努力的。

# 后　记

本书是国家社会科学基金项目"实践有效性视角下的工程伦理研究"（编号11BZX032）的最终结项成果。

在本项目申请立项之前，我指导的大连理工大学科学技术哲学专业博士研究生朱勤已经将"实践有效性视角下的工程伦理研究"作为自己的研究方向，开展了一系列专题研究。我和朱勤合作在相关学术刊物上发表了一批成果。本项目在2011年6月获得批准立项之后，朱勤以"实践有效性视角下的工程伦理学探析"为题，在2011年12月完成了博士学位论文并通过答辩。这篇论文中的很多内容来自本项目的研究，因而这篇博士论文可以视为本项目的一个阶段性研究成果。但本书并不是该论文的复制或简单扩充。本书写作过程中，修改、补充和完善了朱勤的博士论文中的许多观点和论述，吸收和补充了我们其他后续研究成果的内容，对整个理论体系和写作框架做了重新梳理和调整。经过这种理论加工，本书才完成了立项时确定的预期目标，成为一部完整的学术专著。

本书写作过程中得到了学界很多专家学者的热心帮助，在此表示我们的衷心谢意。我们要特别感谢美国著名技术哲学家卡尔·米切姆教授。他不仅对我们的工程伦理研究给予了巨大支持和帮助，对我们的具体研究内容提出很多深刻、中肯的意见和建议，而且为朱勤提供了宝贵的学习机会，使他有机会接触到欧美技术哲学界大量第一手的研究文献，为本项目的完成奠定了重要的理论基础。我们还要感谢美国科罗拉多矿业学院燃料电池研究中心主任尼尔·苏利文教授、美国北得克萨斯大学的弗洛德曼教授、霍尔布鲁克教授、亚当·布瑞格副教授，日本神户大学的松田毅教授和嘉指信雄教授，荷兰代尔夫特理工大学的霍温教授、克劳斯教授、弗马斯研究员，以及我国学者李伯聪教授、朱葆伟教授、曹南燕教授、丛杭青教授、周程教授等学界朋友们，在长期学术交流与合作中对本项目研究的重要启发、支持和帮助。

我们还要衷心感谢大连理工大学科学技术研究院和人文与社会科学学部的领导，以及"科技伦理与科技管理研究中心"对本项目研究的大力支持，衷心感谢大连理工大学哲学系的各位老师和研究生同学的支持和帮助。我们希望在本项目研究的基础上，进一步推进工程伦理领域的研究、交流与合作，使工程伦理学在我国的经济和社会发展中发挥更大的作用。

王　前

2014年8月于大连